"十三五"国家重点出版物出版规划项目
名校名家基础学科系列

大学数学教程

主　编　马　锐
副主编　成蓉华　罗兆富　陈　斌　梅　莹
参　编　王　彬　罗秋瑾　吕军亮　赵子雪　贾丽丽
　　　　吴　迪　王云秋　宗　琮　杨　胜　杜荣川
　　　　洪晓春　李树伟　蒋　辉　王海燕　陈龙伟
　　　　纳　静　赵文静　杨朝丽　杨春晓　葛兴会
　　　　张雪琳　李小刚　朴丽莎

机械工业出版社

本书是融媒体新形态教材. 本书的编写主要基于以下几点: 一是满足少学时大学数学教学的需要; 二是涵盖大学数学教学的三门基础课: 微积分、线性代数、概率论与数理统计的主要知识点及其应用; 三是"互联网"与大学数学教学的结合.

本书课程内容如下: 第一篇微积分包含预备知识与函数、极限与连续、导数与微分、导数应用、不定积分、定积分、微分方程初步及各部分的应用实例, 共 7 章内容; 第二篇线性代数包含行列式、矩阵、线性方程组及各部分的应用实例, 共 3 章内容; 第三篇概率论与数理统计包含随机事件及概率、随机变量及其分布、随机变量的数字特征、数理统计初步, 共 4 章内容. 每章均配有习题和部分参考答案. 教师可根据学生的实际需求灵活选择教学内容.

本书内容的主要特点: 一是数学基础部分概念准确, 难度适中, 题型简练, 便于学生掌握数学基础知识; 二是数学应用取材适当, 言简意赅, 可读性强, 通俗易懂, 有利于激发学生的学习兴趣.

本书有"互联网"支持的教学资源: 重点概念讲解视频、题库讲解视频、相关数学文化知识学习.

本书可供大学数学课堂学时较少和自主学习大学数学的师生使用, 也可以作为在职人员继续教育学习的数学教材.

图书在版编目 (CIP) 数据

大学数学教程/马锐主编. —北京: 机械工业出版社, 2018.6 (2023.6 重印)

"十三五"国家重点出版物出版规划项目　名校名家基础学科系列

ISBN 978-7-111-59674-5

Ⅰ. ①大⋯　Ⅱ. ①马⋯　Ⅲ. ①高等数学-高等学校-教材　Ⅳ. ①O13

中国版本图书馆 CIP 数据核字 (2018) 第 073190 号

机械工业出版社 (北京市百万庄大街 22 号　邮政编码 100037)

策划编辑: 韩效杰　责任编辑: 韩效杰　陈崇昱　郑　玫

责任校对: 王　延　封面设计: 鞠　杨

责任印制: 常天培

北京机工印刷厂有限公司印刷

2023 年 6 月第 1 版第 9 次印刷

184mm×260mm・17.75 印张・432 千字

标准书号: ISBN 978-7-111-59674-5

定价: 49.80 元

电话服务	网络服务
客服电话: 010-88361066	机　工　官　网: www.cmpbook.com
010-88379833	机　工　官　博: weibo.com/cmp1952
010-68326294	金　书　网: www.golden-book.com
封底无防伪标均为盗版	机工教育服务网: www.cmpedu.com

前言

本书是由云南财经大学、楚雄师范学院、云南财经职业学院、云南大学滇池学院等高等院校一批长期从事数学教学的一线教师编写的。本书涉及内容广泛，涵盖高等数学的三门基础课：微积分、线性代数和概率论与数理统计。主要针对大学数学教学学时较少及自主学习数学的同学们编写。为了充分调动同学们学习数学的积极性，本书的编写力图达到概念准确、言简意赅，尽量避免烦琐的理论推导及证明，例题的题型精炼、难度适中，便于同学们掌握数学基础知识。着重强调数学应用，应用实例取材适当、丰富实用，便于同学们学以致用。

同学们在学习数学时，要注意针对不同层次不同类型的学习目标把握学习要点，特别是知识型和技能型两种学习目标。学习活动当然无法严格分为知识型和技能型，多数情况下是多种特征兼有的。对于具体的学习者来说，同一个知识点，常常是先完成知识型目标，在一定基础上才能完成技能型目标。

达成知识型学习目标是本课程学习的重要基础。为了提高同学们对知识型学习目标的完成度，本书特别针对重要知识点配有作者团队录制的"微课"短视频。在本书刚刚出版时，视频数量已经配有超过 50 个，后续还会陆续增加。为了帮助同学们对新知识的历史沿革有所了解，本书特别编写了部分数学文化类阅读材料和"短视频"课程。这部分内容在出版时也超过 20 个，后续持续更新。

本书由马锐担任主编，成蓉华、罗兆富、陈斌、梅莹担任副主编。由于本书信息量大，且网络功能丰富，所以参编学校、参编人员多。其中纸质教材部分：第一篇微积分（第 1～7 章）主要由云南财经大学的老师完成。第 1 章、第 2 章由成蓉华完成初稿，第 3 章由罗秋瑾完成初稿，第 4 章由罗秋瑾、成蓉华完成初稿，第 5 章由马锐完成初稿，第 6 章由罗兆富完成初稿，第 7 章由昆明学院杨朝丽完成初稿。第二篇线性代数（第 8～10 章）主要由云南大学滇池学院的贾丽丽及云南财经大学的王云秋、宗琮、罗兆富等完成初稿。第三篇概率论与数理统计（第 11～14 章）主要由楚雄师院的梅莹、杨胜及云南财经大学的王云秋、昆明学院的杨春晓等完成初稿。网络部分则是由云南财经大学的马锐主持，云南财经大学的赵子雪、罗兆富、成蓉华等负责主要工作，参与资源建设的学校及师生有：云南财经大学的陈龙伟、吕军亮、王彬、葛兴会、张雪琳、李小刚、罗秋瑾、纳静、洪晓春、王海燕、吴迪、赵文静、王云秋、宗琮、杜荣川等，云南大学滇池学院的贾丽丽等，楚雄师院的杨胜、梅莹等，云南财经职业学院的陈斌、李树伟、蒋辉等。

全书由马锐定稿，由马锐、罗兆富、成蓉华统稿。

尽管在编写本书的过程中各位老师都做出了积极的努力，力求使本书适应学生随时随地自主学习的特点，但因参与编写的人数较多，加之时间仓促，书中难免出现疏漏，欠妥之处也在所难免，恳请各位读者批评和指正。

所有编者

数学文化扩展阅读1
数学是什么

目　录

前言

第一篇　微　积　分

第1章　预备知识与函数 …… 2
- 1.1　预备知识 …… 2
  - 1.1.1　实数与数轴 …… 2
  - 1.1.2　实数的绝对值 …… 2
  - 1.1.3　区间 …… 3
- 1.2　函数 …… 3
  - 1.2.1　函数的定义 …… 3
  - 1.2.2　函数的性质 …… 5
  - 1.2.3　反函数 …… 7
  - 1.2.4　基本初等函数 …… 8
  - 1.2.5　复合函数 …… 10
- 第1章习题 …… 12

第2章　极限与连续 …… 17
- 2.1　极限的概念 …… 17
  - 2.1.1　数列极限的定义 …… 17
  - 2.1.2　函数极限的定义 …… 18
- 2.2　无穷大量与无穷小量 …… 20
  - 2.2.1　无穷大量 …… 20
  - 2.2.2　无穷小量 …… 20
  - 2.2.3　无穷大量与无穷小量的关系 …… 21
  - 2.2.4　无穷小量阶的比较 …… 21
- 2.3　极限计算 …… 21
  - 2.3.1　利用极限的四则运算法则 …… 21
  - 2.3.2　直接代入法 …… 22
  - 2.3.3　利用有界变量与无穷小量的乘积仍为无穷小量的性质法 …… 22
  - 2.3.4　倒数法 …… 22
  - 2.3.5　约去零因式法 …… 23
  - 2.3.6　无穷小量分出法 …… 23
  - 2.3.7　通分法 …… 24
  - 2.3.8　有理化法 …… 24
  - 2.3.9　变量代换法 …… 25
  - 2.3.10　利用 $\lim\limits_{x \to 0} \dfrac{\sin x}{x} = 1$ 计算相关极限 …… 25
  - 2.3.11　利用 $\lim\limits_{x \to \infty} \left(1 + \dfrac{1}{x}\right)^x = e$ 计算相关极限 …… 26
  - 2.3.12　利用等价无穷小替换求极限 …… 27
- 2.4　函数的连续性 …… 28
  - 2.4.1　函数的改变量 …… 28
  - 2.4.2　函数在一点连续的定义 …… 28
  - 2.4.3　连续函数与连续区间 …… 30
  - 2.4.4　初等函数的连续性 …… 30
  - 2.4.5　分段函数的连续性 …… 30
  - *2.4.6　闭区间上连续函数的性质 …… 31
- *2.5　应用实例 …… 33
  - 2.5.1　存贷款利息计算 …… 33
  - 2.5.2　自然增长模型 …… 34
- 第2章习题 …… 35

第3章　导数与微分 …… 40
- 3.1　导数概念 …… 40
  - 3.1.1　实例 …… 40
  - 3.1.2　导数的定义 …… 41
  - 3.1.3　导数的几何意义 …… 42
  - 3.1.4　左导数与右导数 …… 43
  - 3.1.5　可导与连续的关系 …… 44
- 3.2　求导数的方法 …… 44
  - 3.2.1　基本初等函数求导公式 …… 45
  - 3.2.2　导数运算法则 …… 45
  - 3.2.3　反函数求导法则 …… 46
  - 3.2.4　复合函数求导法则（链式求导法则） …… 47
  - 3.2.5　隐函数求导法 …… 49
  - *3.2.6　对数求导法 …… 50
  - 3.2.7　高阶导数 …… 51

3.3 微分 …………………………………… 52
　3.3.1 微分的定义 ………………………… 52
　3.3.2 导数与微分的关系 ………………… 53
　3.3.3 微分的几何意义 …………………… 54
　3.3.4 微分计算 …………………………… 54
　3.3.5 微分的应用——近似计算 ………… 55
第 3 章习题 …………………………………… 56

第 4 章　导数应用 ………………………… 59
4.1 导数应用——洛必达法则 ……………… 59
　4.1.1 $\dfrac{0}{0}$ 型未定式 ……………………… 59
　4.1.2 $\dfrac{\infty}{\infty}$ 型未定式 …………………… 60
　4.1.3 其他类型的未定式 ………………… 61
4.2 函数的单调性和极值 …………………… 63
　4.2.1 函数单调性 ………………………… 63
　4.2.2 函数的极值 ………………………… 65
4.3 最值及其应用 …………………………… 68
　4.3.1 闭区间上函数的最值 ……………… 68
　4.3.2 最值的应用 ………………………… 69
*4.4 函数图形的描绘 ………………………… 74
　4.4.1 曲线的凹向和拐点 ………………… 74
　4.4.2 曲线的渐近线 ……………………… 76
　4.4.3 函数图形的描绘 …………………… 78
4.5 导数在经济学中的应用 ………………… 79
　4.5.1 边际分析 …………………………… 79
　4.5.2 弹性分析 …………………………… 81
　*4.5.3 相关变化率 ………………………… 84
　*4.5.4 最小二乘法 ………………………… 84
第 4 章习题 …………………………………… 88

第 5 章　不定积分 ………………………… 93
5.1 不定积分的概念 ………………………… 93
　5.1.1 原函数 ……………………………… 93
　5.1.2 不定积分的概念 …………………… 94
　5.1.3 不定积分的几何意义 ……………… 94
5.2 不定积分的性质 ………………………… 95
5.3 基本积分公式 …………………………… 96

5.4 换元积分法 ……………………………… 98
　5.4.1 第一类换元法（复合函数凑微
　　　　分法）……………………………… 98
　5.4.2 第二类换元法 ……………………… 102
5.5 分部积分法 ……………………………… 107
第 5 章习题 …………………………………… 109

第 6 章　定积分 …………………………… 112
6.1 定积分的概念和性质 …………………… 112
　6.1.1 从阿基米德的穷竭法谈起 ………… 112
　6.1.2 曲边梯形的面积计算 ……………… 112
　6.1.3 定积分的概念 ……………………… 113
　*6.1.4 定积分的存在定理 ………………… 115
　6.1.5 定积分的性质 ……………………… 115
6.2 微积分基本定理 ………………………… 117
　6.2.1 积分上限函数及其导数 …………… 118
　6.2.2 微积分基本定理及其应用 ………… 119
6.3 定积分的计算方法 ……………………… 120
　6.3.1 定积分的凑微分法 ………………… 120
　6.3.2 定积分的换元法 …………………… 121
　6.3.3 定积分的分部积分法 ……………… 123
*6.4 广义积分 ………………………………… 124
　6.4.1 无穷区间的广义积分 ……………… 124
　6.4.2 无界函数的广义积分 ……………… 126
6.5 积分的应用 ……………………………… 128
　6.5.1 求原函数 …………………………… 128
　6.5.2 求平面图形的面积 ………………… 129
　6.5.3 求旋转体的体积 …………………… 130
　6.5.4 求总量 ……………………………… 131
　*6.5.5 求资产的未来价值与现行价值 …… 132
第 6 章习题 …………………………………… 135

第 7 章　微分方程初步 …………………… 142
7.1 微分方程的基本概念 …………………… 142
7.2 可分离变量的一阶微分方程 …………… 144
7.3 一阶线性微分方程 ……………………… 146
　7.3.1 一阶线性微分方程的概念 ………… 146
　7.3.2 一阶线性齐次方程的解法 ………… 146
　7.3.3 一阶线性非齐次微分方程的解法 … 147

*7.4 可降阶的二阶微分方程 …………… 149
  7.4.1 $y''=f(x)$ 型的二阶微分方程 …… 149
  7.4.2 $y''=f(x,y')$（不显含未知函数 y）
       型的二阶微分方程 …………… 150
  7.4.3 $y''=f(y,y')$（不显含自变量 x）
       型的二阶微分方程 …………… 150
7.5 微分方程的应用 ………………………… 151
第 7 章习题 …………………………………… 155

第二篇 线 性 代 数

第 8 章 行列式 …………………………… 160
8.1 行列式的定义 ………………………… 160
  8.1.1 二阶行列式 …………………… 160
  8.1.2 三阶行列式 …………………… 161
  8.1.3 n 阶行列式 …………………… 163
8.2 行列式的性质及计算 ………………… 164
  8.2.1 行列式的基本性质 …………… 164
  8.2.2 行列式按行（列）展开定理 … 166
  8.2.3 行列式的计算 ………………… 168
第 8 章习题 …………………………………… 171

第 9 章 矩阵 ……………………………… 174
9.1 矩阵的定义 …………………………… 174
  9.1.1 引例 …………………………… 174
  9.1.2 矩阵的概念 …………………… 175
  9.1.3 几种特殊矩阵 ………………… 175
9.2 矩阵的运算 …………………………… 176
  9.2.1 矩阵的加法运算 ……………… 176
  9.2.2 矩阵的数乘运算 ……………… 177
  9.2.3 矩阵的乘法运算 ……………… 177
  9.2.4 矩阵的逆 ……………………… 180
9.3 矩阵的初等变换 ……………………… 181
  9.3.1 矩阵的初等行变换 …………… 181
  9.3.2 求逆矩阵的初等变换法 ……… 183
9.4 案例 …………………………………… 184
第 9 章习题 …………………………………… 188

第 10 章 线性方程组 …………………… 191
10.1 克拉默法则解线性方程组 ………… 191
10.2 消元法解线性方程组 ……………… 193
10.3 案例 ………………………………… 198
第 10 章习题 ………………………………… 201

第三篇 概率论与数理统计

第 11 章 随机事件及概率 ……………… 204
11.1 随机事件 …………………………… 204
  11.1.1 随机现象 …………………… 204
  11.1.2 随机试验 …………………… 204
  11.1.3 样本空间 …………………… 205
  11.1.4 随机事件 …………………… 205
  11.1.5 事件的集合表示 …………… 206
  11.1.6 事件的关系及其运算 ……… 206
  11.1.7 事件的运算律 ……………… 208
11.2 随机事件的概率 …………………… 210
  11.2.1 概率的统计定义 …………… 210
  11.2.2 概率的古典定义 …………… 211
  11.2.3 概率的公理化定义 ………… 212
11.3 条件概率 …………………………… 213
  11.3.1 条件概率 …………………… 213
  11.3.2 乘法公式 …………………… 214
11.4 事件的独立性 ……………………… 215
第 11 章习题 ………………………………… 216

第 12 章 随机变量及其分布 …………… 218
12.1 随机变量 …………………………… 218
12.2 离散型随机变量及其分布 ………… 219
12.3 随机变量的分布函数 ……………… 221
  12.3.1 随机变量的分布函数 ……… 221
  12.3.2 离散型随机变量的分布函数 …… 222

12.4 连续型随机变量及其分布 …………… 223
第 12 章习题 ………………………………… 230

第 13 章　随机变量的数字特征 …………… 232
13.1 随机变量的数学期望 …………………… 232
　13.1.1 数学期望的定义 …………………… 232
　13.1.2 随机变量函数的数学期望 ………… 235
　13.1.3 随机变量的数学期望的性质 ……… 236
13.2 方差 ……………………………………… 237
　13.2.1 方差的概念 ………………………… 237
　13.2.2 随机变量的方差的性质 …………… 239
　13.2.3 常见分布的期望和方差 …………… 239
第 13 章习题 ………………………………… 241

第 14 章　数理统计初步 …………………… 243
14.1 总体与样本 ……………………………… 243
14.2 统计量及其分布 ………………………… 244
　14.2.1 统计量 ……………………………… 244
　14.2.2 几种常用统计量的分布 …………… 245
　14.2.3 几个重要的抽样分布定理 ………… 246
14.3 统计推断 ………………………………… 246
　14.3.1 点估计方法 ………………………… 247
　14.3.2 区间估计 …………………………… 249
14.4 假设检验 ………………………………… 252
第 14 章习题 ………………………………… 259

习题参考答案 ………………………………… 261

第一篇 微积分

数学文化扩展阅读 2
里程碑事件：微积分的创立

第 1 章

预备知识与函数

微积分的主要研究对象是函数. 本章先介绍学习微积分常用的一些预备知识, 然后再介绍函数的相关知识.

1.1 预备知识

1.1.1 实数与数轴

由于微积分中的函数是在实数范围内来讨论的, 因此我们先简单介绍实数集的有关知识.

有理数和无理数统称为实数, 实数的全体所构成的集合称为实数集, 记为 **R**.

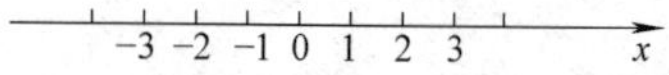

数轴是一条有原点、正方向和单位长度的直线, 如图 1-1 所示.

图 1-1

实数与数轴上的点是一一对应的, 即每一个实数 x 对应于数轴上唯一一个点 P, 反过来, 数轴上的任意一点 P 都对应一个实数 x. 数轴上点 P 按上述对应规则所对应的实数 x 称为点 P 的坐标. 为方便起见, 把点 P 与其坐标视为等同, 有时二者用同一个字母来表示, 比如数 a 也称为点 a, 而点 a 就表示坐标为 a 的点.

1.1.2 实数的绝对值

1. 绝对值的定义

定义 1.1 设 x 是一个实数, 则 x 的**绝对值**定义为

$$|x| = \begin{cases} x, & x \geqslant 0, \\ -x, & x < 0. \end{cases}$$

绝对值的几何意义: $|x|$ 表示点 x 到原点的距离. 而 $|x-y|$ 则表示点 x 到点 y 的距离.

2. 基本性质

设 x, y 为任意实数, 则

(1) $|x| \geqslant 0$;

(2) $|-x| = |x|$;

(3) $-|x| \leqslant x \leqslant |x|$;

(4) $||x|-|y||\leqslant|x\pm y|\leqslant|x|+|y|$;

(5) $|xy|=|x|\cdot|y|$;

(6) $\left|\dfrac{x}{y}\right|=\dfrac{|x|}{|y|}(y\neq 0)$.

3. 解绝对值不等式

设 x 为任意实数，则：

(1) $|x|<a(a>0)$ 的充要条件是 $-a<x<a$.

(2) $|x|>b(b>0)$ 的充要条件是 $x>b$ 或者 $x<-b$.

1.1.3 区间

实数集或实数集的一个部分称为区间. 由此，区间包括四种有限区间和五种无限区间.

定义 1.2 设 a,b 为两个实数，且 $a<b$，有限区间和无限区间的定义分别如下：

1. 有限区间

开区间 $(a,b)=\{x|a<x<b\}$；

闭区间 $[a,b]=\{x|a\leqslant x\leqslant b\}$；

半开、半闭区间 $(a,b]=\{x|a<x\leqslant b\}$，$[a,b)=\{x|a\leqslant x<b\}$；

2. 无限区间

无限区间 $\mathbf{R}=(-\infty,+\infty)=\{x|-\infty<x<+\infty\}$，

$(-\infty,b]=\{x|-\infty<x\leqslant b\}$，$(-\infty,b)=\{x|-\infty<x<b\}$，

$[a,+\infty)=\{x|a\leqslant x<+\infty\}$，$(a,+\infty)=\{x|a<x<+\infty\}$.

例 1 用区间表示满足不等式 $|x+3|\geqslant 2$ 的所有 x 的集合.

解 $|x+3|\geqslant 2 \Rightarrow x+3\geqslant 2$ 或者 $x+3\leqslant -2$，即 $x\geqslant -1$ 或者 $x\leqslant -5$.

用区间表示为 $(-\infty,-5]\cup[-1,+\infty]$，用数轴表示为图 1-2.

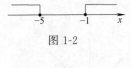

图 1-2

例 2 用区间表示满足不等式 $1<|x-2|<3$ 的所有 x 的集合.

解 $1<|x-2|<3 \Rightarrow \begin{cases}|x-2|>1,\\|x-2|<3,\end{cases}$

$|x-2|>1 \Rightarrow x-2>1$ 或者 $x-2<-1$，即 $x>3$ 或者 $x<1$.

$|x-2|<3 \Rightarrow -3<x-2<3$，即 $-1<x<5$.

所以原不等式的解集用区间表示为 $(-1,1)\cup(3,5)$，如图 1-3 所示.

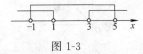

图 1-3

数学文化扩展阅读 3
函数概念的起源、演变与发展

1.2 函数

1.2.1 函数的定义

定义 1.3 设 D 是一个非空实数集，如果按照某一确定的对

核心内容讲解 1
函数

应法则 f,对于每一个 $x \in D$,都有唯一确定的实数 y 与之对应,则称对应法则 f 为定义在 D 上的函数,记作
$$y = f(x), x \in D.$$
其中,x 称为**自变量**;y 称为**因变量**;D 称为函数的**定义域**,也记作 D_f;$f(x)$ 称为函数 f 在 x 处的**函数值**. 全体函数值的集合,称为函数的**值域**,记作 R_f 或者 $f(D)$, 即 $R_f = f(D) = \{y \mid y = f(x), x \in D_f\}$.

注:由定义 1.3 知,确定一个函数需要两个要素,即定义域和对应法则. 如果两个函数的定义域和对应法则都相同,我们称这两个函数相同.

例 3 判断 $y = x$ 与 $y = \dfrac{x^2}{x}$ 是否为相同的函数.

解 $y = x$ 的定义域为 $(-\infty, +\infty)$,而 $y = \dfrac{x^2}{x}$ 的定义域为 $(-\infty, 0) \cup (0, +\infty)$,因此 $y = x$ 与 $y = \dfrac{x^2}{x}$ 是定义域不同的两个不同的函数. 如图 1-4 与图 1-5 所示.

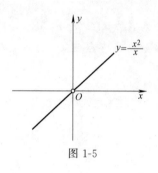

图 1-4

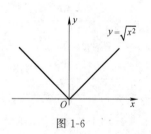

图 1-5

例 4 判断 $y = x$ 与 $y = \sqrt{x^2}$ 是否为相同的函数.

解 $y = x$ 与 $y = \sqrt{x^2}$ 的定义域都为 $(-\infty, +\infty)$,但其对应规则不同:函数 $y = x$,当 $x > 0$ 时,$y > 0$;当 $x < 0$ 时,$y < 0$. 而对 $y = \sqrt{x^2}$,当 $x > 0$ 时,$y > 0$;当 $x < 0$ 时,$y > 0$. 因此二者是定义域相同而对应法则与值域不同的两个不同的函数. 如图 1-4 与图 1-6 所示.

常用的函数表示法有三种:表格法、图像法和解析法.
下面举例来说明.

例 5 据统计,2002~2010 年中国人口增长情况如表 1-1 所示.

表 1-1

年份 t	2002	2003	2004	2005	2006	2007	2008	2009	2010
人口数 n(百万)	1285	1292	1300	1308	1314	1321	1328	1335	1341

从表 1-1 可以看出 2002~2010 年中国人口随年份的变化而变化的规律:随着年份 t 的变化,中国人口数 n 在不断增长. 这种用表格表示函数关系的方法就称为表格法.

例 6 某气象站用温度自动记录仪记录某地的气温变化情况,设某天 24 小时的气温变化曲线如图 1-7 所示.

图 1-7 中的曲线描述了一天中温度 T 随时间 t 变化的规律. T 是 t 的函数,t 与 T 之间的相互对应关系由曲线上点的位置确定. 例如,在图 1-7 中,曲线上点 P 的横坐标为 t_0,纵坐标 T_0 就是

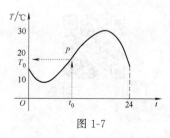

图 1-7

曲线所描述的函数在点 t_0 的函数值. 其定义域为 $[0,24]$，值域为 $[10,35]$. 这种用图形表示函数的方法称为图像法.

例 7　$y=\dfrac{1}{x(x-1)}+\sqrt{9-x^2}$ 这是用解析式表示的 y 是 x 的函数，其定义域为 $D=[-3,0)\cup(0,1)\cup(1,3]$.

根据函数的解析表达式的形式不同，函数也可分为显函数、隐函数和分段函数三种：

(1) 显函数：函数 y 由 x 的解析表达式直接表示. 例如，$y=x^2+3$，$y=\log_2(3x+1)$.

(2) 隐函数：函数的自变量 x 与因变量 y 的对应关系由方程 $F(x,y)=0$ 来确定，例如，$x^2+y^2-xy-1=0$，$\ln(x+y)=\sin x$.

(3) 分段函数：函数在定义域的不同部分具有不同的解析表达式. 以下是几个分段函数的例子.

例 8　$y=f(x)=\begin{cases}2\sqrt{x},&0\leqslant x\leqslant 1,\\1+x,&x>1\end{cases}$

定义域为 $D=[0,+\infty)$，其中 $x=1$ 为分段点，值域 $R_f=[0,+\infty)$，其图形如图 1-8 所示.

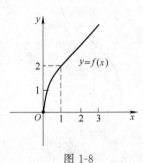

图 1-8

例 9　符号函数
$$y=\operatorname{sgn}x=\begin{cases}-1,&x<0,\\0,&x=0,\\1,&x>0,\end{cases}$$

定义域 $D=[-\infty,+\infty)$，其中 $x=0$ 为分段点，值域 $R_f=\{-1,0,1\}$，其图形如图 1-9 所示.

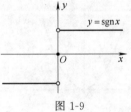

图 1-9

例 10　函数 $y=f(x)=\begin{cases}\sqrt{1-x^2},&|x|<1,\\x^2-1,&1<|x|\leqslant 2,\end{cases}$ (1) 求 $f(x)$ 的定义域；(2) 求 $f(0)$，$f(-1)$，$f(2)$；(3) 画出 $f(x)$ 的图形.

解　(1) 由于函数 $f(x)$ 在 $|x|=1$，即 $x=\pm 1$ 处无定义，因此其定义域为 $[-2,-1)\cup(-1,1)\cup(1,2]$，其中 $x=-1$，$x=1$ 为分段点.

(2) $f(0)=\sqrt{1-0^2}=1$，$f(-1)$ 不存在，$f(2)=2^2-1=3$.

(3) 其图形如图 1-10 所示.

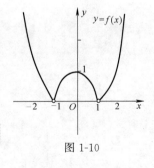

图 1-10

1.2.2　函数的性质

1. 有界性

定义 1.4　设函数 $f(x)$ 在区间 I 上有定义，若存在正数 M，当 $x\in I$ 时，恒有
$$|f(x)|\leqslant M$$
成立，则称函数 $f(x)$ 为区间 I 上的**有界函数**；如果不存在这样的正

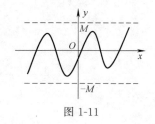

图 1-11

数 M,则称函数 $f(x)$ 为区间 I 上的**无界函数**,如图 1-11 所示.

例如,当 $x \in (-\infty, +\infty)$ 时,恒有 $|\cos x| \leqslant 1$,所以 $f(x) = \cos x$ 在 $(-\infty, +\infty)$ 内是有界函数. 而 $y = x^3$ 在 $(-\infty, +\infty)$ 内是无界函数,有的函数可能在定义域内的某一部分有界,而在另一部分无界. 例如,$y = \ln(x-1)$ 在区间 $(1, +\infty)$ 内无界,而在 $(2, 3)$ 内有界. 因此,我们说一个函数是有界的还是无界的,应同时指出其自变量的相应范围.

2. 单调性

定义 1.5 设函数 $f(x)$ 在区间 I 上有定义,对于任意的 $x_1, x_2 \in I$,且 $x_1 < x_2$,

(1) $f(x_1) \leqslant f(x_2)$ ($f(x_1) \geqslant f(x_2)$),则称 $f(x)$ 在 I 内**单调增加**(**单调减少**);

(2) $f(x_1) < f(x_2)$ ($f(x_1) > f(x_2)$),则称 $f(x)$ 在 I 内**严格单调增加**(**严格单调减少**).

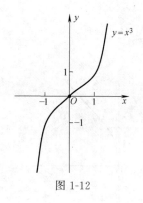

图 1-12

例如,$y = x^3$ 在 $(-\infty, +\infty)$ 内严格单调增加,如图 1-12 所示.

$y = x^2$ 在 $(-\infty, 0)$ 内严格单调减少;在 $(0, +\infty)$ 内严格单调增加,但在整个定义域 $\mathbf{R}$ 内不是单调函数,如图 1-13 所示.

3. 奇偶性

定义 1.6 设函数 $f(x)$ 在集合 D 内有定义,且 D 关于原点对称,对于任意的 $x \in D$,

(1) 若 $f(-x) = -f(x)$,则称 $f(x)$ 为**奇函数**;

(2) 若 $f(-x) = f(x)$,则称 $f(x)$ 为**偶函数**.

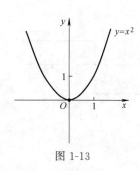

图 1-13

由定义 1.6 易知,奇函数的图像关于原点对称,而偶函数的图像关于 y 轴对称,例如,$y = x^3$ 为奇函数(见图 1-12),$y = x^2$ 为偶函数(见图 1-13). $y = x^2 + x$ 既不是奇函数也不是偶函数.

例 11 判断下列函数的奇偶性:

(1) $f(x) = \ln(\sqrt{x^2+1} - x)$;

(2) $g(x) = \begin{cases} 1-x, & x < 0, \\ 1+x, & x \geqslant 0. \end{cases}$

解 (1) 因为 $f(-x) = \ln(\sqrt{(-x)^2+1} + x) = \ln(\sqrt{x^2+1} + x)$

$$= \ln \frac{1}{\sqrt{x^2+1} - x} = -\ln(\sqrt{x^2+1} - x)$$

$$= -f(x),$$

所以 $f(x) = \ln(\sqrt{x^2+1} - x)$ 是奇函数.

(2) 因为 $g(-x) = \begin{cases} 1-(-x), & -x < 0, \\ 1+(-x), & -x \geqslant 0 \end{cases} = \begin{cases} 1+x, & x > 0, \\ 1-x, & x \leqslant 0 \end{cases} = g(x)$,

所以 $g(x)$ 为偶函数.

4. 周期性

定义 1.7　设函数 $f(x)$ 在集合 D 内有定义，如果存在常数 $T(\neq 0)$，使得对任意的 $x\in D$ 都有 $x\pm T\in D$，且 $f(x+T)=f(x)$，则称 $f(x)$ 为**周期函数**，T 称为 $f(x)$ 的**周期**. 通常周期函数的周期是指其最小正周期.

例如，$\sin x$ 和 $\cos x$ 都是以 2π 为周期的周期函数，$\tan x$ 则是以 π 为周期的周期函数.

1.2.3 反函数

1. 反函数的定义

定义 1.8　设函数 $y=f(x)$ 的定义域为 D_f，值域为 R_f，如果对每个 $y\in R_f$，都有唯一的对应值 x 满足 $y=f(x)$，则称 x 是定义在 R_f 上以 y 为自变量的函数，记此函数为
$$x=f^{-1}(y), y\in R_f,$$
并称其为函数 $y=f(x)$ 的**反函数**.

显然，$x=f^{-1}(y)$ 与 $y=f(x)$ 互为反函数，且 $x=f^{-1}(y)$ 的定义域和值域分别是 $y=f(x)$ 的值域和定义域.

习惯上，常用 x 作为自变量，y 作为因变量，因此，$y=f(x)$ 的反函数 $x=f^{-1}(y)$ 常记为 $y=f^{-1}(x)$，$x\in R_f$.

在平面直角坐标系下，函数 $y=f(x)$ 的图形与其反函数 $y=f^{-1}(x)$ 的图形关于直线 $y=x$ 对称.

由定义 1.8 知，函数 $y=f(x)$ 具有反函数的充要条件是自变量与因变量是一一对应的，因为严格单调函数具有这种性质，所以严格单调函数必有反函数.

2. 求反函数的步骤

(1) 把 x 作为未知数，从方程 $y=f(x)$ 中解出，得 $x=f^{-1}(y)$；

(2) 在所得的表达式中，将 x 与 y 互换，即得 $y=f^{-1}(x)$.

例 12　求 $y=x^2$ 的反函数，并在同一直角坐标系下画出它们的图形.

解　$y=x^2$ 在 $(-\infty,+\infty)$ 内无反函数，因为 $y=x^2$ 在 $(-\infty,+\infty)$ 内不是一一对应的，而在 $(0,+\infty)$ 内，其反函数为 $y=\sqrt{x}$，在 $(-\infty,0)$ 内，其反函数为 $y=-\sqrt{x}$，图像如图 1-14 所示.

例 13　求 $y=\dfrac{e^x-e^{-x}}{2}$ 的反函数.

解　由 $y=\dfrac{e^x-e^{-x}}{2}$，得 $e^{2x}-2ye^x-1=0$，解之得 $e^x=y\pm\sqrt{y^2+1}$.

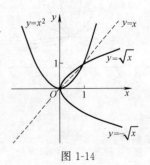

图 1-14

因 $e^x>0$，故 $e^x=y-\sqrt{y^2+1}$ 应舍去，从而有 $e^x=y+\sqrt{y^2+1}$，求得

$$x=\ln(y+\sqrt{y^2+1}).$$

所以，$y=\dfrac{e^x-e^{-x}}{2}$ 的反函数为 $y=\ln(x+\sqrt{x^2+1})$，$x\in(-\infty,+\infty)$.

1.2.4 基本初等函数

我们把常数函数、幂函数、指数函数、对数函数、三角函数和反三角函数这 6 类函数称为基本初等函数．这些函数，我们在中学数学中都已学过，对微积分的学习很重要．

1. 常数函数

$y=c$（c 为常数），其定义域为 $(-\infty,+\infty)$，值域为 $\{c\}$．图像如图 1-15 所示，它是一条平行于 x 轴的直线．

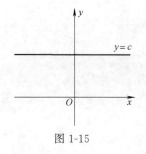

图 1-15

2. 幂函数

$y=x^\mu$（μ 为实数，且 $\mu\neq 0$），其定义域随 μ 的不同而相异，但不论 μ 取何值，$y=x^\mu$ 总在 $(0,+\infty)$ 内有定义，并且图像均经过点 $(1,1)$．当 $x>0$ 时，若 $\mu>0$，则 $y=x^\mu$ 为严格单调增加函数（见图 1-16a）；若 $\mu<0$，则 $y=x^\mu$ 为严格单调减少函数（见图 1-16b）．

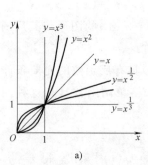
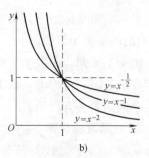

图 1-16

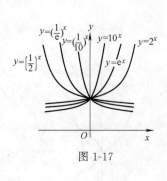

图 1-17

3. 指数函数

$y=a^x$（$a>0$，且 $a\neq 1$）其定义域为 $(-\infty,+\infty)$，值域为 $(0,+\infty)$．

当 $0<a<1$ 时，$y=a^x$ 为严格单调减少函数；当 $a>1$ 时，$y=a^x$ 为严格单调增加函数．无论 a 为何值，$y=a^x$ 的图像均经过点 $(0,1)$（见图 1-17）．

在实际问题中，常见以 e 为底的指数函数 $y=e^x$（$e=2.7182818\cdots$ 为无理数）．

4. 对数函数

$y=\log_a x$（$a>0$，且 $a\neq 1$），它是指数函数 $y=a^x$ 的反函数．

其定义域为 $(0,+\infty)$，值域为 $(-\infty,+\infty)$.

当 $0<a<1$ 时，$y=\log_a x$ 为严格单调减少函数，当 $a>1$ 时，$y=\log_a x$ 为严格单调增加函数. 无论 a 为何值，$\log_a 1=0$，故 $y=\log_a x$ 的图像均过点 $(1,0)$. 根据反函数作图法的一般规则，便可得 $y=\log_a x$ 的图形（见图 1-18）.

通常将以 10 为底的对数函数记为 $y=\lg x$，称为常用对数，而将以 e 为底的对数函数记为 $y=\ln x$，称为自然对数.

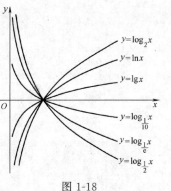

图 1-18

5. 三角函数

正弦函数 $y=\sin x$；余弦函数 $y=\cos x$（见图 1-19）.

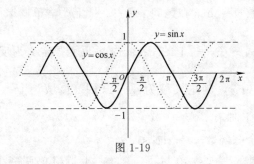

图 1-19

正切函数 $y=\tan x=\dfrac{\sin x}{\cos x}$；余切函数 $y=\cot x=\dfrac{\cos x}{\sin x}$（见图 1-20）.

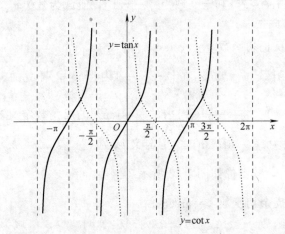

图 1-20

正割函数 $y=\sec x=\dfrac{1}{\cos x}$；余割函数 $y=\csc x=\dfrac{1}{\sin x}$.

其中三角函数的自变量以弧度作单位.

(1) 正、余弦函数的定义域都是 $(-\infty,+\infty)$，值域都是 $[-1,1]$，它们都是以 2π 为周期的周期函数，其中正弦函数是奇函数，余弦函数是偶函数.

(2) 正切函数的定义域为 $D=\{x\mid x\in \mathbf{R}, x\neq k\pi+\dfrac{\pi}{2}, k\text{ 为整数}\}$.

(3) 余切函数的定义域为 $D=\{x\mid x\in \mathbf{R}, x\neq k\pi, k\text{ 为整数}\}$.

正切函数与余切函数的值域都是 $(-\infty,+\infty)$，它们都是以 π

为周期的周期函数，且都是奇函数.

（4）正割函数和余割函数都是以 2π 为周期的函数.

6. 反三角函数

由于三角函数均具有周期性，对于值域中的任何 y 值都有无穷多个 x 值与之对应，这表明三角函数的定义域与值域之间的对应关系不是一一对应的，所以在整个定义域上三角函数不存在反函数为了考虑它们的反函数，必须限制 x 的取值区间，使得三角函数在该区间上是严格单调的.

（1）反正弦函数 $y=\arcsin x$.

正弦函数 $y=\sin x$ 在区间 $\left[-\dfrac{\pi}{2},\dfrac{\pi}{2}\right]$ 上严格单调增加，值域为 $[-1,1]$，将 $\left[-\dfrac{\pi}{2},\dfrac{\pi}{2}\right]$ 上的 $y=\sin x$ 的反函数定义为反正弦函数，记为 $y=\arcsin x$，其定义域为 $[-1,1]$，值域为 $\left[-\dfrac{\pi}{2},\dfrac{\pi}{2}\right]$，其图像如图 1-21 所示.

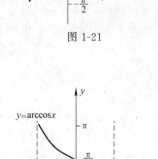

图 1-21

（2）反余弦函数 $y=\arccos x$.

余弦函数 $y=\cos x$ 在区间 $[0,\pi]$ 上严格单调减少，值域为 $[-1,1]$，将 $[0,\pi]$ 上的 $y=\cos x$ 的反函数定义为反余弦函数，记为 $y=\arccos x$，其定义域为 $[-1,1]$，值域为 $[0,\pi]$，其图像如图 1-22 所示.

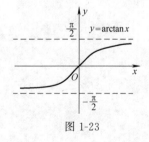

图 1-22

（3）反正切函数 $y=\arctan x$.

正切函数 $y=\tan x$ 在 $\left(-\dfrac{\pi}{2},\dfrac{\pi}{2}\right)$ 内严格单调增加，值域为 $(-\infty,+\infty)$，将 $\left(-\dfrac{\pi}{2},\dfrac{\pi}{2}\right)$ 内的 $y=\tan x$ 的反函数定义为反正切函数，记为 $y=\arctan x$，其定义域为 $(-\infty,+\infty)$，值域为 $\left(-\dfrac{\pi}{2},\dfrac{\pi}{2}\right)$，其图像如图 1-23 所示.

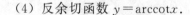

图 1-23

（4）反余切函数 $y=\text{arccot}\,x$.

余切函数 $y=\cot x$ 在 $(0,\pi)$ 内严格单调减少，值域为 $(-\infty,+\infty)$，将 $(0,\pi)$ 内的 $y=\cot x$ 的反函数定义为反余切函数，记为 $y=\text{arccot}\,x$，其定义域为 $(-\infty,+\infty)$，值域为 $(0,\pi)$，其图像如图 1-24 所示.

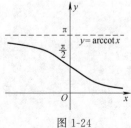

图 1-24

1.2.5 复合函数

1. 复合函数的定义

定义 1.9 设 $y=f(u)$ 的定义域为 D_f，$u=g(x)$ 在 D_g 上有定义，且 $u=g(x)$ 的值域为 R_g，若 $R_g \cap D_f \neq \varnothing$ 则函数 $y=f(g(x))$ 称为由 $u=g(x)$ 和 $y=f(u)$ 构成的**复合函数**，其中，x 为自变量，u 为中间变量，y 为因变量，$f(u)$ 为外层函数，

$g(x)$ 为内层函数.

2. 复合函数的复合与分解

在微积分中为了便于理解、计算等,需要把复合函数分解成简单函数,有时也需要将两个或两个以上的简单函数复合成一个复合函数.

(1) 将两个简单函数复合成复合函数.

准则:若 $R_g \cap D_f \neq \varnothing$ 将内层函数代入外层函数得到一个新的函数,即复合函数. 反之,若 $R_g \cap D_f = \varnothing$,则两个函数不能复合成复合函数,例如 $y = \arcsin u$ 和 $u = 2 + x^2$,不能构成复合函数,因为 $y = \arcsin u$ 的定义域为 $[-1, 1]$,而 $u = 2 + x^2$ 的值域为 $[2, +\infty)$,两者的交集为空集.

例 14 设 $y = f(u) = \sqrt{u-1}$,$u = g(x) = \lg(1+x^2)$,求 $y = f(g(x))$ 及其定义域.

解 由于 $D_f = [1, +\infty)$,$R_g = [0, +\infty)$,$D_f \cap R_g \neq \varnothing$,所以
$$y = f(g(x)) = \sqrt{\lg(1+x^2) - 1},$$
而 $y = f(g(x))$ 的定义域为
$$D = \{x \mid \lg(1+x^2) \in [1, +\infty)\} = \{x \mid x \leqslant -3 \text{ 或 } x \geqslant 3\}.$$

类似地,可以考虑三个及三个以上函数的复合函数.

例 15 设 $y = 2^u$,$u = \ln v$,$v = \arccos t$,$t = \dfrac{1}{x}$,试将 y 表示为 x 的函数.

解 将上述各函数按顺序复合,得
$$y = 2^{\ln \arccos \frac{1}{x}}, \quad x \in (-\infty, -1) \cup (1, +\infty).$$

例 16 设 $f(x) = \dfrac{1-x}{1+x}$,求 $f(1+f(x))$.

解 $f(1+f(x)) = \dfrac{1-[1+f(x)]}{1+[1+f(x)]} = \dfrac{-f(x)}{2+f(x)} = \dfrac{-\dfrac{1-x}{1+x}}{2+\dfrac{1-x}{1+x}} = \dfrac{x-1}{x+3}$.

例 17 设 $f(1+\sqrt{x}) = x$,求 $f(x)$.

解 令 $u = 1 + \sqrt{x}$,则 $x = (u-1)^2$,于是
$$f(u) = (u-1)^2, \quad \text{即 } f(x) = (x-1)^2.$$

例 18 设 $f(x)$ 的定义域为 $(0, 1]$,求复合函数 $f(e^x)$ 的定义域.

解 因为 $f(x)$ 中的 $x \in (0, 1]$,从而 $f(e^x)$ 中的 $e^x \in (0, 1]$,即 $0 < e^x \leqslant 1$,故 $(-\infty, 0]$ 为 $f(e^x)$ 的定义域.

(2) 将复合函数分解成简单函数.

准则:由外向内逐层分解,分解的标准是各层函数均为基本初等函数或者多项式.

例 19 将下列复合函数分解为简单函数:

(1) $e^{\sin^2(3x+1)}$; (2) $y=\ln\arctan(e^{x^2})$.

解 (1) $y=e^{\sin^2(3x+1)}$ 可以看成是由 $y=e^u$，$u=v^2$，$v=\sin t$，$t=3x+1$ 这四个简单函数复合而成的.

(2) $y=\ln\arctan(e^{x^2})$ 可以看成是由 $y=\ln u$，$u=\arctan v$，$v=e^t$，$t=x^2$ 这四个简单的函数复合而成的.

3. 初等函数

由基本初等函数经过有限次四则运算和有限次复合运算，并且在定义域内有统一的解析表达式，这样的函数统称为初等函数.

例如：

(1) 整式函数 $P_n(x)=a_0x^n+a_1x^{n-1}+\cdots+a_{n-1}x+a_n(a_0\neq 0)$.

(2) 分式函数 $y=\dfrac{P_n(x)}{Q_m(x)}$（其中 $P_n(x)$ 为 n 次整式，$Q_m(x)$ 为 m 次整式，且 $Q_m(x)\neq 0$）.

(3) $y=f(x)^{g(x)}(f(x)>0)$，若 $f(x)$ 和 $g(x)$ 均是初等函数，则 $y=f(x)^{g(x)}$ 是初等函数，因为 $y=f(x)^{g(x)}=e^{g(x)\ln f(x)}$.

以上 (1)、(2)、(3) 都是初等函数，而分段函数一般不是初等函数，如

$$y=\begin{cases}1+2x, & x\geqslant 0,\\ 1-x, & x<0.\end{cases}$$

但由于分段函数在其定义域内的各个子区间上的解析式都可以由初等函数表示，故可通过初等函数来研究它们.

第 1 章 习 题

1. 单项选择题：

(1) 下列各对函数中为同一函数的是（　　）.

A. $y=\sqrt{x^2}$ 与 $y=x$ 　　　　B. $y=\dfrac{x^2-1}{x+1}$ 与 $y=x-1$

C. $y=\ln x^2$ 与 $y=2\ln x$ 　　　D. $y=\sqrt{x^2}$ 与 $y=|x|$

(2) $f(x)=\dfrac{1}{\lg|x-5|}$ 的定义域是（　　）.

A. $(-\infty,5)\cup(5,+\infty)$ 　　　B. $(-\infty,6)\cup(6,+\infty)$

C. $(-\infty,4)\cup(4,+\infty)$ 　　　D. $(-\infty,4)\cup(4,5)\cup(5,6)\cup(6,+\infty)$

(3) 设 $f(x-1)$ 的定义域为 $[0,1]$，则 $f(x)$ 的定义域为（　　）.

A. $[1,2]$ 　　　　B. $[-1,0]$

C. $[0,1]$ 　　　　D. $[0,2]$

(4) 若 $f(x-1)=x(x-1)$，则 $f(x)=$（　　）.

A. $x(x+1)$ 　　　B. $(x-1)(x-2)$

C. $x(x-1)$ D. 不存在

(5) 若 $f(x)=(x+1)^2$，则 $f(x^2) = ($　　$)$.

A. $(x+1)^4$ B. $(x-1)^4$

C. $(x^2+1)^2$ D. $(x^2-1)^2$

(6) 下列函数中为偶函数的是（　　）.

A. $y=xa^{-x^2}$ B. $y=x^2\sin x$

C. $y=x^2+\cos x$ D. $y=\dfrac{10^x-10^{-x}}{2}$

(7) 下列函数中为奇函数的是（　　）.

A. $y=\dfrac{\sin x}{x}$ B. $y=\dfrac{|x|}{x}$

C. $y=x^2-x$ D. $y=\dfrac{2}{1+x^2}$

(8) 下列函数中为单调增加的是（　　）.

A. $y=3-5x$ B. $y=10^x$

C. $y=\arccos x$ D. $y=2-\lg(x+1)$

(9) 函数 $y=\lg(x-1)$ 在区间（　　）内有界.

A. $(1,+\infty)$ B. $(2,+\infty)$

C. $(1,2)$ D. $(2,3)$

(10) 函数 $y=4\cos 2x$ 的周期是（　　）.

A. 4π　B. 2π　C. π　D. $\dfrac{\pi}{2}$

(11) $y=-\sqrt{x-1}$ 的反函数是（　　）.

A. $y=x^2+1\;(-\infty<x<+\infty)$

B. $y=x^2+1\;(x\geqslant 0)$

C. $y=x^2+1\;(x\leqslant 0)$

D. $y=x^2-1\;(-\infty<x<+\infty)$

(12) 下列（　　）为初等函数.

A. $y=\left[\dfrac{\sin(e^x-1)}{\lg(1+x^2)}\right]^{\frac{1}{2}}$ B. $y=\begin{cases}\dfrac{x^2-1}{x-1}, & x\neq 1,\\ 0, & x=1\end{cases}$

C. $y=\sqrt{1-x^2}\;(x>1)$ D. $y=\sqrt{-2-\sin x}$

2. 填空题：

(1) 函数 $y=\dfrac{1}{\sqrt{2x-x^2}}+\arcsin\dfrac{2x+1}{3}$ 的定义域为＿＿＿＿＿＿.

(2) 若 $f\left(x+\dfrac{1}{x}\right)=x^2+\dfrac{1}{x^2}$，则 $f(x)=$＿＿＿＿＿＿.

(3) 设 $f(x)=\dfrac{1}{x}$，$g(x)=1-x$，则 $f(g(x))=$＿＿＿＿＿＿.

(4) 设 $f\left(\dfrac{1}{x}\right)=\dfrac{1}{1-x}$，则 $f(2)=$＿＿＿＿＿＿.

(5) 函数 $y=\ln(x+\sqrt{x^2+1})$ 是_____（填"奇"或"偶"）函数.

(6) $y=4x-3$ 的反函数是_____.

(7) 函数 $y=e^{(\sin x)^2}$ 可看作是由_____、_____和_____复合而成的.

(8) 函数 $y=\lg^2\arccos x^3$ 可看作是由_____、_____和_____和_____复合而成的.

3. 求下列函数的定义域，并用区间表示出来：

(1) $y=\dfrac{1}{1-x^2}+\sqrt{x+2}$；　　(2) $y=\dfrac{5}{x^2+4}$；

(3) $y=\arcsin\dfrac{x-1}{2}$；　　(4) $y=1-e^{1-x^2}$；

(5) $y=\sqrt{\lg\dfrac{5x-x^2}{4}}$；　　(6) $y=\dfrac{\arccos\dfrac{2x-1}{7}}{\sqrt{x^2-x-6}}$.

4. 求下列分段函数的定义域，并画出函数的图形：

(1) $f(x)=\begin{cases}1, & x\neq 0,\\ 0, & x=0;\end{cases}$

(2) $f(x)=\begin{cases}\sqrt{1-x^2}, & |x|\leqslant 1,\\ x-1, & 1<|x|<2.\end{cases}$

5. 将函数 $y=5-|2x-1|$ 用分段形式表示，并画出函数的图像.

6. 设 $\varphi(x)=\begin{cases}|\sin x|, & |x|<\dfrac{\pi}{3},\\ 0, & |x|\geqslant\dfrac{\pi}{3},\end{cases}$ 求 $\varphi\left(\dfrac{\pi}{6}\right),\varphi\left(\dfrac{\pi}{4}\right),\varphi\left(-\dfrac{\pi}{6}\right)$, $\varphi(-2)$.

7. 已知 $f(x)=x^2-3x+2$，求 $f(0),f(1),f(2),f(-x)$, $f\left(\dfrac{1}{x}\right),f(x+1)$.

8. 讨论下列函数的奇偶性：

(1) $f(x)=\dfrac{\sin x}{x}+\cos x$；　　(2) $f(x)=x\sqrt{x^2-1}+\tan x$；

(3) $f(x)=g(x)-g(-x)$；　　(4) $f(x)=\ln\dfrac{1-x}{1+x}$；

(5) $f(x)=\dfrac{e^x+e^{-x}}{e^x-e^{-x}}$；　　(6) $f(x)=x^2-x+1$.

9. 如果 $f(x)=\dfrac{e^{-x}-1}{e^{-x}+1}$，证明：$f(-x)=-f(x)$.

10. 如果 $f(x)=\dfrac{1-x^2}{\cos x}$，证明：$f(-x)=f(x)$.

11. 如果 $f(x)=a^x$，证明：$f(x) \cdot f(y)=f(x+y)$ 和 $\dfrac{f(x)}{f(y)}=f(x-y)$.

12. 如果 $f(x)=\log_a x$，证明：$f(x)+f(y)=f(x \cdot y)$ 和 $f(x)-f(y)=f\left(\dfrac{x}{y}\right)$.

13. 求下列函数的反函数，并求出反函数的定义域：

(1) $y=2x+1$;　　　　(2) $y=\dfrac{x+1}{x-1}$;

(3) $y=x^3+3$;　　　　(4) $y=1+\ln(x+2)$.

14. 下列各题中，求由给定函数复合的复合函数：

(1) $y=u^2$，$u=\log_a x$；

(2) $y=\sqrt{u}$，$u=2+v^2$，$v=\cos x$；

(3) $y=u^2$，$u=\ln v$，$v=\dfrac{x}{3}$；

(4) $y=\ln u$，$u=v^2+1$，$v=\tan x$.

15. 指出下列各函数是由哪些基本初等函数复合而成的：

(1) $y=(1+\ln x)^5$;　　　(2) $y=\sqrt{\ln \sqrt{x}}$;

(3) $y=\arccos \dfrac{x}{1+x^2}$;　　(4) $y=\ln \sin^2 x$.

16. 以下各对函数 $f(u)$ 与 $u=g(x)$ 中，哪些能复合构成复合函数 $f(g(x))$，哪些不能复合，为什么？

(1) $f(u)=\sqrt{u}$，$u=\ln\dfrac{1}{1+x^2}$；

(2) $f(u)=\ln(1-u)$，$u=\sin x$.

*17. 设生产与销售某产品的总收益 R 是产量 x 的二次函数，经统计得知：当产量 $x=0$，2，4 时，总收益 $R=0$，6，8，试确定总收益 R 和产量 x 的函数关系.

*18. 某商品供给量 Q 对价格 P 的函数关系为 $Q=Q(P)=a+b \cdot c^P$，已知当 $P=2$ 时，$Q=30$；当 $P=3$ 时，$Q=50$；当 $P=4$ 时，$Q=90$. 求供给量 Q 对价格 P 的函数关系.

*19. 某化肥厂生产某产品 $1000t$，定价为 130 元/t，销售量在 $700t$ 以内时，按原价出售，当超过 $700t$ 时，超过的部分按 9 折出售，试将销售总收益与总销量的函数关系用数学表达式表出.

*20. 某工厂生产积木玩具，每生产一套积木玩具的可变成本为 15 元，每天的固定成本为 2000 元，如果每套积木的出厂价格为 20 元，为了不亏本，该厂每天至少要生产多少套这种积木玩具？

*21. 某商场以 a 元/件的价格出售某种商品，若顾客一次购买 50 件以上，则超过 50 件的商品以 $0.8a$ 元/件的优惠价格出售，

试将一次成交的销售收入 R 表示成销售量 x 的函数.

*22. 某公司全年需购买某设备 1000 台,每台购进价为 4000 元,分若干批进货. 每批进货台数相同,一批设备售完后马上进下一批货. 每进一次货需要消耗费用 2000 元,设备均匀投放市场(即平均年库存量为批量的一半),该设备每年每台库存费为进货价格的 4%,试将公司全年在该设备上的投资总额表示为每批进货量的函数.

第 2 章
极限与连续

高等数学与初等数学的区别是：首先，研究对象不同，初等数学研究的对象主要是常量，而高等数学研究的对象主要是变量；其次，运算不同，初等数学主要研究常量间的代数运算，多是恒等式运算，而高等数学主要研究变量之间的终极状况、变化速度、变化总量等．因此，高等数学的研究方法更具一般性．而微积分作为一门完整的学科体系是建立在极限的基础之上的，极限是微积分的基石．

数学文化扩展阅读 4
极限概念的历史演变

2.1 极限的概念

2.1.1 数列极限的定义

我们先看一个实例：芝诺的一个悖论——阿基里斯追龟．

公元前 5 世纪，芝诺提出了著名的阿基里斯和乌龟赛跑悖论：他提出让乌龟在阿基里斯前面 1000m 处开始跑，并且假定阿基里斯的速度是乌龟的 10 倍．当比赛开始后，若阿基里斯跑了 1000m，设阿基里斯所用的时间为 t，此时乌龟便领先他 100m；当阿基里斯跑完下一个 100m 时，他所用的时间为 $t/10$，乌龟仍然领先他 10m．当阿基里斯跑完下一个 10m 时，他所用的时间为 $t/100$，乌龟仍然前于他 1m……芝诺解释说，阿基里斯能够继续逼近乌龟，但绝不可能追上它．

核心内容讲解 2
数列极限

这样提出问题，其结论显然与我们的直觉相悖，可以用初等数学的方法求出追赶的时间和路程：

设经过一段时间 T（单位：min）阿基里斯追上乌龟，由于乌龟所走的路程加上 1000m 等于阿基里斯所走的路程，可得 $T = \dfrac{10t}{9}$．从而对芝诺悖论给予反驳：阿基里斯一定能追上乌龟！

然而芝诺将这样一个直观上都不会产生怀疑的问题与"无限"纠缠在了一起，以至于在相当长的时间内人们不得不把"无限"排除在数学之外．直到 19 世纪，当变量无限变化的极限理论建立之后，人们才可以使用极限理论来回答芝诺的挑战．

由以上可知，类似阿基里斯追赶乌龟的一系列距离所表示的数就是数列.

定义 2.1 设函数 $y=f(n)$，n 为正整数，当 n 依次取 $1,2,3,\cdots$ 时所得到的一列函数值

$$x_1=f(1),x_2=f(2),\cdots,x_n=f(n),\cdots$$

称为**无穷数列**，简称**数列**，记为 $\{x_n\}$，数列中的每一个数称为数列的**项**，x_n 称为数列的**通项**.

数列举例：

(1) $x_n=1+\dfrac{1}{n}$：$2,\dfrac{3}{2},\dfrac{4}{3},\dfrac{5}{4},\cdots$

(2) $x_n=1+(-1)^n\dfrac{1}{n}$：$0,\dfrac{3}{2},\dfrac{2}{3},\dfrac{5}{4},\dfrac{4}{5},\cdots$

(3) $x_n=2n$：$2,4,6,8,\cdots$

(4) $x_n=\dfrac{1+(-1)^n}{2}$：$0,1,0,1,\cdots$

显然，由以上例子可以看出，随着 n 逐渐增大，它们都有自己的变化趋势.

对于数列 (1) 和 (2)，当 $n\to\infty$ 时，它们都无限接近于 1；

对于数列 (3)，当 $n\to\infty$ 时，$2n$ 无限增大而不接近于任何数；

对于数列 (4)，$\dfrac{1+(-1)^n}{2}$，n 为奇数时，取值为 0，n 为偶数时，取值为 1，所以当 $n\to\infty$ 时不接近于一个固定的常数.

由上面的分析，下面给出数列极限的描述性定义.

定义 2.2 设 $\{x_n\}$ 是一个数列，$n\in\mathbf{Z}_+$，当 n 无限增大时，x_n 无限趋于一个确定的常数 a，则称 $\{x_n\}$ **收敛于** a，或称 a 为 $\{x_n\}$ 的**极限**，记为

$$\lim_{n\to\infty}x_n=a \text{ 或 } x_n\to a(n\to\infty).$$

否则，称 $\{x_n\}$ **发散**（不收敛），或 $\lim\limits_{n\to\infty}x_n$ **不存在**.

核心内容讲解 3
函数极限

2.1.2 函数极限的定义

数列可以被看作是一类特殊的函数. 仿照数列极限的定义，可以给出函数极限的定义，考虑到函数定义域的多种形式，自变量 x 的变化形式也有多种，进而函数的极限就有不同的表现形式. 下面给出自变量 x 在不同变化形式下，函数极限的定义：

定义 2.3 设函数 $f(x)$ 在 $[a,+\infty)$ 上有定义. 当 x 沿数轴正方向趋于无穷大时，$f(x)$ 无限趋于一个确定的常数 A，则称当 $x\to+\infty$ 时，$f(x)$ 收敛于 A，或称 A 为 $f(x)$ 当 $x\to+\infty$ 时的**极限**，记作

$$\lim_{x\to+\infty}f(x)=A \text{ 或 } f(x)\to A(x\to+\infty).$$

定义 2.4 设函数 $f(x)$ 在 $(-\infty,b]$ 上有定义. 当 x 沿数轴

负方向趋于无穷大时，$f(x)$ 无限趋于一个确定的常数 A，则称当 $x \to -\infty$ 时，$f(x)$ 收敛于 A，或称 A 为 $f(x)$ 当 $x \to -\infty$ 时的极限，记作

$$\lim_{x \to -\infty} f(x) = A \text{ 或 } f(x) \to A (x \to -\infty).$$

有时需要考虑 x 沿数轴同时趋于正、负方向的无穷大，则有：

定理 2.1 $\lim\limits_{x \to \infty} f(x) = A \Leftrightarrow \lim\limits_{x \to +\infty} f(x) = \lim\limits_{x \to -\infty} f(x) = A$ (A 为常数).

否则，称 $f(x)$ 当 $x \to \infty$ 时发散（不收敛）或 $\lim\limits_{x \to \infty} f(x)$ 不存在.

定义 2.5 设函数 $f(x)$ 在点 x_0 的左、右两侧附近有定义. 当 x 从 x_0 的左侧和右侧趋于 x_0 时，$f(x)$ 无限趋于一个确定的常数 A，则称当 $x \to x_0$ 时，$f(x)$ 收敛于 A，或称 A 为 $f(x)$ 当 $x \to x_0$ 时的极限，记作

$$\lim_{x \to x_0} f(x) = A \text{ 或 } f(x) \to A (x \to x_0).$$

当然，有时也需要考虑 x 沿数轴只从 x_0 的左侧趋于 x_0 或只从 x_0 的右侧趋于 x_0 的情况，如 $f(x) = \sqrt{1-x}$，在 $x = 1$ 处，只能讨论从 $x = 1$ 的左侧趋于 1 的情形，而对于 $f(x) = \ln x$，在 $x = 0$ 处，只能讨论从 $x = 0$ 的右侧趋于 0 的情形，则有：

定义 2.6 设函数 $f(x)$ 在点 x_0 的左侧附近有定义. 当 x 沿数轴从 x_0 的左侧 ($x < x_0$) 趋于 x_0 时，$f(x)$ 无限趋于一个确定的常数 A，则称当 $x \to x_0^-$ 时，$f(x)$ 收敛于 A，或称 A 为 $f(x)$ 当 $x \to x_0^-$ 时的**左极限**，记作

$$\lim_{x \to x_0^-} f(x) = A \text{ 或 } f(x) \to A (x \to x_0^-).$$

定义 2.7 设函数 $f(x)$ 在点 x_0 的右侧附近有定义. 当 x 沿数轴从 x_0 的右侧 ($x > x_0$) 趋于 x_0 时，$f(x)$ 无限趋于一个确定的常数 A，则称 $x \to x_0^+$ 时，$f(x)$ 收敛于 A，或称 A 为 $f(x)$ 当 $x \to x_0^+$ 时的**右极限**，记作

$$\lim_{x \to x_0^+} f(x) = A \text{ 或 } f(x) \to A (x \to x_0^+).$$

根据左、右极限的定义，有下面结论，即

定理 2.2 $\lim\limits_{x \to x_0} f(x) = A \Leftrightarrow \lim\limits_{x \to x_0^-} f(x) = \lim\limits_{x \to x_0^+} f(x) = A.$

此充要条件通常用于考察分段函数在分段点处的极限是否存在的问题.

例 1 讨论当 $x \to 0$ 时，$f(x) = \dfrac{|x|}{x}$ 的极限.

解 $f(x) = \dfrac{|x|}{x} = \begin{cases} 1, & x > 0, \\ -1, & x < 0, \end{cases}$ 其图形如图 2-1 所示.

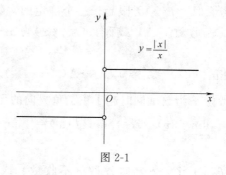

图 2-1

因为
$$\lim_{x\to 0^-}f(x)=\lim_{x\to 0^-}(-1)=-1, \lim_{x\to 0^+}f(x)=\lim_{x\to 0^+}1=1,$$
左、右极限都存在，但不相等，所以，由定理 2.2 可知 $\lim_{x\to 0}f(x)$ 不存在.

以后为了叙述方便，我们用记号 $x\to X$ 来统一表示上面 7 种极限过程中的任何一种过程.

2.2 无穷大量与无穷小量

2.2.1 无穷大量

在函数极限不存在的情形中，有一种情形应注意，例如，当 $x\to 0$ 时，函数 $y=\dfrac{1}{x^3}$ 的绝对值无限增大.

定义 2.8 当 $x\to X$ 时，$|f(x)|$ 无限增大，则称 $f(x)$ 为当 $x\to X$ 时的**无穷大量**（简称**无穷大**）. 记作
$$\lim_{x\to X}f(x)=\infty \text{ 或 } f(x)\to\infty\ (x\to X).$$

例如：

(1) 因为 $\lim_{x\to +\infty}\ln x=+\infty$，所以函数 $\ln x$ 是当 $x\to +\infty$ 时的无穷大量；

(2) 因为 $\lim_{x\to 0}\dfrac{1}{x}=\infty$，所以函数 $\dfrac{1}{x}$ 是当 $x\to 0$ 时的无穷大量.

注：(1) 无穷大量是变量，不能与很大的数混淆.

(2) $\lim_{x\to X}f(x)=\infty$ 只是一个记号，它是说明函数极限不存在的一种形式.

2.2.2 无穷小量

在极限的研究中，极限值为零的函数发挥着重要作用. 下面给出无穷小量的定义.

定义 2.9 当 $x\to X$ 时，若 $f(x)$ 的极限值为零. 即若 $\lim_{x\to X}f(x)=0$，则称 $f(x)$ 为 $x\to X$ 时的**无穷小量**（简称**无穷小**）.

例如：

(1) 因为 $\lim\limits_{x\to 0}\sin x = 0$，所以函数 $\sin x$ 是当 $x\to 0$ 时的无穷小量；

(2) 因为 $\lim\limits_{x\to\infty}\dfrac{1}{x} = 0$，所以函数 $\dfrac{1}{x}$ 是当 $x\to\infty$ 时的无穷小量；

(3) 因为 $\lim\limits_{n\to\infty}\dfrac{(-1)^n}{n} = 0$，所以数列 $\left\{\dfrac{(-1)^n}{n}\right\}$ 是当 $n\to\infty$ 时的无穷小量.

注：无穷小量是变量，不能与很小的数（如千分之一）混淆. 但 $y=0$ 例外，即 $y=0$ 是可以作为无穷小量的唯一常数.

2.2.3 无穷大量与无穷小量的关系

定理 2.3 在自变量的同一变化过程中，

(1) 若 $f(x)$ 是无穷大量，则 $\dfrac{1}{f(x)}$ 为无穷小量；

(2) 若 $f(x)$ 是无穷小量，且 $f(x)\neq 0$，则 $\dfrac{1}{f(x)}$ 为无穷大量.

2.2.4 无穷小量阶的比较

在同一种变化趋势下，两个无穷小量虽然以零为极限，但它们趋于零的快慢程度可能不同，也可能相同，我们可以通过它们的比值的极限来判断无穷小量的级别，称为无穷小量阶的比较.

定义 2.10 设 α 与 β 是当自变量 $x\to X$ 时的两个无穷小量，

(1) 若 $\lim\limits_{x\to X}\dfrac{\beta}{\alpha} = 0$，则称 β 是比 α 高阶的无穷小，记作 $\beta = o(\alpha)$；

(2) 若 $\lim\limits_{x\to X}\dfrac{\beta}{\alpha} = \infty$，则称 β 是比 α 低阶的无穷小；

(3) 若 $\lim\limits_{x\to X}\dfrac{\beta}{\alpha} = c\,(c\neq 0)$，则称 β 与 α 是同阶无穷小，特别地，当 $c=1$ 时，则称 β 与 α 是等价无穷小，记作 $\alpha\sim\beta$.

例如，当 $x\to 0$ 时，x^2，$3x$，x 都是无穷小量，根据定义，当 $x\to 0$ 时，x^2 是比 $3x$ 高阶的无穷小，记作 $x^2 = o(3x)\,(x\to 0)$；$3x$ 是比 x^2 低阶的无穷小；而 x 与 $3x$ 是同阶无穷小. 其中，等价无穷小在极限的计算中起着非常重要的作用.

2.3 极限计算

2.3.1 利用极限的四则运算法则

准则：若 $\lim\limits_{x\to X}f(x) = A$，$\lim\limits_{x\to X}g(x) = B$，则

(1) $\lim\limits_{x\to X}[f(x)\pm g(x)] = \lim\limits_{x\to X}f(x) \pm \lim\limits_{x\to X}g(x) = A\pm B$；

(2) $\lim\limits_{x\to X}[f(x)\cdot g(x)] = \lim\limits_{x\to X}f(x) \cdot \lim\limits_{x\to X}g(x) = AB$；

(3) 当 $B \neq 0$ 时，$\lim\limits_{x \to X} \dfrac{f(x)}{g(x)} = \dfrac{\lim\limits_{x \to X} f(x)}{\lim\limits_{x \to X} g(x)} = \dfrac{A}{B}.$

注：(1) 和 (2) 可以推广到有限个函数的情形．

例 2 求 $\lim\limits_{x \to +\infty}\left[3 \cdot \left(\dfrac{1}{2}\right)^x + \dfrac{1}{x} - 1\right].$

解 $\lim\limits_{x \to +\infty}\left[3 \cdot \left(\dfrac{1}{2}\right)^x + \dfrac{1}{x} - 1\right] = \lim\limits_{x \to +\infty} 3 \cdot \lim\limits_{x \to +\infty}\left(\dfrac{1}{2}\right)^x + \lim\limits_{x \to +\infty} \dfrac{1}{x} - \lim\limits_{x \to +\infty} 1 = 3 \times 0 + 0 - 1 = -1.$

2.3.2 直接代入法

核心内容讲解 4
极限计算（1）

准则：求有理整式函数（多项式）或有理分式函数（分母不为零）当 $x \to x_0$ 的极限时，只要用 x_0 代替函数中的 x 即可．

例 3 求 $\lim\limits_{x \to 1}(3x^2 - 2x + 1).$

解 $\lim\limits_{x \to 1}(3x^2 - 2x + 1) = 3 \times 1^2 - 2 \times 1 + 1 = 2.$

例 4 求 $\lim\limits_{x \to 2} \dfrac{x^3 - 1}{x^2 - 3x + 5}.$

解 因为 $\lim\limits_{x \to 2}(x^2 - 3x + 5) = 4 - 6 + 5 = 3 \neq 0$，所以 $\lim\limits_{x \to 2} \dfrac{x^3 - 1}{x^2 - 3x + 5} = \dfrac{8 - 1}{3} = \dfrac{7}{3}.$

2.3.3 利用有界变量与无穷小量的乘积仍为无穷小量的性质法

准则：有界变量与无穷小量的乘积仍为无穷小量．

例 5 求 $\lim\limits_{x \to 0} x \sin \dfrac{1}{x}.$

解 由于 $\left|\sin \dfrac{1}{x}\right| \leqslant 1$ $(x \neq 0)$，故当 $x \neq 0$ 时 $\sin \dfrac{1}{x}$ 有界，而函数 x 是当 $x \to 0$ 时的无穷小量，从而

$$\lim\limits_{x \to 0} x \sin \dfrac{1}{x} = 0.$$

2.3.4 倒数法

准则：利用无穷小与无穷大的倒数关系计算极限．

例 6 求 $\lim\limits_{x \to 1} \dfrac{4x - 1}{x^2 + 2x - 3}.$

解 因为 $\lim\limits_{x \to 1}(x^2 + 2x - 3) = 0$，所以这里不能用商的极限运算法则，但 $\lim\limits_{x \to 1}(4x - 1) = 3 \neq 0$，

所以 $\lim\limits_{x \to 1} \dfrac{x^2 + 2x - 3}{4x - 1} = \dfrac{\lim\limits_{x \to 1}(x^2 + 2x - 3)}{\lim\limits_{x \to 1}(4x - 1)} = \dfrac{0}{3} = 0,$

从而由无穷小与无穷大的关系,得 $\lim\limits_{x\to 1}\dfrac{4x-1}{x^2+2x-3}=\infty$.

2.3.5 约去零因式法

准则：求有理分式函数的极限时,若分式的分子与分母的极限都为零,通常我们将这种非零无穷小之比的极限记为"$\dfrac{0}{0}$"型未定式. 由于这种形式的极限可能存在,也可能不存在,因此这种极限通常称为未定式,我们可以通过约去使分子与分母同时为零的因式的方法来求解.

例 7 求 $\lim\limits_{x\to 4}\dfrac{x-4}{x^2-16}$.

解 当 $x\to 4$ 时,$x-4\to 0$,$x^2-16\to 0$,因此不能用商的极限运算法则. 由于 $x\to 4$ 时,$x\neq 4$,$x-4\neq 0$,故可约去分子与分母中的公因式 $(x-4)$,所以

$$\lim\limits_{x\to 4}\dfrac{x-4}{x^2-16}=\lim\limits_{x\to 4}\dfrac{x-4}{(x-4)(x+4)}=\lim\limits_{x\to 4}\dfrac{1}{x+4}=\dfrac{1}{8}.$$

2.3.6 无穷小量分出法

准则：当 $n\to\infty$($x\to\infty$)时,分子和分母都趋于无穷大,类似"$\dfrac{0}{0}$"未定式,我们将这种无穷大之比的极限记为"$\dfrac{\infty}{\infty}$"型未定式,用分子与分母中的最高次幂同时去除分子和分母,再求解.

核心内容讲解 5
极限计算（2）

例 8 求 $\lim\limits_{n\to\infty}\dfrac{2n^3+3n^2+5}{7n^3+4n^2-1}$.

解 当 $n\to\infty$ 时,分子和分母都趋于无穷大,不能直接利用商的极限运算法则. 因为分子与分母的最高次幂都是 n^3,所以分别以 n^3 去除分子和分母,分出无穷小,便得

$$\lim\limits_{n\to\infty}\dfrac{2n^3+3n^2+5}{7n^3+4n^2-1}=\lim\limits_{n\to\infty}\dfrac{2+\dfrac{3}{n}+\dfrac{5}{n^3}}{7+\dfrac{4}{n}-\dfrac{1}{n^3}}=\dfrac{2}{7}.$$

例 9 求 $\lim\limits_{x\to\infty}\dfrac{x^3-3x+2}{x^4-x^2+3}$.

解 当 $x\to\infty$ 时,分子和分母都趋于无穷大,因为分子与分母中的最高次幂是 x^4,从而

$$\lim\limits_{n\to\infty}\dfrac{x^3-3x+2}{x^4-x^2+3}=\lim\limits_{n\to\infty}\dfrac{\dfrac{1}{x}-\dfrac{3}{x^3}+\dfrac{2}{x^4}}{1-\dfrac{1}{x^2}+\dfrac{3}{x^4}}=0.$$

例 10 求 $\lim\limits_{n\to\infty}\dfrac{x^4-x^2+3}{x^3-3x+2}$.

解 应用例 9 的结果，并根据"倒数法"，得

$$\lim_{n\to\infty}\frac{x^4-x^2+3}{x^3-3x+2}=\infty.$$

从例 8～例 10 可以归纳：一般地，当 $a_0 \neq 0$，$b_0 \neq 0$，且 m 与 n 为非负整数时，

$$\lim_{n\to\infty}\frac{a_0x^m+a_1x^{m-1}+\cdots+a_m}{b_0x^n+b_1x^{n-1}+\cdots+b_n}=\begin{cases}\dfrac{a_0}{b_0}, & n=m, \\ 0, & n>m, \\ \infty, & n<m.\end{cases}$$

2.3.7 通分法

准则：两个无穷大之差的极限也是未定式，通常记为"$\infty-\infty$"，计算这种极限时可将其通过通分恒等变成"$\dfrac{0}{0}$"或"$\dfrac{\infty}{\infty}$"型未定式，再利用前面的极限方法来求解.

例 11 求 $\lim\limits_{x\to-2}\left(\dfrac{1}{x+2}-\dfrac{12}{x^3+8}\right)$.

解 当 $x\to-2$ 时，$\dfrac{1}{x+2}\to\infty$，$\dfrac{12}{x^3+8}\to\infty$，通分后，得

$$\lim_{x\to-2}\left(\frac{1}{x+2}-\frac{12}{x^3+8}\right)=\lim_{x\to-2}\frac{x^2-2x+4-12}{x^3+8}$$
$$=\lim_{x\to-2}\frac{(x+2)(x-4)}{(x+2)(x^2-2x+4)}$$
$$=\lim_{x\to-2}\frac{x-4}{x^2-2x+4}$$
$$=-\frac{1}{2}.$$

2.3.8 有理化法

准则：若含有无理式的函数中出现"$\dfrac{0}{0}$"或"$\infty-\infty$"型未定式，则在求极限时应该采用将无理式有理化的方法.

例 12 求 $\lim\limits_{x\to 4}\dfrac{\sqrt{x}-2}{x-4}$.

解 当 $x\to 4$ 时，$x-4\to 0$，$\sqrt{x}-2\to 0$，不能用商的极限运算法则，于是将分子有理化，得

$$\lim_{x\to 4}\frac{\sqrt{x}-2}{x-4}=\lim_{x\to 4}\frac{(\sqrt{x}-2)(\sqrt{x}+2)}{(x-4)(\sqrt{x}+2)}=\lim_{x\to 4}\frac{1}{\sqrt{x}+2}=\frac{1}{4}.$$

例 13 求 $\lim\limits_{x\to+\infty}(\sqrt{x^2+x+1}-\sqrt{x^2-x+1})$.

解 当 $x\to+\infty$ 时，$\sqrt{x^2+x+1}\to+\infty$，$\sqrt{x^2-x+1}\to$

$+\infty$，将分子有理化，得

$$\lim_{x \to +\infty}(\sqrt{x^2+x+1}-\sqrt{x^2-x+1}) = \lim_{x \to +\infty}\frac{x^2+x+1-(x^2-x+1)}{\sqrt{x^2+x+1}+\sqrt{x^2-x+1}}$$

$$= \lim_{x \to +\infty}\frac{2x}{\sqrt{x^2+x+1}+\sqrt{x^2-x+1}}$$

$$= \lim_{x \to +\infty}\frac{2}{\sqrt{1+\frac{1}{x}+\frac{1}{x^2}}+\sqrt{1-\frac{1}{x}+\frac{1}{x^2}}}$$

$$= 1.$$

2.3.9 变量代换法

准则：$\lim\limits_{x \to X} f(g(x)) \xrightarrow[\lim\limits_{x \to X} g(x)=a]{令 u=g(x)} \lim\limits_{u \to a} f(u) = A.$

例 14 求 $\lim\limits_{x \to 1}\dfrac{\sqrt[3]{x}-1}{\sqrt{x}-1}$.

解 当 $x \to 1$ 时，$\sqrt[3]{x}-1 \to 0$，$\sqrt{x}-1 \to 0$，虽然也可以用有理化方法，但其过程太过烦琐，因此，做变量代换.

令 $u = x^{\frac{1}{3} \times \frac{1}{2}} = x^{\frac{1}{6}}$，则 $\sqrt{x} = u^3$，$\sqrt[3]{x} = u^2$，当 $x \to 1$ 时，$u = x^{\frac{1}{6}} \to 1$，于是

$$\lim_{x \to 1}\frac{\sqrt[3]{x}-1}{\sqrt{x}-1} = \lim_{u \to 1}\frac{u^2-1}{u^3-1} = \lim_{u \to 1}\frac{(u-1)(u+1)}{(u-1)(u^2+u+1)} = \lim_{u \to 1}\frac{u+1}{u^2+u+1} = \frac{2}{3}.$$

例 15 求 $\lim\limits_{x \to 0^-} e^{\frac{1}{x}}$.

解 令 $u = \dfrac{1}{x}$，当 $x \to 0^-$ 时，$u = \dfrac{1}{x} \to -\infty$，于是

$$\lim_{x \to 0^-} e^{\frac{1}{x}} = \lim_{u \to -\infty} e^u = 0.$$

2.3.10 利用 $\lim\limits_{x \to 0}\dfrac{\sin x}{x}=1$ 计算相关极限

准则：该极限的特征为

(1) $\dfrac{0}{0}$ 型未定式；

(2) 无穷小量的正弦与自身的比，即 $\dfrac{\sin \square}{\square}$，分母与分子方框中的变量形式相同，且都是无穷小量.

推广公式：(1) $\lim\limits_{x \to 0}\dfrac{x}{\sin x}=1$；(2) $\lim\limits_{x \to \infty} x\sin\dfrac{1}{x}=1.$

例 16 求 $\lim\limits_{x \to 0}\dfrac{\tan x}{x}$.

解 $\lim\limits_{x \to 0}\dfrac{\tan x}{x} = \lim\limits_{x \to 0}\left(\dfrac{\sin x}{x} \cdot \dfrac{1}{\cos x}\right) = \lim\limits_{x \to 0}\dfrac{\sin x}{x} \cdot \lim\limits_{x \to 0}\dfrac{1}{\cos x} = 1.$

核心内容讲解 6
两个重要极限

例 17 求 $\lim\limits_{x\to 0}\dfrac{\sin kx}{x}$（$k$ 为非零常数）.

解 $\lim\limits_{x\to 0}\dfrac{\sin kx}{x}=\lim\limits_{x\to 0}\left(\dfrac{\sin kx}{kx}\cdot k\right)=k\cdot\lim\limits_{x\to 0}\dfrac{\sin kx}{kx}=k.$

例 18 求 $\lim\limits_{x\to\infty}x\cdot\sin\dfrac{1}{x}.$

解 $\lim\limits_{x\to\infty}x\cdot\sin\dfrac{1}{x}=\lim\limits_{x\to\infty}\dfrac{\sin\dfrac{1}{x}}{\dfrac{1}{x}}=1$（结论也可视为公式记住）.

例 19 求 $\lim\limits_{x\to 0}\dfrac{1-\cos x}{x^2}.$

解 $\lim\limits_{x\to 0}\dfrac{1-\cos x}{x^2}=\lim\limits_{x\to 0}\dfrac{2\sin^2\dfrac{x}{2}}{x^2}=\lim\limits_{x\to 0}\dfrac{2\sin^2\dfrac{x}{2}}{4\cdot\left(\dfrac{x}{2}\right)^2}$

$=\dfrac{1}{2}\lim\limits_{x\to 0}\left(\dfrac{\sin\dfrac{x}{2}}{\dfrac{x}{2}}\right)^2=\dfrac{1}{2}\left(\lim\limits_{x\to 0}\dfrac{\sin\dfrac{x}{2}}{\dfrac{x}{2}}\right)^2=\dfrac{1}{2}.$

2.3.11 利用 $\lim\limits_{x\to\infty}\left(1+\dfrac{1}{x}\right)^x=\mathrm{e}$ 计算相关极限

准则：该极限的特征为

（1）"1^∞"型幂指函数求极限；

（2）$(1+无穷小)^{无穷大}$，即 $\left(1+\dfrac{1}{\Box}\right)^{\Box}$，底数与指数方框中的变量形式相同，且都是无穷大量.

推广公式：$\lim\limits_{x\to 0}(1+x)^{\frac{1}{x}}=\mathrm{e}.$

数学文化扩展阅读 5
无理数 e

例 20 求 $\lim\limits_{n\to\infty}\left(1+\dfrac{1}{n}\right)^{n+3}.$

解 $\lim\limits_{n\to\infty}\left(1+\dfrac{1}{n}\right)^{n+3}=\lim\limits_{n\to\infty}\left[\left(1+\dfrac{1}{n}\right)^n\cdot\left(1+\dfrac{1}{n}\right)^3\right]=$
$\lim\limits_{n\to\infty}\left(1+\dfrac{1}{n}\right)^n\cdot\lim\limits_{n\to\infty}\left(1+\dfrac{1}{n}\right)^3=\mathrm{e}\times 1=\mathrm{e}.$

例 21 当 $k\neq 0$ 时，求 $\lim\limits_{x\to\infty}\left(1+\dfrac{k}{x}\right)^x.$

解 $\lim\limits_{x\to\infty}\left(1+\dfrac{k}{x}\right)^x=\lim\limits_{x\to\infty}\left(1+\dfrac{k}{x}\right)^{\frac{x}{k}\cdot k}=\lim\limits_{x\to\infty}\left[\left(1+\dfrac{k}{x}\right)^{\frac{x}{k}}\right]^k=\mathrm{e}^k$

（此题结论可视为公式记住）.

例 22 求 $\lim\limits_{x\to\infty}\left(\dfrac{x}{x+1}\right)^{2x}.$

解 $\lim\limits_{x\to\infty}\left(\dfrac{x}{x+1}\right)^{2x}=\lim\limits_{x\to\infty}\left[\left(\dfrac{x+1}{x}\right)^x\right]^{-2}$

$$= \lim_{x \to \infty} \left[\left(1+\frac{1}{x}\right)^x\right]^{-2} = e^{-2}.$$

2.3.12 利用等价无穷小替换求极限

准则：设当 $x \to X$ 时，$\alpha \sim \alpha'$，$\beta \sim \beta'$，且 $\lim\limits_{x \to X} \dfrac{\beta'}{\alpha'}$ 存在，则

$$\lim_{x \to X} \frac{\beta}{\alpha} = \lim_{x \to X} \frac{\beta'}{\alpha'}, \qquad \lim_{x \to X} \alpha\beta = \lim_{x \to X} \alpha'\beta'.$$

核心内容讲解 7
等价无穷小

上式表明，在计算两个无穷小之比的极限时，分子或分母的无穷小因子都可用它的等价无穷小来代替. 若代换适当，可简化计算.

常用的等价无穷小：当 $x \to 0$ 时，有

$\sin x \sim x$, $\quad \tan x \sim x$, $\quad \arcsin x \sim x$, $\quad \arctan x \sim x$,

$1 - \cos x \sim \dfrac{x^2}{2}$，$e^x - 1 \sim x$，$\quad \ln(1+x) \sim x$，

$(1+x)^\alpha - 1 \sim \alpha x$（$\alpha \neq 0$ 且为常数），$\quad \sqrt{1+x} - \sqrt{1-x} \sim x$.

例 23 求 $\lim\limits_{x \to 0} \dfrac{\tan 2x}{\sin 5x}$.

解法一 $\lim\limits_{x \to 0} \dfrac{\tan 2x}{\sin 5x} = \lim\limits_{x \to 0} \left(\dfrac{\tan 2x}{2x} \cdot \dfrac{5x}{\sin 5x} \cdot \dfrac{2}{5}\right)$

$$= \lim_{x \to 0} \frac{\tan 2x}{2x} \cdot \lim_{x \to 0} \frac{5x}{\sin 5x} \cdot \frac{2}{5} = \frac{2}{5}.$$

解法二 当 $x \to 0$ 时，$\tan 2x \sim 2x$，$\sin 5x \sim 5x$，所以

$$\lim_{x \to 0} \frac{\tan 2x}{\sin 5x} = \lim_{x \to 0} \frac{2x}{5x} = \frac{2}{5}.$$

例 24 求 $\lim\limits_{x \to 0} \dfrac{1 - \cos x^2}{x^2 \sin^2 x}$.

解 当 $x \to 0$ 时，$1 - \cos x^2 \sim \dfrac{1}{2}(x^2)^2$，$\sin^2 x \sim x^2$，所以

$$\lim_{x \to 0} \frac{1 - \cos x^2}{x^2 \sin^2 x} = \lim_{x \to 0} \frac{\dfrac{1}{2}(x^2)^2}{x^2 \cdot x^2} = \frac{1}{2}.$$

例 25 求 $\lim\limits_{x \to 0} \dfrac{(1+x^2)^{\frac{1}{3}} - 1}{\cos x - 1}$.

解 当 $x \to 0$ 时，$(1+x^2)^{\frac{1}{3}} - 1 \sim \dfrac{1}{3} x^2$，$\cos x - 1 \sim -\dfrac{1}{2} x^2$，所以 $\lim\limits_{x \to 0} \dfrac{(1+x^2)^{\frac{1}{3}} - 1}{\cos x - 1} = \lim\limits_{x \to 0} \dfrac{\dfrac{1}{3} x^2}{-\dfrac{1}{2} x^2} = -\dfrac{2}{3}.$

例 26 求 $\lim\limits_{x \to 0} \dfrac{\tan x - \sin x}{\sin^3 2x}$.

错解 $\lim\limits_{x\to 0}\dfrac{\tan x-\sin x}{\sin^3 2x}=\lim\limits_{x\to 0}\dfrac{x-x}{(2x)^3}=0.$

解 $\lim\limits_{x\to 0}\dfrac{\tan x-\sin x}{\sin^3 2x}=\lim\limits_{x\to 0}\dfrac{\tan x(1-\cos x)}{\sin^3 2x}$

$=\lim\limits_{x\to 0}\dfrac{x\cdot\dfrac{1}{2}x^2}{(2x)^3}=\dfrac{1}{16}.$

注：用等价无穷小替换求极限较简便，但这种方法只能用于积与商中，不可用于和与差中.

对于部分"$\dfrac{0}{0}$"和"$\dfrac{\infty}{\infty}$"型未定式或其他型未定式求极限，如 $\lim\limits_{x\to 0}\dfrac{x-\sin x}{x^3}$，利用现有方法不能或不易求解，还可以用洛必达法则求解（见4.1节）.

2.4 函数的连续性

核心内容讲解8
函数的连续性

自然界中有许多现象，如气温的变化、物体运动的路程、金属丝加热时长度的变化等，都是连续变化的，这种现象反映在数学上就是函数的连续性.

连续函数不仅是微积分的研究对象，而且微积分中的主要概念、定理、公式与法则等也往往都要求函数具有连续性.

为描绘函数的连续性，我们先引入函数改变量的概念.

2.4.1 函数的改变量

对于函数 $y=f(x)$，当自变量从初值 x_0 变到终值 x 时，称 $\Delta x=x-x_0$ 为自变量的改变量，此时相应的函数从初值 $f(x_0)$ 变到终值 $f(x)$，称 $\Delta y=f(x)-f(x_0)$ 为函数的改变量（见图 2-2）.

注：(1) 记号 Δx 和 Δy 是一个整体符号，不能拆开写.

(2) Δx 与 Δy 可正可负，还可为零.

(3) 一般地，对于函数 $y=f(x)$，初值 x_0 是常量，终值 x 是变量，则 $x=x_0+\Delta x$，此时，习惯于将 Δy 写成 Δx 的函数，即

$$\Delta y=f(x_0+\Delta x)-f(x_0)$$

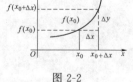

图 2-2

由此得到函数在 x_0 处连续的定义.

2.4.2 函数在一点连续的定义

定义 2.11 设函数 $y=f(x)$ 在点 x_0 处及其左、右附近有定义，在 x_0 处任取 $\Delta x\neq 0$，则 $\Delta y=f(x_0+\Delta x)-f(x_0)$. 如果 $\lim\limits_{\Delta x\to 0}\Delta y=0$，则称函数 $f(x)$ 在点 x_0 处连续. 否则，称函数在点

x_0 处间断.

由定义 $\lim\limits_{\Delta x \to 0} \Delta y = 0$,即 $\lim\limits_{\Delta x \to 0} [f(x_0 + \Delta x) - f(x_0)] = 0$ 推出等价定义如下.

定义 2.12 如果函数 $y = f(x)$ 满足以下条件:

(1) 在点 x_0 处及其左、右附近有定义;

(2) $\lim\limits_{x \to x_0} f(x)$ 存在;

(3) $\lim\limits_{x \to x_0} f(x) = f(x_0)$.

则称函数 $y = f(x)$ 在点 x_0 处连续,x_0 称为 $f(x)$ 的连续点;否则,称函数 $y = f(x)$ 在点 x_0 处间断(不连续),x_0 称为 $f(x)$ 的间断点.

定义 2.13 (1) 如果 $\lim\limits_{x \to x_0^-} f(x) = f(x_0)$,则称函数 $f(x)$ 在点 x_0 处左连续;

(2) 如果 $\lim\limits_{x \to x_0^+} f(x) = f(x_0)$,则称函数 $f(x)$ 在点 x_0 处右连续.

根据左、右连续的定义,有下面结论,即

定理 2.4 函数 $f(x)$ 在点 x_0 处连续的充要条件是函数 $f(x)$ 在点 x_0 处既左连续又右连续.

例 27 讨论函数 $y = \dfrac{x^2 - 1}{x - 1}$ 在 $x = 1$ 处的连续性.

解 因为 $y = \dfrac{x^2 - 1}{x - 1}$ 在 $x = 1$ 处没有定义,故 $x = 1$ 是函数 $y = \dfrac{x^2 - 1}{x - 1}$ 的间断点(见图 2-3).

例 28 讨论函数 $y = \tan x$ 在 $x = \dfrac{\pi}{2}$ 处的连续性.

解 因为 $y = \tan x$ 在 $x = \dfrac{\pi}{2}$ 处无定义,且 $\lim\limits_{x \to \frac{\pi}{2}} \tan x = \infty$,故 $x = \dfrac{\pi}{2}$ 是函数 $y = \tan x$ 的间断点.

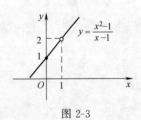

图 2-3

例 29 讨论函数 $f(x) = \begin{cases} x^2 - 2, & x < 0, \\ x^2 + 2, & x \geq 0 \end{cases}$ 在 $x = 0$ 处的连续性.

解 因为 $\lim\limits_{x \to 0^-} f(x) = \lim\limits_{x \to 0^-} (x^2 - 2) = -2$,

$\lim\limits_{x \to 0^+} f(x) = \lim\limits_{x \to 0^+} (x^2 + 2) = 2$,

左、右极限均存在但不相等,故 $\lim\limits_{x \to 0} f(x)$ 不存在,所以 $x = 0$ 是函数 $f(x)$ 的间断点(见图 2-4).

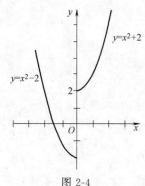

图 2-4

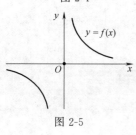

图 2-5

例 30 讨论函数 $f(x)=\begin{cases}\dfrac{1}{x}, & x\neq 0,\\ 0, & x=0\end{cases}$ 在 $x=0$ 处的连续性.

解 因为 $\lim\limits_{x\to 0}f(x)=\lim\limits_{x\to 0}\dfrac{1}{x}=\infty$,故 $\lim\limits_{x\to 0}f(x)$ 不存在. 所以 $x=0$ 是函数 $f(x)$ 的间断点（见图 2-5）.

例 31 已知函数 $f(x)=\begin{cases}x^2+1, & x<0,\\ 2x-b, & x\geq 0\end{cases}$ 在 $x=0$ 处连续,求 b 的值.

解 因为 $\lim\limits_{x\to 0^-}f(x)=\lim\limits_{x\to 0^-}(x^2+1)=1$,$\lim\limits_{x\to 0^+}f(x)=\lim\limits_{x\to 0^+}(2x-b)=-b$,

由于 $f(x)$ 在 $x=0$ 处连续,故
$$\lim\limits_{x\to 0^-}f(x)=\lim\limits_{x\to 0^+}f(x)=f(0)=-b,$$
即 $b=-1$.

2.4.3 连续函数与连续区间

在开区间 (a,b) 内每一点都连续的函数,称为该区间内的连续函数,或者说函数在该区间内连续.

如果函数在开区间 (a,b) 内连续,并且在左端点 $x=a$ 处右连续,在右端点 $x=b$ 处左连续,则称函数在闭区间 $[a,b]$ 上连续.

连续函数的图形是一条连续不断的曲线.

2.4.4 初等函数的连续性

定理 2.5 基本初等函数在其定义域内都是连续的.

定理 2.6 初等函数在其定义区间内都是连续的.

若 $f(x)$ 是初等函数,x_0 是 $f(x)$ 的定义区间内的点,则 $\lim\limits_{x\to x_0}f(x)=f(x_0)$.

2.4.5 分段函数的连续性

分段函数一般不是初等函数,但其定义域的每一个小区间上的表达式都是初等函数,对于每一个小区间内的点,仍然可以利用初等函数的连续性求解,但是对于每个小区间的端点,即分段函数的分段点,就必须用定义逐一考察了.

分段点处 $\begin{cases}\text{无定义：间断}\\ \text{有定义}\begin{cases}\text{极限不存在：间断}\\ \text{极限存在}\begin{cases}\text{极限值不等于函数值：间断}\\ \text{极限值等于函数值：连续}\end{cases}\end{cases}\end{cases}$

例 32 设 $f(x)=\begin{cases} x-1, & x<0, \\ 0, & x=0, \\ x+1, & x>0, \end{cases}$ 讨论 $f(x)$ 的连续性, 并求其连续区间.

解 画出函数 $f(x)$ 的图形, 如图 2-6 所示.

当 $x<0$ 时, $f(x)=x-1$ 是初等函数, 是连续的;

当 $x>0$ 时, $f(x)=x+1$ 是初等函数, 也是连续的;

当 $x=0$ 时, $f(0)=0$ 有定义.

$\lim\limits_{x\to 0^-}f(x)=\lim\limits_{x\to 0^-}(x-1)=-1, \lim\limits_{x\to 0^+}f(x)=\lim\limits_{x\to 0^+}(x+1)=1$,

$\lim\limits_{x\to 0^-}f(x)\ne \lim\limits_{x\to 0^+}f(x)$.

所以 $\lim\limits_{x\to 0}f(x)$ 不存在, $x=0$ 为 $f(x)$ 的间断点, 从而 $f(x)$ 的连续区间为 $(-\infty,0)\cup(0,+\infty)$.

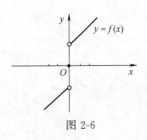

图 2-6

例 33 设 $f(x)=\begin{cases} \dfrac{3}{x^2}, & x\leqslant 1 \text{ 且 } x\ne 0, \\ \dfrac{x^2-4}{x-2}, & x>1 \text{ 且 } x\ne 2, \end{cases}$ 讨论 $f(x)$ 的连续性, 并求其连续区间.

解 画出函数 $f(x)$ 的图像, 如图 2-7 所示.

当 $x<0$ 时, $f(x)=\dfrac{3}{x^2}$ 是初等函数, 是连续的;

当 $0<x<1$ 时, $f(x)=\dfrac{3}{x^2}$ 是初等函数, 也是连续的;

当 $1<x<2$ 时, $f(x)=\dfrac{x^2-4}{x-2}$ 是初等函数, 也是连续的;

当 $x>2$ 时, $f(x)=\dfrac{x^2-4}{x-2}$ 是初等函数, 也是连续的;

在 $x=0$ 处, $f(x)$ 无定义, 所以 $x=0$ 是 $f(x)$ 的间断点;

在 $x=1$ 处, $f(1)=3$, 且 $\lim\limits_{x\to 1^-}f(x)=\lim\limits_{x\to 1^-}\dfrac{3}{x^2}=3$,

$\lim\limits_{x\to 1^+}f(x)=\lim\limits_{x\to 1^+}\dfrac{x^2-4}{x-2}=3$, 所以 $\lim\limits_{x\to 1}f(x)=3=f(1)$, 从而 $x=1$ 是 $f(x)$ 的连续点.

在 $x=2$ 处, $f(x)$ 无定义, 所以 $x=2$ 是 $f(x)$ 的间断点. 从而 $f(x)$ 的连续区间为 $(-\infty,0)\cup(0,2)\cup(2,+\infty)$.

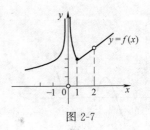

图 2-7

2.4.6 闭区间上连续函数的性质

下面介绍定义在闭区间上的连续函数的几个基本性质, 我们只从几何直观上加以说明, 严格的证明从略.

先给出最大值和最小值的概念, 对于在区间 I 上有定义的函数 $f(x)$, 如果存在 $x_0\in I$, 使得对于任意 $x\in I$, 都有

数学文化扩展阅读 6
无数学不人生

$$f(x) \leqslant f(x_0) \quad (f(x) \geqslant f(x_0)),$$

则称 $f(x_0)$ 是函数 $f(x)$ 在区间 I 上的最大值（最小值）.

例如，函数 $y=1+\sin x$ 在区间 $[0,2\pi]$ 上有最大值 2 和最小值 0；函数 $y=\text{sgn}\, x$ 在 $(-\infty,+\infty)$ 内有最大值 1 和最小值 -1.

定理 2.7 （最大最小值定理）在闭区间上连续的函数一定有最大值和最小值.

该定理表明：若函数 $f(x)$ 在闭区间 $[a,b]$ 上连续，则至少存在一点 $\xi_1 \in [a,b]$，使得 $f(\xi_1)$ 是 $f(x)$ 在闭区间 $[a,b]$ 上的最小值，又至少存在一点 $\xi_2 \in [a,b]$，使得 $f(\xi_2)$ 是 $f(x)$ 在闭区间 $[a,b]$ 上的最大值（见图 2-8）.

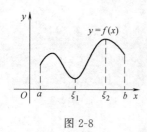

图 2-8

由定理 2.7 易得到下面的结论：

定理 2.8 （有界性定理）在闭区间上连续的函数一定在该区间上有界.

定义 2.14 如果 $f(x_0)=0$，则称 x_0 为函数 $f(x)$ 的**零点**.

定理 2.9 （零点定理）设函数 $f(x)$ 在闭区间 $[a,b]$ 上连续，且 $f(a)$ 与 $f(b)$ 异号，即 $f(a) \cdot f(b) < 0$，则在开区间 (a,b) 内至少有一点 ξ，使得

$$f(\xi)=0.$$

零点定理的几何意义：如果连续曲线弧 $y=f(x)$ 的两个端点位于 x 轴的不同侧，那么这段曲线弧与 x 轴至少有一个交点. 如图 2-9 所示，在闭区间 $[a,b]$ 上连续的曲线 $y=f(x)$ 与 x 轴有三个交点，即

$$f(\xi_1)=f(\xi_2)=f(\xi_3)=0 \quad (a<\xi_1<\xi_2<\xi_3<b).$$

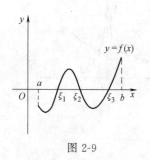

图 2-9

由定理 2.9 即可推得下列较一般性的定理.

定理 2.10 （介值定理）设函数 $f(x)$ 在闭区间 $[a,b]$ 上连续，且在该区间的端点有不同的函数值 $f(a)=A$ 及 $f(b)=B$，那么，对于 A 与 B 之间的任意一个数 C，则在开区间 (a,b) 内至少有一点 ξ，使得

$$f(\xi)=C.$$

介值定理的几何意义：如图 2-10 所示，在闭区间 $[a,b]$ 上连续的曲线与直线 $y=C$ 至少有一个交点，即 $f(\xi)=C$ $(a<\xi<b)$.

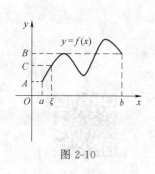

图 2-10

例 34 求证：方程 $x^5-3x+1=0$ 在开区间 $(0,1)$ 内至少有一个实根.

证明 首先要把方程的根的问题转化为函数的零点问题，为此需构造辅助函数.

令 $F(x)=x^5-3x+1$，则函数 $F(x)$ 在 $[0,1]$ 上连续，又 $F(0)=1>0$，$F(1)=-1<0$，根据零点定理，在开区间 $(0,1)$ 内

至少存在一点 ξ，使得 $F(\xi)=0$，即方程 $x^5-3x+1=0$ 在开区间 $(0,1)$ 内至少有一个实根 ξ.

2.5 应用实例

本节我们将研究存贷款利息计算和自然增长模型.

2.5.1 存贷款利息计算

向银行存款或贷款是最常见的金融活动，以下研究存贷款的利息和本利和的计算. 按照存款利息的计算可以分为单利、复利和连续复利.

1. 单利计算

设一个计息期的利息为 r，计息期数为 t，本金为 A_0，t 期本利和为 A_t，t 期利息和为 I_t. 单利计息的特点是利息不再产生利息：$A_t=A_0(1+tr)$.

例 35 王明在 2011 年 2 月 1 日到银行办理了 100000 元的 3 年定期（其年利率为 2.8%）存款业务，到期时王明可以从银行取出多少钱，其中利息是多少？

解 已知 $A_0=100000$，$r=2.8\%$，$t=3$，求 A_3，I_3.
$A_3=A_0(1+tr)=100000(1+3\times 2.8\%)=108400$（元）；
$I_3=A_3-A_0=108400-100000=8400$（元）.

答 在单利的情况下，到期时王明可以从银行得到 108400 元，其中有 8400 元是利息.

2. 复利问题

复利计息的特点是利息还能产生利息：$A_t=A_0(1+r)^t$.

例 36 根据例 35 信息，按照复利计息方式求例 35 中的问题.

解 $A_0=100000$，$r=2.8\%$，$t=3$，求 A_3，I_3.
$A_3=A_0(1+r)^3=100000(1+2.8\%)^3\approx 100000\times 1.08637=108637$（元）；
$I_3=A_3-A_0\approx 108637-100000=8637$（元）.

答 在复利的情况下，到期时王明可以从银行得到 108637 元，其中有 8637 元是利息.

显然按复利计息方式得到的利息更多一些，这是由于复利计息方式中利息也能产生利息. 由此推算，如果我们缩小计息时间，增加计息次数，得到的利息将更多. 将例 36 中的一年结算一次，改为每年结算 m 次，每次利息为 $\dfrac{r}{m}$，那么 t 年到期时就共结算了 mt 次，其本利和模型就变为 $A_t=A_0\left(1+\dfrac{r}{m}\right)^{mt}$.

例37 将例36中的一年结算一次,改为每年结算4次,3年到期时本利和是多少?其中利息是多少?

解 已知 $A_0=100000$,$r=2.8\%$,$m=4$,$t=3$,求 A_3,I_3.

$$A_3=A_0\left(1+\frac{r}{4}\right)^{4\times3}=100000\left(1+\frac{2.8\%}{4}\right)^{12}\approx108731(元);$$

$$I_3=A_3-A_0\approx108731-100000=8731(元).$$

答 到期时王明可以从银行得到 108731 元,其中有 8731 元是利息.

3. 连续复利

将例37与例36进行对比,可以得出增加结算次数,利息增加的结论.如果结算的次数 m 越来越多,且趋向无穷大,这就意味着本金立即存入,立即结算,这样的问题称为连续复利问题,其模型为

$$A_t=\lim_{m\to\infty}A_0(1+r/m)^{mt}=A_0\lim_{m\to\infty}\left(1+\frac{1}{m/r}\right)^{mt}$$

$$=A_0\lim_{m\to\infty}\left(1+\frac{1}{m/r}\right)^{\frac{m}{r}\cdot rt}=A_0\mathrm{e}^{rt},$$

即本金为 A_0,利息为 r,计息期数为 t,则 t 期本利和为 $A_t=A_0\mathrm{e}^{rt}$,此模型也称为自然增长模型.

例38 按连续复利方式计算例35中问题.

解 已知 $A_0=100000$,$r=2.8\%$,$t=3$,求 A_3,I_3.

$$A_3=A_0\mathrm{e}^{rt}=100000\times\mathrm{e}^{2.8\%\times3}=100000\times\mathrm{e}^{0.084}$$

$$\approx100000\times\left(1+0.084+\frac{1}{2}\times0.084^2\right)$$

$$\approx108753(元);$$

$$I_3=A_3-A_0=108753-100000=8753(元).$$

答 到期时王明可以从银行得到 108753 元,其中有 8753 元是利息.

2.5.2 自然增长模型

自然界或人类社会中的许多事物和现象,如果其生长或消亡的速度与该事物当时的量成正比,例如:存贷款利息、细菌的繁殖、生物的生长、放射性物质的衰减等,且都满足"立即产生,立即结算"的思想,那么该事物的变化将符合上面推导的以 e 为底的指数函数的规律,故 $A_t=A_0\mathrm{e}^{rt}$ 也称为自然增长模型,应用相当广泛.

例39 活性人体(或植物)因吸纳食物和空气,恰好补偿碳-14 衰减损失量而保持碳-14 和碳-12 含量不变,因而所含碳-14 和碳-12 为常数,但死亡的人体(或植物)不能再吸纳食物和空气,所以反射性物质碳-14 的含量就会随时间而衰减,而碳-12 不

是放射性物质，不具备衰减特性．已测知一古墓中遗体所含碳-14的数量为原数量的 80%，试求遗体的死亡年代．

分析 放射性物质的衰减速度与该物质的含量成正比，它符合指数函数的变化规律，根据经验，衰减率 $r=-0.0001209$，设遗体当初死亡时碳-14的含量为 A_0，而 t 时的含量为 $A_t = A_0 e^{rt}$．

解 已知 $r=-0.0001209$，$A_t = 80\% A_0$，求 t．

根据 $A_t = A_0 e^{rt}$，则 $80\% A_0 = A_0 e^{rt}$，

$80\% = e^{-0.0001209t}$

$\ln 0.8 = -0.0001209 t$

$t = \dfrac{\ln 0.8}{-0.0001209} \approx \dfrac{-0.22314}{-0.0001209} \approx 1846 (\text{年})$．

答 遗体大约已死亡 1846 年．

第 2 章 习 题

1. 单项选择题：

(1) 下列数列不存在极限的有（   ）．

A. $10, 10, 10, \cdots$ B. $\dfrac{3}{2}, \dfrac{2}{3}, \dfrac{5}{4}, \dfrac{4}{5}, \cdots$

C. $-1, 1, -1, 1, \cdots$ D. $0.9, 0.99, 0.999, 0.9999, \cdots$

(2) $f(x)$ 在点 $x = x_0$ 处有定义，这个条件是当 $x \to x_0$ 时，$f(x)$ 有极限的（   ）．

A. 必要条件   B. 充分条件

C. 充要条件   D. 无关的条件

(3) 当 $x \to 0$ 时，$y = \sin \dfrac{1}{x}$ 是（   ）．

A. 无穷小量   B. 无穷大量

C. 有界变量但不是无穷小量   D. 无界变量

(4) 当 $x \to 1^+$ 时，下列变量为无穷大量的是（   ）．

A. $3^{\frac{1}{x-1}}$ B. $\dfrac{x^2-1}{x-1}$ C. $\dfrac{1}{x}$ D. $\dfrac{x-1}{x^2-1}$

(5) 当 $x \to a$ 时，$f(x)$ 是（   ），则必有 $\lim\limits_{x \to a}(x-a)f(x) = 0$．

A. 任意函数   B. 无穷小量或有界函数

C. 无穷大量   D. 无界函数

(6) 若 $\lim\limits_{x \to a} f(x) = \infty$，$\lim\limits_{x \to a} g(x) = \infty$ 则必有（   ）．

A. $\lim\limits_{x \to a}[f(x) + g(x)] = \infty$

B. $\lim\limits_{x \to a}[f(x) - g(x)] = \infty$

C. $\lim\limits_{x \to a} \dfrac{1}{f(x) + g(x)} = 0$

D. $\lim\limits_{x \to a} kf(x) = \infty$ （k 为非零常数）

(7) 已知函数 $f(x) = \begin{cases} 3x+2, & x \leq 0, \\ x^2-2, & x > 0, \end{cases}$ 则 $\lim\limits_{x \to 0^+} f(x) = ($).

A. 2   B. 0   C. −1   D. −2

(8) 已知函数 $f(x) = \begin{cases} -2, & x \leq -1, \\ x-1, & -1 < x < 0, \\ \sqrt{1-x^2}, & 0 \leq x < 1, \end{cases}$ 则 $\lim\limits_{x \to -1} f(x)$ 和 $\lim\limits_{x \to 0} f(x)$ ( ).

A. 都存在

B. 都不存在

C. 第一个存在，第二个不存在

D. 第一个不存在，第二个存在

(9) 下列极限存在的是（ ）.

A. $\lim\limits_{x \to +\infty} \dfrac{x}{\sin x}$ B. $\lim\limits_{x \to 0} 2^{\frac{1}{x}}$

C. $\lim\limits_{x \to \infty} \dfrac{x(x+1)}{x^2}$ D. $\lim\limits_{x \to 0} \dfrac{1}{2^x - 1}$

(10) $\lim\limits_{x \to 0} \dfrac{2x}{5\arcsin x} = ($).

A. 0   B. $\dfrac{2}{5}$

C. 不存在   D. 1

(11) $\lim\limits_{x \to 1} \dfrac{\sin(x^2-1)}{x-1} = ($).

A. 1   B. 0

C. $\dfrac{1}{2}$ D. 2

(12) 当 $n \to \infty$ 时，$\dfrac{1}{n}\sin n$ 是（ ）.

A. 趋于 1   B. 无穷小量

C. 无穷大量   D. 无界变量

(13) $f(x)$ 在点 $x = x_0$ 处有定义，这个条件是 $f(x)$ 在 $x = x_0$ 处连续的（ ）.

A. 必要条件   B. 充分条件

C. 充要条件   D. 无关的条件

(14) 函数 $f(x) = \begin{cases} 1, & x \geq 0, \\ -1, & x < 0 \end{cases}$ 在 $x = 0$ 处（ ）.

A. 左连续   B. 右连续

C. 连续   D. 左、右皆不连续

(15) 函数 $f(x)=\begin{cases} x, & x\neq 1, \\ \dfrac{1}{2}, & x=1 \end{cases}$ 的连续区间是（　　）.

A. $(-\infty,1)$ 　　　　B. $(1,+\infty)$

C. $(-\infty,1)\cup(1,+\infty)$　　D. $(-\infty,+\infty)$

2. 填空题：

(1) $\lim\limits_{n\to\infty}\dfrac{3n^2}{5n^2+2n-1}=$ _____.

(2) $\lim\limits_{x\to 1}\dfrac{x^3-1}{x-1}=$ _____.

(3) $\lim\limits_{x\to+\infty}(\sqrt{x^2+x}-x)=$ _____.

(4) $\lim\limits_{x\to\infty}\dfrac{\sin x}{x}=$ _____.

(5) $\lim\limits_{x\to 0}x\sin\dfrac{1}{x}=$ _____.

(6) $\lim\limits_{x\to\infty}x\sin\dfrac{1}{x}=$ _____.

(7) $\lim\limits_{h\to 0}\dfrac{\sqrt{x+h}-\sqrt{x}}{h}=$ _____.

(8) $\lim\limits_{x\to\infty}\left(1+\dfrac{2}{x}\right)^{2x}=$ _____.

(9) 若 $\lim\limits_{x\to 3}\dfrac{x^2-2x+k}{x-3}=4$, 则 $k=$ _____.

(10) 已知 $\lim\limits_{x\to 1}\dfrac{x^2+ax+b}{1-x}=5$, 则 $a=$ _____, $b=$ _____.

(11) 函数 $y=\dfrac{1}{(x-1)^2}$ 在 $x\to$ _____ 时是无穷大量, 在 $x\to$ _____ 时是无穷小量.

(12) 当 $x\to 0$ 时, $1-\cos x$ 是比 x _____ 阶的无穷小量.

(13) 当 $x\to 0$ 时, $\ln(1+x)$ 是比 x^2 _____ 阶的无穷小量.

(14) 设 $f(x)=\begin{cases} e^x, & x\leqslant 0, \\ a+x, & x>0, \end{cases}$ 则当 $a=$ _____ 时, $f(x)$ 在 $x=0$ 处连续.

(15) 设 $f(x)=\begin{cases} \dfrac{\sin 2x}{x}, & x<0, \\ 3x^2-2x+k, & x\geqslant 0, \end{cases}$ 当 $k=$ _____ 时, $f(x)$ 在其定义域内连续.

3. 设 $f(x)=\begin{cases} x, & x<3, \\ 3x-1, & x\geqslant 3, \end{cases}$ 画出 $f(x)$ 的图形, 并讨论当 $x\to 3$ 时, $f(x)$ 的左、右极限.

4. 证明：$\lim\limits_{x\to 0}\dfrac{|\sin x|}{x}$ 不存在.

5. 设 $f(x)=\begin{cases}1, & x\neq 1,\\ 0, & x=1,\end{cases}$ $g(x)=\begin{cases}1, & x\neq 0,\\ 0, & x=0.\end{cases}$

求：(1) $\lim\limits_{x\to 0}g(x)$, $\lim\limits_{x\to 1}f(x)$；(2) $f(g(x))$ 及 $\lim\limits_{x\to 0}f(g(x))$.

6. 求下列各极限：

(1) $\lim\limits_{x\to -2}(3x^2-5x+2)$;   (2) $\lim\limits_{x\to\sqrt{3}}\dfrac{x^2-3}{x^4+x^2+1}$;

(3) $\lim\limits_{x\to 0}\left(1-\dfrac{2}{x-3}\right)$;   (4) $\lim\limits_{x\to 2}\dfrac{x^2-3}{x-2}$;

(5) $\lim\limits_{x\to 1}\dfrac{x^2-2x+1}{x^2-1}$;   (6) $\lim\limits_{x\to 0}\dfrac{4x^3-2x^2+x}{3x^2+2x}$;

(7) $\lim\limits_{x\to\infty}\dfrac{x^2-1}{2x^2-x-1}$;   (8) $\lim\limits_{x\to\infty}\dfrac{x^2+x}{x^4-3x^2+1}$;

(9) $\lim\limits_{x\to 4}\dfrac{x^2-6x+8}{x^2-5x+4}$;   (10) $\lim\limits_{n\to\infty}\dfrac{(n+1)(n+2)(n+3)}{5n^3}$;

(11) $\lim\limits_{x\to\infty}\left(1+\dfrac{1}{x}\right)\left(2-\dfrac{1}{x^2}\right)$;   (12) $\lim\limits_{x\to 1}\left(\dfrac{3}{1-x^3}-\dfrac{1}{1-x}\right)$;

(13) $\lim\limits_{x\to +\infty}[\sqrt{(x+p)(x+q)}-x]$;   (14) $\lim\limits_{x\to 4}\dfrac{\sqrt{2x+1}-3}{\sqrt{x-2}-\sqrt{2}}$;

(15) $\lim\limits_{x\to 0}x^2\sin\dfrac{1}{x}$;   (16) $\lim\limits_{x\to\infty}\dfrac{\arctan x}{x}$.

7. 计算下列极限：

(1) $\lim\limits_{x\to 0}\dfrac{\sin\omega x}{x}$ $(\omega\neq 0)$;   (2) $\lim\limits_{x\to 0}\dfrac{\tan 3x}{x}$;

(3) $\lim\limits_{x\to 0}x\cot x$;   (4) $\lim\limits_{x\to 0}\dfrac{\tan x-\sin x}{x}$;

(5) $\lim\limits_{x\to 0}\dfrac{2\arcsin x}{3x}$;   (6) $\lim\limits_{x\to 0}\dfrac{x-\sin x}{x+\sin x}$.

8. 计算下列极限：

(1) $\lim\limits_{x\to 0}(1-x)^{\frac{1}{x}}$;   (2) $\lim\limits_{x\to 0}(1+2x)^{\frac{1}{x}}$;

(3) $\lim\limits_{x\to\infty}\left(\dfrac{1+x}{x}\right)^{2x}$;   (4) $\lim\limits_{x\to\infty}\left(1-\dfrac{1}{x}\right)^{kx}$ (k 为正整数);

(5) $\lim\limits_{x\to\infty}\left(\dfrac{x-1}{x+1}\right)^{2x}$.

9. 利用等价无穷小的性质求下列极限：

(1) $\lim\limits_{x\to 0}\dfrac{\sin(x^n)}{(\sin x)^m}$ (n, m 为正整数);   (2) $\lim\limits_{x\to 0}\dfrac{\tan 3x}{2x}$;

(3) $\lim\limits_{x\to 0}\dfrac{\tan x-\sin x}{\sin^3 x}$;   (4) $\lim\limits_{x\to 0}\dfrac{\sin 2x}{\sin 5x}$;

(5) $\lim\limits_{x\to 0}\dfrac{\sqrt{1-2x^2}-1}{x\ln(1-x)}$;   (6) $\lim\limits_{x\to 0}\dfrac{x\arcsin x}{e^{-x^2}-1}$;

(7) $\lim\limits_{x\to 0}\dfrac{x\arcsin x\sin\dfrac{1}{x}}{\sin x}$;   (8) $\lim\limits_{x\to 0}\dfrac{\ln(1+2x)}{\sin 3x}$.

10. 函数 $f(x)=\begin{cases}x-1, & x\leqslant 0,\\ x^2, & x>0\end{cases}$ 在点 $x=0$ 处是否连续？并画出 $f(x)$ 的图形.

11. 函数 $f(x)=\begin{cases}2x, & 0\leqslant x<1,\\ 3-x, & 1\leqslant x\leqslant 2\end{cases}$ 在闭区间 $[0,2]$ 上是否连续？并画出 $f(x)$ 的图形.

12. k 为何值时，以下函数在其定义域内连续：

(1) $f(x)=\begin{cases}\dfrac{1}{x}\sin x, & x<0,\\ k(\text{常数}), & x=0,\\ x\sin\dfrac{1}{x}+1, & x>0;\end{cases}$

(2) $f(x)=\begin{cases}\mathrm{e}^x, & x<0,\\ k+x, & x\geqslant 0.\end{cases}$

*13. 求证：方程 $x^5-3x=1$ 在 1 与 2 之间至少存在一个实数根.

*14. 求证：方程 $\ln x=x-\mathrm{e}$ 在开区间 $(1,\mathrm{e}^2)$ 内必有实根.

*15. 求证：方程 $\sin x+x+1=0$ 在开区间 $\left(-\dfrac{\pi}{2},\dfrac{\pi}{2}\right)$ 内至少有一个实根.

第 3 章

导数与微分

解决实际问题时,常常要研究变量变化的快慢程度即变量的变化率问题. 例如,物体运动的速度,国民经济发展的速度,产量和成本增长的速度,几何中的切线的斜率等都是变量的变化率问题,这些问题都可以归结为求同一形式的极限,导数概念就是把这类极限的共同特性加以抽象而得到的.

数学文化扩展阅读 7
导数与微分的产生背景和发展历程

3.1 导数概念

3.1.1 实例

核心内容讲解 9
导数概念(1)

引例 求变速直线运动的瞬时速度.

假设一物体做变速直线运动,其方程为 $s=s(t)$(物体运动的路程 s 是时间 t 的函数),试确定物体在某时刻 $t_0\in[0,t]$ 的瞬时速度 $v(t_0)$.

对于这个问题分下面的两个步骤来处理:

1. 以匀速代替变速

首先,考虑物体在时刻 t_0 附近很短的时间段内的运动. 设时间从 t_0 开始,经过一段时间 Δt 之后,物体所经过的路程为

$$\Delta s = s(t_0 + \Delta t) - s(t_0).$$

在 Δt 这一段时间内的平均速度为

$$\bar{v} = \frac{\Delta s}{\Delta t} = \frac{s(t_0 + \Delta t) - s(t_0)}{\Delta t}.$$

2. 以极限为手段

当时间间隔很小时,可以认为物体在时间间隔 $[t_0, t_0 + \Delta t]$ 内近似地做匀速运动. 因此,可以用 $\bar{v}$ 作为 $v(t_0)$ 的近似值,且 Δt 越小,其近似程度越高. 利用极限的思想,当时间间隔 $\Delta t \to 0$ 时,把平均速度 $\bar{v}$ 的极限称为物体在时刻 t_0 的瞬时速度,即

$$v(t_0) = \lim_{\Delta t \to 0} \frac{\Delta s}{\Delta t} = \lim_{\Delta t \to 0} \frac{s(t_0 + \Delta t) - s(t_0)}{\Delta t}.$$

以上例子具有广泛的实际意义,如细杆的线密度、电流的大小、人口增长率,以及经济学中常用的边际成本、边际利润,等等,这些问题最终也都可以归结为这样一种增量比形式的极限,

为此,把这样一种类型的极限抽象出来,除去它们各自所代表的实际意义,给出一个专门的数学概念——导数,即导数就是函数的改变量与自变量的改变量之比,当自变量的改变量趋于零时的极限.它反映了因变量随自变量的变化而变化的快慢程度,即变化率.

3.1.2 导数的定义

1. 函数在一点可导的定义

定义 3.1 设函数 $y=f(x)$ 在点 x_0 处及其左右附近有定义. 在 x_0 处及其左右附近取自变量的改变量 $\Delta x \neq 0$（点 $x_0+\Delta x$ 仍有定义）,函数取得相应改变量 $\Delta y=f(x_0+\Delta x)-f(x_0)$,如果当 $\Delta x \to 0$ 时,极限

$$\lim_{\Delta x \to 0} \frac{\Delta y}{\Delta x} = \lim_{\Delta x \to 0} \frac{f(x_0+\Delta x)-f(x_0)}{\Delta x} \tag{3.1}$$

存在,则称函数 $f(x)$ 在点 x_0 处可导,并称极限值为函数 $f(x)$ 在点 x_0 的导数（或微商）,记为

$$f'(x_0), \ y'|_{x=x_0}, \ \frac{\mathrm{d}y}{\mathrm{d}x}\bigg|_{x=x_0} \text{或} \frac{\mathrm{d}f(x)}{\mathrm{d}x}\bigg|_{x=x_0}.$$

如果极限不存在,则称函数 $f(x)$ 在点 x_0 处没有导数,或称函数 $f(x)$ 在 x_0 处不可导.

注意,此处 $\dfrac{\mathrm{d}y}{\mathrm{d}x}$ 表示导数的一个整体符号.

$\dfrac{\Delta y}{\Delta x}$ 是自变量从 x_0 变到 $x_0+\Delta x$ 时,函数 $f(x)$ 的平均变化速度,称为函数的平均变化率;而导数 $f'(x_0)=\lim\limits_{\Delta x \to 0}\dfrac{\Delta y}{\Delta x}$ 是函数在点 x_0 处的变化速度,称为函数 $f(x)$ 在点 x_0 处的瞬时变化率. 于是,导数也可简单地表述为:导数是平均变化率的极限.

有了导数概念,引例中的瞬时速度可叙述为:做变速直线运动的物体在时刻 t_0 的瞬时速度 $v(t_0)$ 是路程函数 $s=s(t)$ 在时刻 t_0 的导数,即 $v(t_0)=s'(t_0)$.

由此可得导数的物理意义是做变速直线运动的物体的瞬时速度.

2. 函数在一点可导的等价定义

在上面的定义中,如果令 $x=x_0+\Delta x$,则 $\Delta x=x-x_0$,$\Delta y=f(x)-f(x_0)$,且当 $\Delta x \to 0$ 时,$x \to x_0$,于是将式(3.1)的极限形式改写成

$$f'(x_0)=\lim_{x \to x_0}\frac{f(x)-f(x_0)}{x-x_0} \tag{3.2}$$

即为函数在点 x_0 可导的等价定义.

3. 导函数

（1）函数在某区间可导.

定义 3.2 若函数 $y=f(x)$ 在开区间 I 内每一点处都可导，则称函数 $y=f(x)$ 在开区间 I 内可导.

这时，对于区间 I 内的每一点 x，都有一个导数值 $f'(x)$ 与之对应，这样就定义了一个新的函数，称为函数 $y=f(x)$ 在区间 I 内对 x 的导函数，记为

$$y',\ f'(x),\ \frac{\mathrm{d}y}{\mathrm{d}x}\ 或\ \frac{\mathrm{d}f(x)}{\mathrm{d}x}.$$

显然，函数 $y=f(x)$ 在点 x_0 处的导数 $f'(x_0)$ 就是导函数 $f'(x)$ 在点 x_0 处的函数值，即

$$f'(x_0)=f'(x)\big|_{x=x_0}.$$

在不会引起混淆的情况下，导函数也可以简称为导数.

（2）利用导数定义求导数.

由导数定义可将求导数的方法归纳为以下几个步骤：

ⅰ）（给改变量）给出 x 左、右两侧的自变量改变量 $\Delta x \neq 0$，并求出对应于自变量改变量 Δx 的函数改变量 $\Delta y = f(x+\Delta x) - f(x)$；

ⅱ）（求比值）$\dfrac{\Delta y}{\Delta x}=\dfrac{f(x+\Delta x)-f(x)}{\Delta x}$；

ⅲ）（取极限）$\lim\limits_{\Delta x\to 0}\dfrac{f(x+\Delta x)-f(x)}{\Delta x}$.

例 1 已知 $f(x)=x^2$，求 $f'(x)$ 及 $f'(2)$.

解 （1）（给改变量）在定义区间内任意一点 x 处，给自变量改变量 $\Delta x \neq 0$，有

$$\Delta y = f(x+\Delta x) - f(x) = 2x\Delta x + (\Delta x)^2；$$

（2）（求比值）$\dfrac{\Delta y}{\Delta x}=2x+\Delta x$；

（3）（取极限）$\lim\limits_{\Delta x\to 0}\dfrac{\Delta y}{\Delta x}=2x$，

因此，$f'(x)=2x$，$f'(2)=4$.

3.1.3 导数的几何意义

函数 $y=f(x)$ 在点 x_0 处的导数 $f'(x_0)$ 恰好是曲线 $y=f(x)$ 上对应于点 $P(x_0,y_0)$ 处的切线的斜率，这就是导数的几何意义，如图 3-1 所示.

即 $k=\tan\alpha=f'(x_0)$，其中 α 是曲线 $y=f(x)$ 在点 P 处的切线的倾斜角.

于是，由直线的点斜式方程，可求出曲线 $y=f(x)$ 在点 $P(x_0,y_0)$ 处的切线方程为

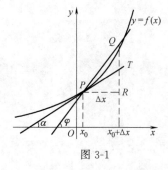

图 3-1

$$y - y_0 = f'(x_0)(x - x_0).$$

通过切点 P 且与切线垂直的直线叫作曲线 $y=f(x)$ 在点 P 处的法线，则法线的斜率为 $-\dfrac{1}{f'(x_0)}$ $[f'(x_0) \neq 0]$，从而法线方程为

$$y - y_0 = -\dfrac{1}{f'(x_0)}(x - x_0).$$

考察导数的几何意义时，需要考虑下面两种特殊情况：

(1) 若在 $x=x_0$ 处的导数为零，即 $\lim\limits_{\Delta x \to 0} \dfrac{\Delta y}{\Delta x} = f'(x_0) = 0$，则它表示曲线在点 $P(x_0, y_0)$ 处的切线平行于 x 轴，切线方程为 $y = y_0$.

(2) 若 $y = f(x)$ 在 $x = x_0$ 处的导数为无穷大，即 $\lim\limits_{\Delta x \to 0} \dfrac{\Delta y}{\Delta x} = f'(x_0) = \infty$，则它表示曲线在点 $P(x_0, y_0)$ 处的切线垂直于 x 轴，切线方程为 $x = x_0$.

所以，若函数在某一点存在导数，则曲线在相应点处必存在切线，但反之未必成立.

例 2 求曲线 $y = x^2$ 在 $x = 2$ 处的切线方程和法线方程.

解 因为 $(x^2)' = 2x$，$f'(2) = 4$. 又当 $x = 2$ 时，$y = 4$.
所以，所求切线方程为 $y - 4 = 4(x - 2)$，即 $y = 4x - 4$.
法线方程为 $y - 4 = -\dfrac{1}{4}(x - 2)$，即 $x + 4y - 18 = 0$.

3.1.4 左导数与右导数

函数 $y = f(x)$ 在点 x_0 处的导数 $f'(x_0)$ 本质上仍是一种极限形式

$$f'(x_0) = \lim_{\Delta x \to 0} \dfrac{f(x_0 + \Delta x) - f(x_0)}{\Delta x} = \lim_{x \to x_0} \dfrac{f(x) - f(x_0)}{x - x_0}.$$

求 $\lim\limits_{x \to x_0} f(x)$ 时需要考虑到左、右极限问题，因此，求 $y = f(x)$ 在 x_0 处的导数，有时也必须考虑左、右导数问题.

核心内容讲解 10
导数概念（2）

定义 3.3 若函数 $y = f(x)$ 在点 x_0 的左侧（$x < x_0$）有定义，即 $\Delta x < 0$，则

$$\Delta y = f(x_0 + \Delta x) - f(x_0).$$

当 $\lim\limits_{\Delta x \to 0^-} \dfrac{\Delta y}{\Delta x} = \lim\limits_{\Delta x \to 0^-} \dfrac{f(x_0 + \Delta x) - f(x_0)}{\Delta x}$ 存在时，则称 $y = f(x)$ 在点 x_0 的左导数存在，记为 $f'_-(x_0)$.

同理，若函数 $y = f(x)$ 在点 x_0 的右侧（$x > x_0$）有定义，即 $\Delta x > 0$，当 $\lim\limits_{\Delta x \to 0^+} \dfrac{\Delta y}{\Delta x} = \lim\limits_{\Delta x \to 0^+} \dfrac{f(x_0 + \Delta x) - f(x_0)}{\Delta x}$ 存在时，则称 $y = f(x)$ 在点 x_0 的右导数存在，记为 $f'_+(x_0)$.

左导数与右导数也可以定义为

$$f'_-(x_0) = \lim_{x \to x_0^-} \frac{f(x)-f(x_0)}{x-x_0},$$

$$f'_+(x_0) = \lim_{x \to x_0^+} \frac{f(x)-f(x_0)}{x-x_0}.$$

由极限存在的充要条件可得函数可导的充要条件，即：

定理 3.1 $f(x)$ 在点 x_0 处可导的充要条件是 $f(x)$ 在点 x_0 处的左、右导数都存在且相等，即 $f'_-(x_0) = f'_+(x_0)$.

注：可导的充要条件通常用于讨论分段函数在分段点处的可导性的问题.

3.1.5 可导与连续的关系

（1）若函数 $y=f(x)$ 在点 x_0 处可导，则 $y=f(x)$ 在点 x_0 处连续.

证明 因为 $f(x)$ 在点 x_0 处可导，则

$$f'(x_0) = \lim_{\Delta x \to 0} \frac{\Delta y}{\Delta x} = \lim_{\Delta x \to 0} \frac{f(x_0+\Delta x)-f(x_0)}{\Delta x},$$

又因为 $\Delta x \neq 0$，所以 $\Delta y = \frac{\Delta y}{\Delta x} \cdot \Delta x$，则

$$\lim_{\Delta x \to 0} \Delta y = \lim_{\Delta x \to 0} \left(\frac{\Delta y}{\Delta x} \cdot \Delta x \right) = f'(x_0) \cdot \lim_{\Delta x \to 0} \Delta x = 0$$

由函数连续的定义知函数 $f(x)$ 在点 x_0 处连续.

（2）反之，若函数 $y=f(x)$ 在点 x_0 处连续，但 $f(x)$ 在点 x_0 处不一定可导.

例 3 讨论 $y=f(x)=|x|$ 在点 $x=0$ 处是否可导.

$$f'_+(0) = \lim_{\Delta x \to 0^+} \frac{f(0+\Delta x)-f(0)}{\Delta x} = \lim_{\Delta x \to 0^+} \frac{\Delta x}{\Delta x} = 1,$$

$$f'_-(0) = \lim_{\Delta x \to 0^-} \frac{f(0+\Delta x)-f(0)}{\Delta x} = \lim_{\Delta x \to 0^-} \frac{-\Delta x}{\Delta x} = -1,$$

所以 $f'_+(0) \neq f'_-(0)$，故 $f(x)$ 在点 $x=0$ 处不可导.

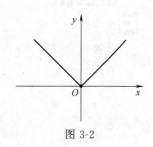

图 3-2

但是，由图 3-2 可知函数 $y=f(x)=|x|$ 在点 $x=0$ 处是连续的，故可得结论：连续未必可导，但可导必连续.

（3）若函数 $y=f(x)$ 在点 x_0 处不连续，则 $f(x)$ 在点 x_0 处一定不可导.

3.2 求导数的方法

如果对任意函数的导数都通过导数的定义来求，则有的会太过繁琐，有的则不易计算．在本节中，将介绍基本初等函数的导数公式及基本求导法则，借助于这些法则和基本初等函数的

的导数公式，就能比较方便地求出常见的初等函数的导数.

3.2.1 基本初等函数求导公式

基本初等函数的导数公式如表 3-1 所示.

表 3-1 基本求导公式

(1) $(C)'=0$ (C 为常数)	(10) $(\cot x)'=-\dfrac{1}{\sin^2 x}=-\csc^2 x$
(2) $(x^\mu)'=\mu x^{\mu-1}$	(11) $(\sec x)'=\sec x \cdot \tan x$
(3) $(\log_a x)'=\dfrac{1}{x\ln a}$ ($a>0, a\neq 1$)	(12) $(\csc x)'=-\csc x \cdot \cot x$
(4) $(\ln x)'=\dfrac{1}{x}$	(13) $(\arcsin x)'=\dfrac{1}{\sqrt{1-x^2}}$ ($-1<x<1$)
(5) $(a^x)'=a^x \ln a$ ($a>0, a\neq 1$)	(14) $(\arccos x)'=-\dfrac{1}{\sqrt{1-x^2}}$ ($-1<x<1$)
(6) $(e^x)'=e^x$	(15) $(\arctan x)'=\dfrac{1}{1+x^2}$
(7) $(\sin x)'=\cos x$	(16) $(\operatorname{arccot} x)'=-\dfrac{1}{1+x^2}$
(8) $(\cos x)'=-\sin x$	(17) $(x^x)'=x^x(\ln x+1)$
(9) $(\tan x)'=\dfrac{1}{\cos^2 x}=\sec^2 x$	

3.2.2 导数运算法则

定理 3.2 若函数 $u=u(x)$ 和 $v=v(x)$ 在点 x 都处可导，则它们的和、差、积、商（分母不为零）在点 x 处也可导，且

(1) $(u\pm v)'=u'\pm v'$；

(2) $(uv)'=u'v+uv'$；

(3) $\left(\dfrac{u}{v}\right)'=\dfrac{u'v-uv'}{v^2}$ ($v\neq 0$).

核心内容讲解 11
导数运算法则

注意：法则（1），（2）可推广到有限多个可导函数运算的情形，即

$$(u_1\pm u_2\pm\cdots\pm u_n)'=u_1'\pm u_2'\pm\cdots\pm u_n';$$

$$(u_1 u_2\cdots u_n)'=u_1' u_2\cdots u_n+u_1 u_2'\cdots u_n+\cdots+u_1 u_2\cdots u_n'$$

其中，$u_1, u_2, \cdots, u_n$ 为可导函数.

此外，若在法则（2），（3）中，令 $u(x)=C$（C 为常数），则有

$$(Cu)'=Cu',$$

即常数因子可以提到求导符号外；

$$\left(\dfrac{C}{v}\right)'=-\dfrac{Cv'}{v^2}.$$

例 4 设 $y = x^2 + 2^x + 2^2$,求 y'.

解 $y' = 2x + 2^x \ln 2$.

注：2^2 是常数,求导为 0.

例 5 设 $y = e^x \ln x$,求 y'.

解 $y' = (e^x)' \ln x + e^x (\ln x)' = e^x \ln x + e^x \dfrac{1}{x}$.

例 6 推导 $y = \tan x$ 的导数 $y' = \sec^2 x$.

解 $y' = \left(\dfrac{\sin x}{\cos x}\right)' = \dfrac{(\sin x)' \cos x - (\cos x)' \sin x}{\cos^2 x}$

$= \dfrac{\cos^2 x + \sin^2 x}{\cos^2 x} = \dfrac{1}{\cos^2 x} = \sec^2 x,$

即 $(\tan x)' = \sec^2 x.$

同理可得 $(\cot x)' = -\csc^2 x.$

例 7 推导 $y = \sec x$ 的导数 $y' = \sec x \cdot \tan x$.

解 $y' = \left(\dfrac{1}{\cos x}\right)' = \dfrac{1' \cos x - (\cos x)'}{\cos^2 x} = \dfrac{\sin x}{\cos^2 x} = \sec x \cdot \tan x,$

即 $(\sec x)' = \sec x \cdot \tan x.$

同理可得 $(\csc x)' = -\csc x \cdot \cot x.$

例 8 已知 $y = \dfrac{1-x}{1+x}$,求 y'.

解 $y' = \dfrac{(1-x)'(1+x) - (1+x)'(1-x)}{(1+x)^2} = \dfrac{-2}{(1+x)^2}.$

3.2.3 反函数求导法则

定理 3.3 设函数 $y = f(x)$ 在点 x 处可导,且 $f'(x) \neq 0$,则其反函数 $x = f^{-1}(y)$ 在相应点处连续、可导,且 $[f^{-1}(y)]' = \dfrac{1}{f'(x)}$ 或 $\dfrac{dx}{dy} = \dfrac{1}{\dfrac{dy}{dx}}$. 即：反函数的导数等于原函数导数的倒数.

例 9 推导 $y = \arcsin x$ 的导数 $y' = \dfrac{1}{\sqrt{1-x^2}}$.

解 因为 $y = \arcsin x$ 的反函数是 $x = \sin y$,且它在 $\left(-\dfrac{\pi}{2}, \dfrac{\pi}{2}\right)$ 内单调可导,所以在对应区间 $(-1, 1)$ 内有

$$y' = \dfrac{1}{(\sin y)'} = \dfrac{1}{\cos y} = \dfrac{1}{\sqrt{1-\sin^2 y}} = \dfrac{1}{\sqrt{1-x^2}},$$

即 $(\arcsin x)' = \dfrac{1}{\sqrt{1-x^2}}.$

同理可得　$(\arccos x)' = -\dfrac{1}{\sqrt{1-x^2}}$，$(\arctan x)' = \dfrac{1}{1+x^2}$，$(\operatorname{arccot} x)' = -\dfrac{1}{1+x^2}$.

3.2.4 复合函数求导法则（链式求导法则）

到目前为止，我们已经学了基本初等函数求导公式及导数的四则运算，但对于形如 $\cos\ln x$、$\arctan e^x$ 这样的复合函数，我们还是不知道它们是否可导，如果可导，又该如何求它们的导数，这些问题借助于下面的重要法则可以得到解决，从而使得可以求导数的函数范围又进一步得到扩充.

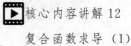

核心内容讲解 12
复合函数求导（1）

定理 3.4　若函数 $u = \varphi(x)$ 在点 x 可导，函数 $y = f(u)$ 在其对应点 u 也可导，则复合函数 $y = f(\varphi(x))$ 也在点 x 可导，且其导数为

$$\dfrac{\mathrm{d}y}{\mathrm{d}x} = \dfrac{\mathrm{d}y}{\mathrm{d}u} \cdot \dfrac{\mathrm{d}u}{\mathrm{d}x} \quad \text{或} \quad [f(\varphi(x))]' = f'(\varphi(x)) \cdot \varphi'(x).$$

复合函数的求导法则可叙述为：复合函数的导数，等于函数对中间变量的导数乘以中间变量对自变量的导数，所以这一法则又称为链式求导法则.

注意：记号 $f'(\varphi(x))$ 与 $[f(\varphi(x))]'$ 的区别，令 $u = \varphi(x)$. 前者表示 y 对中间变量 u 求导，而后者表示对自变量为 x 的复合函数求导，即 $f'(\varphi(x)) \cdot \varphi'(x)$.

复合函数求导法则可推广到多个中间变量的情形. 例如，设

$$y = f(u), u = \varphi(v), v = \psi(x)$$

满足相应的求导条件，则复合函数 $y = f[\varphi(\psi(x))]$ 的导数为

$$\dfrac{\mathrm{d}y}{\mathrm{d}x} = \dfrac{\mathrm{d}y}{\mathrm{d}u} \cdot \dfrac{\mathrm{d}u}{\mathrm{d}v} \cdot \dfrac{\mathrm{d}v}{\mathrm{d}x}.$$

计算复合函数的导数时，关键是分析清楚复合函数的构造，即弄清该函数是由哪些基本初等函数经过怎样的过程复合而成的，求导数时，按复合次序由最外层起，向内一层一层地对中间变量求导数，直到对自变量求导数为止.

对于初学者，步骤如下：

（1）将复合函数按"从外向内"的原则分解成最简单的基本初等函数；

（2）再用求导公式和求导的四则运算法则对各层函数分别求导并依次相乘；

（3）最后将中间变量以自变量还原并化简，便得到所求的导数.

运算熟练后，可以不设中间变量，按"从外向内"的原则，层层求导，直到对自变量求导数为止．

例 10 求 $y=(x^2+1)^{10}$ 的导数．

解 设 $y=u^{10}$，$u=x^2+1$，则

$$\frac{dy}{dx}=\frac{dy}{du}\cdot\frac{du}{dx}=10u^9\cdot 2x=10\,(x^2+1)^9\cdot 2x=20x\,(x^2+1)^9.$$

例 11 求 $y=\arcsin(2x^2)$ 的导数．

解 设 $y=\arcsin u$，$u=2x^2$，则

$$\frac{dy}{dx}=\frac{dy}{du}\cdot\frac{du}{dx}=\frac{1}{\sqrt{1-u^2}}\cdot 4x=\frac{4x}{\sqrt{1-4x^4}}.$$

例 12 求 $y=e^{\sqrt{x^2+1}}$ 的导数．

解 设 $y=e^u$，$u=\sqrt{v}$，$v=x^2+1$（三层复合），则

$$\frac{dy}{dx}=\frac{dy}{du}\cdot\frac{du}{dv}\cdot\frac{dv}{dx}=e^u\,\frac{1}{2\sqrt{v}}\cdot 2x$$

$$=e^{\sqrt{x^2+1}}\frac{2x}{2\sqrt{x^2+1}}=\frac{x}{\sqrt{x^2+1}}e^{\sqrt{x^2+1}}.$$

注：复合函数求导既是微积分的重点又是难点．在求复合函数的导数时，首先要分清函数的复合层次，然后从外向内，逐层推进求导，不要遗漏，也不要重复．在求导的过程中，始终明确所求的导数是哪个函数对哪个变量的导数，在开始时可以先设中间变量，一步一步去做．熟练之后，中间变量可以省略不写，只把中间变量看在眼里，记在心上，直接把表示中间变量的部分写出来，整个过程一气呵成．就好像剥白菜叶子，从外到内一层一层地剥，最后剥到白菜心，也就意味着最后完成对自变量的求导．

例如，熟练之后上面例题就可以这样做．

例 13 $y'=[(x^2+1)^{10}]'=10\,(x^2+1)^9\cdot(x^2+1)'=20x\,(x^2+1)^9.$

例 14 $y'=[\arcsin(2x^2)]'=\dfrac{1}{\sqrt{1-(2x^2)^2}}\cdot(2x^2)'=\dfrac{4x}{\sqrt{1-4x^4}}.$

例 15 求 $y=\ln|x|$ 的导数．

解 根据定义域，去掉绝对值符号，表示为分段函数

$$y=\ln|x|=\begin{cases}\ln x, & x>0,\\ \ln(-x), & x<0.\end{cases}$$

当 $x>0$ 时，$y'=(\ln|x|)'=(\ln x)'=\dfrac{1}{x}$，

当 $x<0$ 时，$y'=(\ln|x|)'=[\ln(-x)]'=\dfrac{1}{-x}\cdot(-x)'=\dfrac{-1}{-x}=\dfrac{1}{x}$，

综上可得 $(\ln|x|)' = \dfrac{1}{x}$（推广的求导公式）.

下面看抽象的复合函数求导的问题.

例 16 已知 $f(u)$ 对 u 可导，求下列函数的导数：

(1) $y = f(\ln x)$；   (2) $y = \ln f(x)$.

解 (1) 函数 $y = f(\ln x)$ 看作 $y = f(u)$ 与 $u = \ln x$ 复合而成. 外层函数 $y = f(u)$ 未知，对 u 求导，写出 $f'(u)$ 即可.

所以，$y' = f'(\ln x) \cdot (\ln x)' = \dfrac{1}{x} f'(\ln x)$.

(2) 函数 $y = \ln f(x)$ 看作 $y = \ln u$ 与 $u = f(x)$ 复合而成，因此，
$y' = \dfrac{1}{f(x)} \cdot f'(x)$.

显然，对于这种抽象函数的导数，只要分清楚函数的复合层次即可.

核心内容讲解 13
复合函数求导 (2)

3.2.5 隐函数求导法

若由方程 $F(x,y) = 0$ 确定的函数为 $y = f(x)$，则这便是隐函数形式，有的隐函数可解出 $y = f(x)$，可直接用原来的求导法则求导，但多数隐函数不能解出 $y = f(x)$，那么如何求这样的隐函数的导数就是我们下面要讨论的问题.

设 y 是由方程 $F(x,y) = 0$ 所确定的 x 的可导函数. 利用复合函数求导法则，在方程 $F(x,y) = 0$ 两边同时对自变量 x 求导，遇到 x 或 x 的函数时直接求导；遇 y 时，对 x 求导，即 y'；遇到 y 的函数（如 $\varphi(y)$）时，先对 y 求导，然后 y 再对 x 求导（即 $\varphi'(y)y'$），最后在等式中解出 y' 即可. 这种求导数的方法称为隐函数求导法.

核心内容讲解 14
隐函数求导

例 17 设由方程 $x^3 + y^3 = 6xy$ 确定 y 是 x 的函数，求 y'.

解 方程两边同时对 x 求导，得
$$3x^2 + 3y^2 \cdot y' = 6(y + xy'),$$

解出
$$y' = \dfrac{2y - x^2}{y^2 - 2x}.$$

注意：含 y 的项对 x 求导时要利用复合函数求导法则，先对 y 求导，然后再乘以 y 对 x 的导数 y'.

例 18 已知由方程 $y = 1 + x\mathrm{e}^y$ 所确定的隐函数为 $y = f(x)$，求 y'.

解 方程两边同时对 x 求导，得
$y' = \mathrm{e}^y + x\mathrm{e}^y y'$,

解出
$$y' = \dfrac{\mathrm{e}^y}{1 - x\mathrm{e}^y}.$$

3.2.6 对数求导法

所谓对数求导法，就是先在所给的显函数 $y=f(x)$ 的两端取对数，得到隐函数 $\ln y=\ln f(x)$ 的形式，然后按隐函数求导的思路求出 y 关于 x 的导数.

根据对数性质，对数求导法适用于下面两种形式的函数：

(1) 形如 $y=f(x)^{g(x)}[f(x)>0]$ 的幂指函数，在其两端取对数，得 $\ln y=g(x)\ln f(x)$，这就化为乘积的导数运算. 或者对幂指函数做恒等变形化为复合函数的形式：$y=e^{g(x)\cdot\ln f(x)}$，然后再利用复合求导法求导数：

$$y'=[e^{g(x)\cdot\ln f(x)}]'=e^{g(x)\cdot\ln f(x)}\cdot[g(x)\cdot\ln f(x)]'$$

$$=f(x)^{g(x)}\left[g'(x)\cdot\ln f(x)+\frac{g(x)}{f(x)}\cdot f'(x)\right].$$

(2) 对于乘除运算较多的函数形式，化乘积为和的形式，化商为差的形式.

例 19 已知 $y=x^\mu(\mu\in\mathbf{R})$，求证：$y'=\mu x^{\mu-1}$.

解 两端取对数 $\quad\ln y=\mu\ln x$，

两端对 x 求导 $\quad\dfrac{1}{y}y'=\mu\dfrac{1}{x}$，

解出 $\quad y'=\mu\cdot\dfrac{1}{x}\cdot y=\mu\cdot\dfrac{1}{x}\cdot x^\mu=\mu x^{\mu-1}$ 即证.

例 20 已知 $y=x^x(x>0)$，求 y'.

解 两端取对数 $\quad\ln y=\ln x^x=x\ln x$，

两端对 x 求导数 $\quad\dfrac{1}{y}y'=\ln x+x\cdot\dfrac{1}{x}$，

解出 $\quad y'=(\ln x+1)y=x^x(\ln x+1)$.

另解 $y'=(x^x)'=(e^{x\ln x})'=e^{x\ln x}(x\ln x)'=x^x(\ln x+1)$.

例 21 $y=(x-a_1)(x-a_2)\cdots(x-a_n)$，求 y'.

解 等式两边取对数，$\ln y=\ln(x-a_1)+\ln(x-a_2)+\cdots+\ln(x-a_n)$，等式两边对 x 求导，得

$$\frac{y'}{y}=\frac{1}{x-a_1}+\frac{1}{x-a_2}+\cdots+\frac{1}{x-a_n}$$

$$y'=y\cdot\left(\frac{1}{x-a_1}+\frac{1}{x-a_2}+\cdots+\frac{1}{x-a_n}\right)$$

$$=(x-a_1)(x-a_2)\cdots(x-a_n)\left(\frac{1}{x-a_1}+\frac{1}{x-a_2}+\cdots+\frac{1}{x-a_n}\right)$$

例 22 已知由方程 $x^y=y^x$ 所确定的隐函数为 $y=f(x)$，求 y'.

解 两端取对数 $\quad y\ln x=x\ln y$，

两端对 x 求导 $y'\ln x + \dfrac{y}{x} = \ln y + x\dfrac{1}{y}y'$,

解出 y', 得 $y' = \dfrac{\ln y - \dfrac{y}{x}}{\ln x - \dfrac{x}{y}}.$

3.2.7 高阶导数

由本章 3.1 节的引例知道,物体做变速直线运动时,其瞬时速度 $v(t)$ 就是路程函数 $s = s(t)$ 对时间 t 的导数,即
$$v(t) = s'(t).$$

根据物理学知识,速度函数 $v(t)$ 对于时间 t 的变化率就是加速度 $a(t)$,即 $a(t)$ 是 $v(t)$ 对于时间 t 的导数,即
$$a(t) = v'(t) = [s'(t)]'.$$

于是加速度 $a(t)$ 就是路程函数 $s(t)$ 对时间 t 的导数的导数,称为 $s(t)$ 对 t 的二阶导数,记为 $s''(t)$,因此变速直线运动的加速度就是路程函数 $s(t)$ 对 t 的二阶导数,即
$$a(t) = s''(t).$$

同理,如果函数 $y = f(x)$ 的导函数 $f'(x)$ 仍可导,则称 $f'(x)$ 的导数 $[f'(x)]'$ 为函数 $y = f(x)$ 的二阶导数,记为
$$f''(x), y'', \dfrac{d^2 y}{dx^2} \text{ 或 } \dfrac{d^2 f(x)}{dx^2}.$$

类似地,二阶导数的导数称为三阶导数,记为
$$f'''(x), y''', \dfrac{d^3 y}{dx^3} \text{ 或 } \dfrac{d^3 f(x)}{dx^3}.$$

一般地,$f(x)$ 的 $n-1$ 阶导数的导数称为 $f(x)$ 的 n 阶导数,记为
$$f^{(n)}(x), y^{(n)}, \dfrac{d^n y}{dx^n} \text{ 或 } \dfrac{d^n f(x)}{dx^n}.$$

我们把二阶和二阶以上的导数称为高阶导数,相应地,$f(x)$ 称为 $f(x)$ 的零阶导数,$f'(x)$ 称为 $f(x)$ 的一阶导数.

由此可见,求函数的高阶导数,就是利用函数基本求导公式及导数的运算法则,对函数多次求导.

例 23 设 $y = \ln x$,求 y''.

解 $y' = \dfrac{1}{x}$, $y'' = -\dfrac{1}{x^2}$.

例 24 设 $y = \arctan x$,求 $y'''|_{x=0}$.

解 $y' = \dfrac{1}{1+x^2}$, $y'' = \left(\dfrac{1}{1+x^2}\right)' = \dfrac{-2x}{(1+x^2)^2}$, $y''' =$

$$\left[\frac{-2x}{(1+x^2)^2}\right]' = \frac{2(3x^2-1)}{(1+x^2)^3}.$$

所以，$y'''|_{x=0} = \dfrac{2(3x^2-1)}{(1+x^2)^3}\bigg|_{x=0} = -2.$

例 25 求 $y = a^x$ 的 n 阶导数.

解 $y' = a^x \ln a$，$y'' = a^x \ln^2 a$，
$y''' = a^x \ln^3 a$，$\cdots$，$y^{(n)} = a^x \ln^n a$.
特别地，$(e^x)^{(n)} = e^x$.

例 26 求 $y = \sin x$ 的 n 阶导数.

解
$$y' = \cos x = \sin\left(x + \frac{\pi}{2}\right),$$
$$y'' = -\sin x = \sin\left(x + 2 \cdot \frac{\pi}{2}\right),$$
$$y''' = -\cos x = \sin\left(x + 3 \cdot \frac{\pi}{2}\right),$$
$$\vdots$$
$$y^{(n)} = \sin\left(x + n \cdot \frac{\pi}{2}\right).$$

同理，$(\cos x)^{(n)} = \cos\left(x + n \cdot \dfrac{\pi}{2}\right).$

3.3 微分

核心内容讲解 15
微分

在很多理论研究及实际应用中，常常会遇到这样的问题：当自变量 x 有微小变化时，需要求出函数 $y = f(x)$ 的微小改变量：$\Delta y = f(x + \Delta x) - f(x)$，对于较复杂的函数 $f(x)$，差值 $f(x+\Delta x) - f(x)$ 不易求出，如果能设法将 Δy 表示成 Δx 的线性函数，即线性化，即可把复杂问题化为简单问题，微分就是实现这种线性化的一种数学模型.

3.3.1 微分的定义

我们先看一个具体的例子.

设有一块边长为 x_0 的正方形，问边长从 x_0 增加到 $x_0 + \Delta x$，面积增加了多少？

设此薄片的边长为 x，面积为 S，则 $S = x^2$.

面积 S 的改变量为
$$\Delta S = (x_0 + \Delta x)^2 - x_0^2 = 2x_0 \Delta x + (\Delta x)^2,$$

上式包括两部分，如图 3-3 所示，

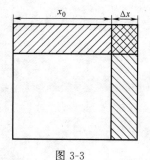

图 3-3

第一部分 $2x_0 \Delta x$ 是 Δx 的线性函数，即图 3-3 中带有斜线的两个矩形面积之和；

第二部分 $(\Delta x)^2$ 是图 3-3 中带有交叉斜线的小正方形的面积，当 $\Delta x \to 0$ 时，$(\Delta x)^2$ 是较 Δx 高阶的无穷小，即 $(\Delta x)^2 = o(\Delta x)$ $(\Delta x \to 0)$.

由此可见，如果边长有微小改变时（即 $|\Delta x|$ 很小时），我们可以将第二部分 $(\Delta x)^2$ 这个高阶无穷小量忽略不计，而用第一部分 $2x_0 \Delta x$ 近似地表示 ΔS，即 $\Delta S \approx 2x_0 \Delta x$，我们把 $2x_0 \Delta x$ 称为 $S = x^2$ 在点 x_0 处的微分．是不是所有函数的改变量都能在一定的条件下表示为一个线性函数（函数改变量的主要部分）与一个高阶无穷小的和？如果能表示的话，线性函数又该如何求？本节将具体来讨论这些问题．

定义 3.4 设函数 $y = f(x)$ 在某区间 I 内有定义，且 x_0 与 $x_0 + \Delta x$ 都在该区间 I 内，如果函数 y 的改变量 $\Delta y = f(x_0 + \Delta x) - f(x_0)$ 可以表示为
$$\Delta y = A \cdot \Delta x + o(\Delta x),$$
其中，A 是与 Δx 无关的常数，$o(\Delta x)$ 表示当 $\Delta x \to 0$ 时的高阶无穷小量，则称函数 $y = f(x)$ 在点 x_0 处可微，并称 $A \cdot \Delta x$ 为函数 $y = f(x)$ 在点 x_0 处的微分，记为 $\mathrm{d}y$，即
$$\mathrm{d}y = A \cdot \Delta x.$$

现在的问题是如何确定 A？

从上面提到的正方形面积来看，S 的微分为：$\mathrm{d}S = 2x_0 \Delta x$，这时 $A = 2x_0 = S'|_{x = x_0}$，这就是说，正方形面积 S 的微分等于正方形面积 S 对边长 x_0 的导数与边长改变量的乘积．

在这个例子中，微分 $\mathrm{d}y = A \cdot \Delta x$ 的"A"就是函数在点 x_0 处的导数．

下面我们来说明这个结论对一般的可微函数也是正确的，并由此研究微分与导数的关系．

3.3.2 导数与微分的关系

定理 3.5 函数 $y = f(x)$ 在点 x_0 处可微的充分必要条件是函数 $y = f(x)$ 在点 x_0 处可导，且有 $\mathrm{d}y = f'(x_0) \Delta x$．

函数 $y = f(x)$ 在任意点 x 上的微分，称为函数的微分，记为 $\mathrm{d}y$ 或 $\mathrm{d}f(x)$．即
$$\mathrm{d}y = f'(x) \Delta x.$$

通常把自变量 x 的改变量称为自变量的微分，因为 $\mathrm{d}x = x' \cdot \Delta x = \Delta x$，所以
$$\mathrm{d}y = f'(x)\mathrm{d}x,$$
从而有 $\dfrac{\mathrm{d}y}{\mathrm{d}x} = f'(x)$．

函数的导数等于函数的微分与自变量的微分的商，因此，导数又称为"微商"．由于求微分的问题可归结为求导数的问题，因

此求导数与求微分的方法叫作微分法.

例 27 求函数 $y=x^2$ 当 x 由 1 改变到 1.01 时的微分.

解 函数的微分为 $dy=(x^2)'dx=2xdx$，
由所给条件知 $x=1$，$dx=\Delta x=1.01-1=0.01$，所以 $dy=2\times1\times(0.01)=0.02$.

例 28 求函数 $y=\cos x$ 的微分.

解 $dy=(\cos x)'dx=-\sin x\,dx$.

3.3.3 微分的几何意义

在直角坐标系中画出函数 $y=f(x)$ 的图形（见图 3-4），在曲线上取定一点 $M(x,y)$，过 M 点作曲线的切线，则此切线的斜率为

$$f'(x)=\tan\alpha.$$

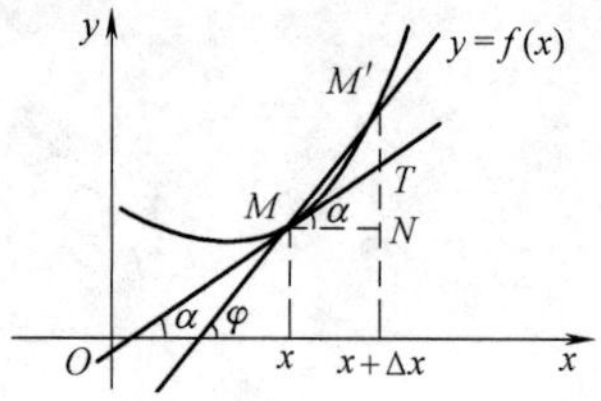

当自变量在点 x 处取得改变量 Δx 时，就得到曲线上另外一点 $M'(x+\Delta x,y+\Delta y)$，如图 3-4 所示，易知 $MN=\Delta x$，$NM'=\Delta y$，所以

$$NT=MN\tan\alpha=f'(x)\Delta x=dy.$$

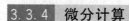

图 3-4

由此可知，当 Δy 是曲线 $y=f(x)$ 上点的纵坐标的增量时，dy 就是曲线在其切线上的点的纵坐标的增量. 由于当 $|\Delta x|$ 很小时，$|\Delta y-dy|$ 比 $|\Delta x|$ 要小得多，因此，在点 M 的附近，我们可以用切线段 MT 近似代替曲线段 MM'.

3.3.4 微分计算

根据函数微分的表达式

$$dy=f'(x)dx,$$

函数的微分等于函数的导数乘以自变量的微分（改变量）. 由此可得基本初等函数的微分公式和微分运算法则（见表 3-2）.

表 3-2 微分公式和微分运算法则

(1) $d(C)=0$ （C 为常数）	(9) $d(\log_a|x|)=\dfrac{1}{x\ln a}dx$
(2) $d(x^a)=ax^{a-1}dx$	(10) $d(\ln|x|)=\dfrac{1}{x}dx$
(3) $d(\sin x)=\cos x\,dx$	(11) $d(\arcsin x)=\dfrac{1}{\sqrt{1-x^2}}dx$
(4) $d(\cos x)=-\sin x\,dx$	(12) $d(\arccos x)=-\dfrac{1}{\sqrt{1-x^2}}dx$
(5) $d(\tan x)=\dfrac{1}{\cos^2 x}dx$	(13) $d(\arctan x)=\dfrac{1}{1+x^2}dx$
(6) $d(\cot x)=-\dfrac{1}{\sin^2 x}dx$	(14) $d(\text{arccot}\,x)=-\dfrac{1}{1+x^2}dx$
(7) $d(a^x)=a^x\ln a\,dx$	(15) $d[u(x)\pm v(x)]=du(x)\pm dv(x)$
(8) $d(e^x)=e^x dx$	(16) $d[u(x)v(x)]=v(x)du(x)+u(x)dv(x)$

(续)

(17) d$[Cu(x)] = C\mathrm{d}u(x)$ （C 为常数）	(19) d$\left[\dfrac{1}{u(x)}\right] = \dfrac{-\mathrm{d}u(x)}{u^2(x)}$
(18) d$\left[\dfrac{v(x)}{u(x)}\right] = \dfrac{u(x)\mathrm{d}v(x) - v(x)\mathrm{d}u(x)}{u^2(x)}$;	

例 29 求函数 $y = x^3 \mathrm{e}^{2x}$ 的微分.

解 $y' = 3x^2 \mathrm{e}^{2x} + 2x^3 \mathrm{e}^{2x} = x^2 \mathrm{e}^{2x}(3+2x)$,
$\mathrm{d}y = y'\mathrm{d}x = \mathrm{e}^{2x}x^2(3+2x)\mathrm{d}x$.

例 30 求函数 $y = \dfrac{\sin x}{x}$ 的微分.

解 $y' = \dfrac{x\cos x - \sin x}{x^2}$, $\mathrm{d}y = y'\mathrm{d}x = \dfrac{x\cos x - \sin x}{x^2}\mathrm{d}x$.

例 31 已知 $y = \mathrm{e}^{ax^2+bx+c}$，求 $\mathrm{d}y$.

解 $y' = \mathrm{e}^{ax^2+bx+c}(ax^2+bx+c)' = \mathrm{e}^{ax^2+bx+c}(2ax+b)$, $\mathrm{d}y = (2ax+b)\mathrm{e}^{ax^2+bx+c}\mathrm{d}x$.

例 32 $y = \sin(x^2 + \mathrm{e}^x + 1)$，求 $\mathrm{d}y$.

解 $y' = \cos(x^2 + \mathrm{e}^x + 1) \cdot (2x + \mathrm{e}^x)$,
$\mathrm{d}y = (2x + \mathrm{e}^x)\cos(x^2 + \mathrm{e}^x + 1)\mathrm{d}x$.

例 33 在下列等式的括号内填入适当的函数，使等式成立：

(1) d( ) = $x\mathrm{d}x$；

(2) d( ) = $\cos\omega t\,\mathrm{d}t$.

解 （1）因为 $\mathrm{d}x^2 = 2x\mathrm{d}x$，所以 $x\mathrm{d}x = \dfrac{1}{2}\mathrm{d}(x^2) = \mathrm{d}\left(\dfrac{x^2}{2}\right)$,

即 $\mathrm{d}\left(\dfrac{x^2}{2}\right) = x\mathrm{d}x$.

一般地，有 $\mathrm{d}\left(\dfrac{x^2}{2} + C\right) = x\mathrm{d}x$（$C$ 为任意常数）.

（2）因为 $\mathrm{d}(\sin\omega t) = \omega\cos\omega t\,\mathrm{d}t$，所以

$$\cos\omega t\,\mathrm{d}t = \dfrac{1}{\omega}\mathrm{d}(\sin\omega t) = \mathrm{d}\left(\dfrac{1}{\omega}\sin\omega t\right),$$

即 $\mathrm{d}\left(\dfrac{1}{\omega}\sin\omega t\right) = \cos\omega t\,\mathrm{d}t$.

一般地，有 $\mathrm{d}\left(\dfrac{1}{\omega}\sin\omega t + C\right) = \cos\omega t\,\mathrm{d}t$（$C$ 为任意常数）.

3.3.5 微分的应用——近似计算

这里只介绍微分在近似计算中的应用. 我们知道，如果函数 $y = f(x)$ 在点 x 处的导数为 $f'(x)$（$\neq 0$），则当 $\Delta x \to 0$ 时，微分 $\mathrm{d}y$ 是函数改变量 Δy 的线性主部，且 $\Delta y - \mathrm{d}y = o(\Delta x)$，即二者只相

差一个 Δx 的高阶无穷小量. 因此，当 $|\Delta x|$ 很小时，忽略高阶无穷小量，可用 $\mathrm{d}y$ 作为 Δy 的近似值，即

当 $|\Delta x|$ 很小时，有 $\Delta y \approx \mathrm{d}y$，因为
$$\Delta y = f(x_0+\Delta x)-f(x_0), \mathrm{d}y = f'(x_0)\Delta x,$$

所以 $\qquad f(x_0+\Delta x)-f(x_0) \approx f'(x_0)\Delta x,$

即 $\qquad f(x_0+\Delta x) \approx f(x_0)+f'(x_0)\Delta x.$

特别地，若令 $x_0=0$，$\Delta x=x$，则当 $|x|$ 很小时，有
$$f(x) \approx f(0)+f'(0)x.$$

例 34 求 $\sqrt[3]{1.02}$ 的近似值.

解 令 $f(x)=\sqrt[3]{x}$，$x_0=1$，$\Delta x=0.02$，则
$$f'(x)=\frac{1}{3}x^{-\frac{2}{3}}, f(1)=1, f'(1)=\frac{1}{3},$$

因此，$f(x_0+\Delta x) \approx f(x_0)+f'(x_0)\Delta x,$

即 $\qquad \sqrt[3]{1.02} \approx 1+\frac{1}{3}\times 0.02 \approx 1.0067.$

第 3 章 习 题

1. 单项选择题：

(1) 函数 $f(x)=|x|$ 在点 $x=0$ 处（　　）.

A. 连续可导　　　　　　B. 不连续

C. 连续，但不可导　　　D. 不连续，但可导

(2) 曲线 $y=x^2+2x-3$ 上切线斜率为 6 的点是（　　）.

A. $(1,0)$　　　　　　　B. $(2,5)$

C. $(-3,0)$　　　　　　D. $(-2,-3)$

(3) 当 $a=$（　　）时，曲线 $y=ax^2$ 与 $y=\ln x$ 相切（有公共切线）.

A. $\dfrac{1}{2}$　　　　　　　B. 2

C. $\dfrac{1}{2\mathrm{e}}$　　　　　　D. $\dfrac{\mathrm{e}}{2}$

(4) 下列哪一个点是曲线 $y=x^3-3x$ 上切线平行于 x 轴的点是（　　）.

A. $(0,0)$　　　　　　　B. $(1,2)$

C. $(-1,-2)$　　　　　D. $(-1,2)$

(5) 设 $f(x)=\begin{cases}1, & x>0, \\ 0, & x=0, \\ 2, & x<0,\end{cases}$ 则 $f'(x)=$（　　）.

A. 不存在，$x\in(-\infty,+\infty)$

B. 存在且为连续函数，$x\in(-\infty,+\infty)$

C. 等于 0，$x \in (-\infty, +\infty)$
D. 等于 0，$x \in (-\infty, 0) \cup (0, +\infty)$

(6) 设 $f(x)$ 二阶可导，$y = f(\ln x)$，则 $y'' = ($).

A. $f''(\ln x)$ B. $f''(\ln x)\dfrac{1}{x^2}$

C. $\dfrac{1}{x^2}[f''(\ln x) + f'(\ln x)]$ D. $\dfrac{1}{x^2}[f''(\ln x) - f'(\ln x)]$

(7) 若 $f(u)$ 可导，且 $y = f(e^x)$，则有 $dy = ($).

A. $f'(e^x)dx$ B. $f'(e^x)de^x$
C. $[f(e^x)]'de^x$ D. $[f(e^x)]'e^x dx$

(8) 函数 $y = f(x)$ 在点 $x = x_0$ 处可微是 $f(x)$ 在点 $x = x_0$ 处连续的（ ）.

A. 充分且必要条件   B. 必要非充分条件
C. 充分非必要条件   D. 既非充分也非必要条件

2. 填空题：

(1) 若 $f(x)$ 在 $x = a$ 点可导，则 $\lim\limits_{h \to 0} \dfrac{f(a + kh) - f(a)}{h} = $ _____.

(2) 若 $f'(1) = 2$，则 $\lim\limits_{x \to 1} \dfrac{f(x) - f(1)}{x^2 - 1} = $ _____.

(3) 设 $y = \ln|f(x)|$，则 $y' = $ _____.

(4) 曲线 $ye^x + \ln y = 1$ 在点 $(0, 1)$ 处的法线方程是 _____.

(5) 若 $y = e^{f(x)}$，其中 $f(x)$ 二阶可导，则 $y'' = $ _____.

(6) 设 $f(x) = 10x^2$，则 $f'(-1) = $ _____.

3. 设 $f'(x_0)$ 存在，试利用导数的定义求下列极限：

(1) $\lim\limits_{\Delta x \to 0} \dfrac{f(x_0) - f(x_0 + \Delta x)}{\Delta x}$;

(2) $\lim\limits_{h \to 0} \dfrac{f(x_0 + h) - f(x_0 - h)}{h}$.

4. 给定抛物线 $y = x^2 - x + 2$，求过点 $(1, 2)$ 的切线方程与法线方程.

5. 用求导公式和法则求下列函数的导数：

(1) $y = 3x^2 - x + 5$;   (2) $y = 5x^2 - 3^x + 3e^x$;

(3) $y = \ln x + x \cos x$;   (4) $y = 2\tan x + \sec x - 1$;

(5) $y = (x - a)(x - b)$;   (6) $y = \dfrac{x + 1}{x - 1}$;

(7) $y = e^x \cos x$.   (8) $y = \dfrac{1}{\sin x}$.

6. 求下列函数的导数：

(1) $y = (x^3 + 2x)^4$;   (2) $y = (2x^3 + 3x)^3(1 - 2x)^4$;

(3) $y=\sqrt{a^2-x^2}$; (4) $y=\sin^n x+\sin x^n+\sin nx$;
(5) $y=\ln\ln x$; (6) $y=e^{x\ln x}$;
(7) $y=\operatorname{arccot}\dfrac{1}{x}$; (8) $y=\ln(x+\sqrt{x^2-a^2})$.

7. 求下列方程所确定的隐函数 y 的导数 $\dfrac{dy}{dx}$：

(1) $x^2+y^2-xy=1$; (2) $y=x+\ln y$;
(3) $e^{xy}+x-y=2x+3$; (4) $y=1+xe^y$.

8. 用对数求导法则求下列函数的导数：

(1) $y=(\ln x)^x$; (2) $y=x\sqrt{\dfrac{1-x}{1+x}}$;
(3) $y=\dfrac{x^2}{1-x}\sqrt[3]{\dfrac{3-x}{(3+x)^2}}$; (4) $y=\dfrac{\sqrt[5]{x-3}\cdot\sqrt[3]{3x-2}}{\sqrt{x+2}}$.

9. 求下列函数的导数 $\dfrac{dy}{dx}$：

(1) $y=f(e^x)e^{f(x)}$; (2) $y=f\left(\arctan\dfrac{1}{x}\right)$;
(3) $y=f(e^x+x^e)$.

10. 求下列函数的二阶导数：

(1) $y=e^{ax}$; (2) $y=\ln(1+x^2)$.

11. 分别求出函数 $f(x)=x^2-3x+5$ 在点 $x=1$ 处，(1) $\Delta x=1$；(2) $\Delta x=0.1$；(3) $\Delta x=0.01$ 时的改变量和微分．对上述结果加以比较，能得出什么结论？

12. 将适当的函数填入下列括号内，使等式成立：

(1) $d(\quad)=5x\,dx$; (2) $d(\quad)=\sin\omega x\,dx$;
(3) $d(\quad)=\dfrac{1}{2+x}dx$; (4) $d(\quad)=e^{-2x}dx$;
(5) $d(\quad)=\dfrac{1}{\sqrt{x}}dx$; (6) $d(\quad)=\sec^2 2x\,dx$.

13. 求下列函数的微分 dy：

(1) $y=\ln x+2\sqrt{x}$; (2) $y=x\sin 2x$;
(3) $y=\sqrt{1-x^2}$; (4) $y=\arcsin\sqrt{x}$;
(5) $y=\tan\dfrac{x}{2}$; (6) $y=(e^x+e^{-x})^2$.

14. 利用微分进行近似计算：

(1) $\sqrt[3]{8.02}$; (2) $\arctan 1.02$; (3) $\ln 1.01$; (4) $e^{0.05}$.

第 4 章 导数应用

我们在上一章,从实际问题中因变量相对于自变量的变化快慢出发,引入了导数的概念,并学习了导数的计算方法.在本章中,我们将介绍导数的一些应用.

导数作为函数的变化率,在研究函数变化的性态中有着十分重要的意义,因而在自然科学、工程技术以及社会科学领域中得到了广泛的应用.

4.1 导数应用——洛必达法则

计算 $\frac{0}{0}$、$\frac{\infty}{\infty}$、$\infty-\infty$、$0\cdot\infty$、1^{∞} 等未定式的极限往往需要经过适当的变形,转化为可利用极限运算法则或重要极限的形式进行计算.这种变形没有一般方法,需要视具体情况而定,属于特定的方法.本节将以导数作为工具,给出计算未定式极限的一般方法,即洛必达法则.

4.1.1 $\frac{0}{0}$ 型未定式

核心内容讲解 16
洛必达法则(1)

定理 4.1 设函数 $f(x)$ 和 $g(x)$ 满足

(1) $\lim\limits_{x \to X} f(x)=0$,$\lim\limits_{x \to X} g(x)=0$,

(2) 在点 X 的左右附近,$f'(x)$ 及 $g'(x)$ 都存在且 $g'(x) \neq 0$,

(3) $\lim\limits_{x \to X} \frac{f'(x)}{g'(x)}$ 存在(或为无穷大),则

$$\lim_{x \to X} \frac{f(x)}{g(x)} = \lim_{x \to X} \frac{f'(x)}{g'(x)}.$$

也就是说,当 $\lim\limits_{x \to X} \frac{f'(x)}{g'(x)}$ 存在时,$\lim\limits_{x \to X} \frac{f(x)}{g(x)}$ 也存在,且等于 $\lim\limits_{x \to X} \frac{f'(x)}{g'(x)}$;

当 $\lim\limits_{x \to X} \frac{f'(x)}{g'(x)}$ 为无穷大时.仍有 $\lim\limits_{x \to X} \frac{f(x)}{g(x)}$ 为无穷大.

例 1 求 $\lim\limits_{x \to 0} \frac{(1+x)^2-1}{x}$.

解 $\lim\limits_{x\to 0}\dfrac{(1+x)^2-1}{x}=\lim\limits_{x\to 0}\dfrac{2(1+x)}{1}=2.$

例 2 求 $\lim\limits_{x\to 0}\dfrac{\ln(1+x)}{x^2}.$

解 $\lim\limits_{x\to 0}\dfrac{\ln(1+x)}{x^2}=\lim\limits_{x\to 0}\dfrac{\dfrac{1}{1+x}}{2x}=\lim\limits_{x\to 0}\dfrac{1}{2x(1+x)}=\infty.$

如果 $\dfrac{f'(x)}{g'(x)}$，当 $x\to X$ 时仍为 $\dfrac{0}{0}$ 型未定式，且 $f'(x)$ 及 $g'(x)$ 仍满足定理中的条件，那么可继续用洛必达法则，即

$$\lim\limits_{x\to X}\dfrac{f(x)}{g(x)}=\lim\limits_{x\to X}\dfrac{f'(x)}{g'(x)}=\lim\limits_{x\to X}\dfrac{f''(x)}{g''(x)}.$$

且可依此类推.

例 3 求 $\lim\limits_{x\to 1}\dfrac{x^3-3x+2}{x^3-x^2-x+1}.$

解 $\lim\limits_{x\to 1}\dfrac{x^3-3x+2}{x^3-x^2-x+1}=\lim\limits_{x\to 1}\dfrac{3x^2-3}{3x^2-2x-1}=\lim\limits_{x\to 1}\dfrac{6x}{6x-2}=\dfrac{3}{2}.$

注：上式中的 $\lim\limits_{x\to 1}\dfrac{6x}{6x-2}$ 已经不是未定式，不能再对它运用洛必达法则. 否则，结果是错误的.

例 4 求 $\lim\limits_{x\to 0}\dfrac{e^x+e^{-x}-2}{1-\cos x}.$

解 $\lim\limits_{x\to 0}\dfrac{e^x+e^{-x}-2}{1-\cos x}=\lim\limits_{x\to 0}\dfrac{e^x-e^{-x}}{\sin x}=\lim\limits_{x\to 0}\dfrac{e^x+e^{-x}}{\cos x}=2.$

例 5 求 $\lim\limits_{x\to +\infty}\dfrac{\dfrac{\pi}{2}-\arctan x}{\dfrac{1}{x}}.$

解 $\lim\limits_{x\to +\infty}\dfrac{\dfrac{\pi}{2}-\arctan x}{\dfrac{1}{x}}=\lim\limits_{x\to +\infty}\dfrac{-\dfrac{1}{1+x^2}}{-\dfrac{1}{x^2}}=\lim\limits_{x\to +\infty}\dfrac{x^2}{1+x^2}=1.$

4.1.2 $\dfrac{\infty}{\infty}$ 型未定式

定理 4.2 设函数 $f(x)$ 和 $g(x)$ 满足：

(1) $\lim\limits_{x\to X}f(x)=\infty$，$\lim\limits_{x\to X}g(x)=\infty$，

(2) 在点 X 的左右附近，$f'(x)$ 及 $g'(x)$ 都存在且 $g'(x)\neq 0$，

(3) $\lim\limits_{x\to X}\dfrac{f'(x)}{g'(x)}$ 存在（或为无穷大），则

$$\lim\limits_{x\to X}\dfrac{f(x)}{g(x)}=\lim\limits_{x\to X}\dfrac{f'(x)}{g'(x)}.$$

核心内容讲解 17

洛必达法则（2）

例 6 求 $\lim\limits_{x\to+\infty}\dfrac{\ln x}{x^n}$ $(n>0)$.

解 $\lim\limits_{x\to+\infty}\dfrac{\ln x}{x^n}=\lim\limits_{x\to+\infty}\dfrac{\dfrac{1}{x}}{nx^{n-1}}=\lim\limits_{x\to+\infty}\dfrac{1}{nx^n}=0.$

例 7 求 $\lim\limits_{x\to+\infty}\dfrac{x^2}{e^{\lambda x}}(\lambda>0)$.

解 $\lim\limits_{x\to+\infty}\dfrac{x^2}{e^{\lambda x}}=\lim\limits_{x\to+\infty}\dfrac{2x}{\lambda e^{\lambda x}}=\lim\limits_{x\to+\infty}\dfrac{2}{\lambda^2 e^{\lambda x}}=0.$

例 8 求 $\lim\limits_{x\to 0}\dfrac{x^2\cos\dfrac{1}{x}}{\sin x}$.

解 由于 $\lim\limits_{x\to 0}\dfrac{\left(x^2\cos\dfrac{1}{x}\right)'}{(\sin x)'}=\lim\limits_{x\to 0}\dfrac{2x\cos\dfrac{1}{x}+\sin\dfrac{1}{x}}{\cos x}$ 不存在, 也不为 ∞, 故不能用洛必达法则, 可用以下方法求极限:

$\lim\limits_{x\to 0}\dfrac{x^2\cos\dfrac{1}{x}}{\sin x}=\lim\limits_{x\to 0}\dfrac{x}{\sin x}\cdot x\cos\dfrac{1}{x}=\lim\limits_{x\to 0}\dfrac{x}{\sin x}\cdot\lim\limits_{x\to 0}x\cos\dfrac{1}{x}=1\cdot 0=0.$

由此例题可以看出, 此时洛必达法则失效.

4.1.3 其他类型的未定式

除了 $\dfrac{0}{0}$ 型和 $\dfrac{\infty}{\infty}$ 型未定式以外, 还有 $0\cdot\infty$、$\infty-\infty$、0^0、1^∞、∞^0 等类型的未定式, 在计算这些类型的未定式时, 需要先将其转化为 $\dfrac{0}{0}$ 型或 $\dfrac{\infty}{\infty}$ 型未定式, 然后再利用洛必达法则或其他方法求极限.

核心内容讲解 18
洛必达法则（3）

1. $0\cdot\infty$ 型

对于 $0\cdot\infty$ 型未定式, 可将乘积化为除的形式, 即化为 $\dfrac{0}{0}$ 型或 $\dfrac{\infty}{\infty}$ 型未定式来计算.

例 9 求 $\lim\limits_{x\to 0^+}x^n\ln x$ $(n>0)$. ($0\cdot\infty$ 型)

解 $\lim\limits_{x\to 0^+}x^n\ln x=\lim\limits_{x\to 0^+}\dfrac{\ln x}{x^{-n}}=\lim\limits_{x\to 0^+}\dfrac{\dfrac{1}{x}}{-nx^{-n-1}}=\lim\limits_{x\to 0^+}\dfrac{x^n}{-n}=0.$

2. $\infty-\infty$ 型

对于 $\infty-\infty$ 型未定式, 可利用通分化为 $\dfrac{0}{0}$ 型的未定式来计算.

例 10 求极限 $\lim\limits_{x\to 0}\left(\dfrac{1}{\sin x}-\dfrac{1}{x}\right)$. ($\infty-\infty$ 型)

解 $\lim\limits_{x\to 0}\left(\dfrac{1}{\sin x}-\dfrac{1}{x}\right)=\lim\limits_{x\to 0}\dfrac{x-\sin x}{x\sin x}=\lim\limits_{x\to 0}\dfrac{1-\cos x}{\sin x+x\cos x}$

$=\lim\limits_{x\to 0}\dfrac{\sin x}{\cos x+\cos x-x\sin x}=\dfrac{0}{1+1+0}=0.$

3. 0^0、∞^0 及 1^∞ 型

对于 0^0、∞^0 及 1^∞ 型未定式，可先化为以 e 为底的指数函数的极限，再利用指数函数的连续性，化为直接求指数的极限，然后把 $0\cdot\infty$ 型的指数极限再化为 $\dfrac{0}{0}$ 型或 $\dfrac{\infty}{\infty}$ 型未定式来计算．即

$$\lim [f(x)]^{g(x)}=\lim e^{g(x)\ln f(x)}=e^{\lim[g(x)\ln f(x)]}.$$

例 11 求 $\lim\limits_{x\to 0^+}(\sin x)^x.$ (0^0 型)

解 $\lim\limits_{x\to 0^+}(\sin x)^x=e^{\lim\limits_{x\to 0^+}x\ln\sin x},$

核心内容讲解 19

洛必达法则（4）

其中，$\lim\limits_{x\to 0^+}x\ln\sin x=\lim\limits_{x\to 0^+}\dfrac{\ln\sin x}{\dfrac{1}{x}}=\lim\limits_{x\to 0^+}\dfrac{\dfrac{\cos x}{\sin x}}{-\dfrac{1}{x^2}}=-\lim\limits_{x\to 0^+}\dfrac{x^2\cos x}{\sin x}$

$=-\lim\limits_{x\to 0^+}\dfrac{x}{\sin x}\cdot x\cos x=0,$

于是 $\lim\limits_{x\to 0^+}(\sin x)^x=e^0=1.$

例 12 求 $\lim\limits_{x\to +\infty}(1+x)^{\frac{1}{\sqrt{x}}}.$ (∞^0 型)

解 $\lim\limits_{x\to +\infty}(1+x)^{\frac{1}{\sqrt{x}}}=e^{\lim\limits_{x\to +\infty}\frac{1}{\sqrt{x}}\ln(1+x)},$

其中，$\lim\limits_{x\to +\infty}\dfrac{\ln(1+x)}{\sqrt{x}}=\lim\limits_{x\to +\infty}\dfrac{\dfrac{1}{1+x}}{\dfrac{1}{2\sqrt{x}}}=\lim\limits_{x\to +\infty}\dfrac{2\sqrt{x}}{1+x}=\lim\limits_{x\to +\infty}\dfrac{1}{\sqrt{x}}=0.$

于是 $\lim\limits_{x\to +\infty}(1+x)^{\frac{1}{\sqrt{x}}}=e^0=1.$

小结：使用洛必达法则需要注意的问题．

（1）只有未定式的极限问题才能够运用洛必达法则，非未定式极限要用四则运算或其他方法；

（2）未定式极限问题一共有以下几种常见的形式：$\dfrac{0}{0}$、$\dfrac{\infty}{\infty}$、$\infty-\infty$、$0\cdot\infty$、1^∞、0^0、∞^0.

其中 $\dfrac{0}{0}$，$\dfrac{\infty}{\infty}$ 是最基本的两种．其他任何一种未定式必须化为 $\dfrac{0}{0}$ 或 $\dfrac{\infty}{\infty}$ 型未定式，然后才能使用洛必达法则求极限；

（3）尽可能地利用等价无穷小代替，可能会使问题简化．比如：

$\lim\limits_{x\to 0}\dfrac{(e^{2x}-1)\tan x^2}{\ln(1-\sin^2 x)\cdot\sin x}\xlongequal{\text{等价无穷小代替}}\lim\limits_{x\to 0}\dfrac{2x\cdot x^2}{-x^2\cdot x}=-2.$

若直接用洛必达法则求该极限，运算是非常复杂的.

（4）有些未定式，若使用洛必达法则后极限不存在（也不是无穷大），但不能就此说明原极限不存在，只能说明洛必达法则失效，比如：

当 $x \to \infty$ 时，$\dfrac{x+\sin x}{x-\cos x}$ 是 $\dfrac{\infty}{\infty}$ 型未定式，显然有 $\lim\limits_{x \to +\infty} \dfrac{x+\sin x}{x-\cos x} = 1$，但如果用洛必达法则，得到的结果为

$$\lim_{x \to +\infty} \frac{x+\sin x}{x-\cos x} = \lim_{x \to +\infty} \frac{(x+\sin x)'}{(x-\cos x)'} = \lim_{x \to +\infty} \frac{1+\cos x}{1+\sin x}$$

不存在.

4.2 函数的单调性和极值

我们已经会用初等数学的方法研究一些函数的单调性和某些简单函数的性质，但这些方法适用范围狭小，并且有些还需要借助于某些特殊的技巧，因而不具有一般性. 本节将以导数为工具，利用导数的符号判断函数的单调性，并根据单调性求解函数的极值.

4.2.1 函数单调性

1. 单调性的判别法

函数在单调递增区间内，图像自左向右上升，其每一点切线斜率是非负的（见图 4-1）；函数在单调递减区间内，图像自左向右下降，其每一点切线斜率是非正的（见图 4-2）.

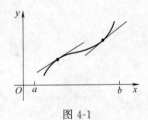

图 4-1

可见，函数的单调性与导数的符号存在着密切的关系. 我们可以利用导数的符号来判断函数的单调性.

定理 4.3（函数单调性的判别法）如果函数 $y=f(x)$ 在区间 (a,b) 上可导，那么

（1）如果 $x \in (a,b)$，$f'(x) > 0$，则 $y=f(x)$ 在区间 (a,b) 上单调递增，即区间 (a,b) 是 $y=f(x)$ 的单调递增区间；

（2）如果 $x \in (a,b)$，$f'(x) < 0$，则 $y=f(x)$ 在区间 (a,b) 上单调递减，即区间 (a,b) 是 $y=f(x)$ 的单调递减区间.

函数单调递增区间和单调递减区间统称为单调区间.

注意：区间内个别点导数为零，不影响函数的单调性.

例 13 函数 $y=x^3$ 在其定义域 $(-\infty,+\infty)$ 内是单调增加的，但其导数 $y'=3x^2$ 在 $x=0$ 处为零，如图 4-3 所示.

例 14 判定函数 $y=x-\sin x$ 在 $[0,2\pi]$ 上的单调性.

解 因为在 $[0,2\pi]$ 内，$y'=1-\cos x \geqslant 0$，只有当 $x=0$，2π 时，$y'=0$ 成立，由此可以判定函数 $y=x-\sin x$ 在 $[0,2\pi]$ 上单调

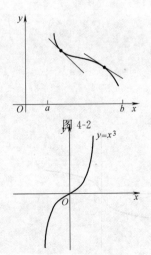

图 4-2

图 4-3

增加.

例 15 讨论函数 $y=e^x-x-1$ 的单调性.

解 函数的定义域为 $(-\infty,+\infty)$，$y'=e^x-1$. 且在其上连续.

在 $(-\infty,0)$ 内，$y'<0$，所以函数 $y=e^x-x-1$ 在 $(-\infty,0)$ 上单调减少；

在 $(0,+\infty)$ 内，$y'>0$，所以函数 $y=e^x-x-1$ 在 $(0,+\infty)$ 上单调增加，如图 4-4 所示.

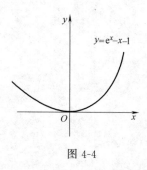

图 4-4

例 16 讨论函数 $y=\sqrt[3]{x^2}$ 的单调性.

解 当 $x\neq 0$ 时，$y'=\dfrac{2}{3\sqrt[3]{x}}$，函数的定义域为 $(-\infty,+\infty)$，且在其上连续.

在 $(-\infty,0)$ 内，$y'<0$，所以函数 $y=\sqrt[3]{x^2}$ 在 $(-\infty,0)$ 上单调减少；

在 $(0,+\infty)$ 内，$y'>0$，所以函数 $y=\sqrt[3]{x^2}$ 在 $(0,+\infty)$ 上单调增加.

2. 单调区间的求法

如上例，函数在定义区间上不是单调的，但在一些部分区间上单调. 那么如何求出函数的单调区间？由定理 4.3 可知，可导函数 $f(x)$ 的单调递增区间就是 $f'(x)>0$ 的解区间；可导函数 $f(x)$ 的单调递减区间就是 $f'(x)<0$ 的解区间.

但是，如果对于比较复杂的函数，要想通过解不等式找到单调区间往往是比较困难的，因此，上述方法不具备一般性. 下面我们讨论如何才能有效地求解函数的单调区间？求单调区间的关键是找到划分单调区间的分界点，接下来的问题就转化为考虑哪些点可以作为划分单调区间的分界点.

由例 15 和例 16 可知，导数为零的点（称为驻点）和连续不可导点可以作为单调区间的分界点，但反之未必成立.

例如，函数 $y=x^3$，其导数 $y'=3x^2$ 在 $x=0$ 处为零，但是函数 $y=x^3$ 在其定义域 $(-\infty,+\infty)$ 内都是单调增加的，如图 4-3 所示.

又如，函数 $y=x^{\frac{1}{3}}$，其导数 $y'=3x^2$ 在 $x=0$ 处不可导，但是函数 $y=x^{\frac{1}{3}}$ 在其定义域 $(-\infty,+\infty)$ 内也都是单调增加的，如图 4-5 所示.

所以，导数为零的点（驻点）和连续不可导点只是可能的单调区间的分界点，至于这些点究竟是不是分界点仍然要用定理 4.3 判断，从而得到求函数 $y=f(x)$ 单调区间的解题步骤：

① 求出函数 $f(x)$ 的定义区间；

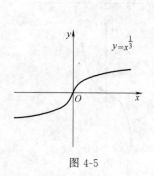

图 4-5

② 求出 $f'(x)=0$ 和 $f'(x)$ 不存在的点，即驻点和连续不可导点；

③ 用这些点把函数的定义区间分成若干个子区间，并列表；

④ 根据导数 $f'(x)$ 在各个子区间上的符号，确定函数在该区间上的单调性，得出函数 $y=f(x)$ 的单调区间．

例 17 确定函数 $y=x^3-3x$ 的单调区间（见图 4-6）．

解 ① 函数的定义域为 $(-\infty,+\infty)$，且在定义域上可导．

② $f'(x)=3x^2-3=3(x+1)(x-1)$，令 $f'(x)=0$，得驻点 $x_1=-1$，$x_2=1$．

③ 列表讨论（见表 4-1）：

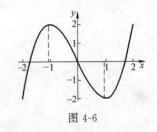

图 4-6

表 4-1

x	$(-\infty,-1)$	$(-1,1)$	$(1,+\infty)$
$f'(x)$	+	−	+
$f(x)$	↗	↘	↗

④ 由表 4-1 得：$(-\infty,-1)$ 和 $(1,+\infty)$ 是函数的单增区间，而 $(-1,1)$ 是函数的单减区间．

例 18 确定函数 $y=(x-1)x^{\frac{2}{3}}$ 的单调区间．

解 ① 函数的定义域为 $(-\infty,+\infty)$．

② $f'(x)=\frac{5}{3}x^{\frac{2}{3}}-\frac{2}{3}x^{-\frac{1}{3}}=\frac{5x-2}{3\sqrt[3]{x}}$，令 $f'(x)=0$，得驻点 $x_1=\frac{2}{5}$，而 $x_2=0$ 是 $f'(x)$ 不存在的点．

③ 列表讨论（见表 4-2）：

表 4-2

x	$(-\infty,0)$	$\left(0,\frac{2}{5}\right)$	$\left(\frac{2}{5},+\infty\right)$
$f'(x)$	+	−	+
$f(x)$	↗	↘	↗

④ 由表 4-2 得：$(-\infty,0)$ 和 $\left(\frac{2}{5},+\infty\right)$ 是函数的单增区间，而 $\left(0,\frac{2}{5}\right)$ 是函数的单减区间．

其中 ↗（或 ↘）表示在相应的区间内函数单增（或单减），用列表的方法分析函数的单调性既清晰又简便．

4.2.2 函数的极值

在讨论函数单调性时，会遇到这样的情形，函数的单调性会在某一点处发生改变，如例 17 中的点 $x=-1$ 处函数由单调增加变为单调减少，易见，对 $x=-1$ 左右附近的任一点 $x(x\neq-1)$，

恒有 $f(x) < f(-1)$，即曲线在该点处达到"波峰"；同样，在点 $x=1$ 处函数由单调减少变为单调增加，易见，对 $x=1$ 左右附近的任一点 $x(x \neq 1)$，恒有 $f(x) > f(1)$，即曲线在该点处达到"波谷". 具有这种性质的点在实际应用中有着重要的意义，由此我们引入函数极值的概念.

1. 函数极值的定义

定义 4.1 设函数 $f(x)$ 在点 x_0 处及其左右附近有定义，如果对该点 x_0 左右附近的任意 $x(x \neq x_0)$，恒有 $f(x) < f(x_0)$（或 $f(x) > f(x_0)$），则称函数 $f(x)$ 在点 x_0 处取得极大值（或极小值）$f(x_0)$，x_0 称为 $f(x)$ 的极大值点（或极小值点）.

函数的极大值与极小值统称为极值，极大值点与极小值点统称为极值点.

如例 17，函数 $y = x^3 - 3x$ 在 $x_1 = -1$ 处取得极大值，在 $x_2 = 1$ 处取得极小值.

注：函数的极值概念是局部性的，它只是在极值点邻近的局部范围内达到最大或最小，在函数的整个定义域内就不一定是最大或最小了.

在图 4-7 中，函数 $f(x)$ 有两个极大值 $f(x_1)$ 和 $f(x_3)$，有两个极小值 $f(x_2)$ 和 $f(x_4)$，其中极大值 $f(x_1)$ 比极小值 $f(x_4)$ 还小.

从图中还可以看出函数曲线在极值点处若存在切线，则切线是水平的. 即函数在极值点处的导数等于零. 但曲线有水平切线的地方不一定取得极值，如图 4-7 所示，极值点 x_1，x_2 处切线是水平的，而在点 x_5 处切线也是水平的，但 $f(x_5)$ 不是极值.

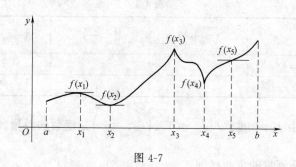

图 4-7

综上所述，我们可得到以下结论：
(1) 函数若有极值，则极值不一定唯一；
(2) 函数的极大值可能比极小值小；
(3) 可导的极值点必定是驻点，但驻点未必是极值点.

2. 函数极值的求法

由极值的定义可知，函数在极值点处函数的单调性必定要发生改变，所以，函数的极值点就是单调区间的分界点，根据前面对单调区间的讨论可知，驻点和不可导点就是可能的极值点，找到这些点之后如何确定是否是极值点，要用定理 4.3 判断在该点的左右附近单调性是否发生了改变来确定，由此得到极值的判别法：

定理 4.4 （判断极值的第一充分条件） 设函数 $f(x)$ 在点 x_0 的左右附近 $(x_0-\delta,x_0)\bigcup(x_0,x_0+\delta)$ 可导，且在点 x_0 处连续．

(1) 当 $x\in(x_0-\delta,x_0)$ 时，$f'(x)>0$，而当 $x\in(x_0,x_0+\delta)$ 时，$f'(x)<0$，则 $f(x)$ 在点 x_0 处取得极大值 $f(x_0)$；

(2) 当 $x\in(x_0-\delta,x_0)$ 时，$f'(x)<0$，而当 $x\in(x_0,x_0+\delta)$ 时，$f'(x)>0$，则 $f(x)$ 在点 x_0 处取得极小值 $f(x_0)$；

(3) 当 $x\in(x_0-\delta,x_0)$ 和 $x\in(x_0,x_0+\delta)$ 时，$f'(x)$ 不变号，则 $f(x)$ 在点 x_0 处无极值．

定理 4.4 的几何解释：当自变量 x 从 x_0 的左侧向 x_0 的右侧变化，$f'(x)$ 的符号由正变负，则函数 $f(x)$ 由单增转为单减，故在 x_0 处有极大值；当自变量 x 从 x_0 的左侧向 x_0 的右侧变化，若 $f'(x)$ 的符号由负变正，则函数 $f(x)$ 由单减转为单增，故在 x_0 处有极小值；若 $f'(x)$ 的符号不变，则函数的单调性不变，故 x_0 不是极值点．

根据定理 4.4 可以得到求函数极值的一般步骤如下：

① 确定函数的定义区间；

② 求出 $f'(x)=0$ 和 $f'(x)$ 不存在的点，即驻点和连续不可导点；

③ 用这些点把函数的定义区间分成若干个子区间，并列表；

④ 讨论各个子区间的单调性，根据该点在左、右区间内的单调性是否会发生改变来确定是否能在该点处取得极值，以及所取得的是极大值还是极小值．

例 19 求函数 $f(x)=(x-5)\sqrt[3]{x^2}$ 的极值．

解 ① 函数的定义域为 $(-\infty,+\infty)$．

② $f'(x)=\dfrac{5(x-2)}{3\sqrt[3]{x}}$，令 $f'(x)=0$，得驻点 $x_1=2$，而 $x_2=0$ 是函数的不可导点，且函数在 $x_2=0$ 处连续；

③ 列表如下（见表 4-3）：

表 4-3

x	$(-\infty,0)$	0	$(0,2)$	2	$(2,+\infty)$
$f'(x)$	+	不存在	−	0	+
$f(x)$	↗	极大值	↘	极小值	↗

④ 由表 4-3 得，函数在 $x=0$ 处取得极大值 $f(0)=0$，在 $x=2$ 处取得极小值 $f(2)=-3\sqrt[3]{4}$．

定理 4.4 是利用函数的一阶导数判断函数的极值,若函数 $f(x)$ 在其驻点处有不等于零的二阶导数,则有更为简便的极值判别法.

定理 4.5 (判断极值的第二充分条件) 设函数 $f(x)$ 在点 x_0 处有二阶导数,且 $f'(x_0)=0$,$f''(x_0)\neq 0$.

(1) 若 $f''(x_0)>0$,则 $f(x)$ 在点 x_0 处取得极小值 $f(x_0)$;

(2) 若 $f''(x_0)<0$,则 $f(x)$ 在点 x_0 处取得极大值 $f(x_0)$.

注意:1) 定理 4.5 的结论仅对驻点有效.

2) 如果 $f''(x_0)=0$,则定理 4.5 失效,即 x_0 可能是极值点,也可能不是极值点.

例 20 求函数 $y=x^3-3x^2+7$ 的极值.

解 $f'(x)=3x^2-6x=3x(x-2)$,令 $f'(x)=0$,得驻点 $x_1=0$,$x_2=2$.

由于 $f''(x)=6x-6=6(x-1)$,则

$f''(0)=-6<0$,所以 $f(0)=7$ 是极大值.

$f''(2)=6>0$,所以 $f(2)=3$ 是极小值.

4.3 最值及其应用

在实际应用中,常常需要根据变量之间的关系来分析变量的变化情况,需要研究用料最省、容量最大、成本最低、效益最高等问题,此类问题在数学上往往可归结为求某一函数(通常称为目标函数)的最大值或最小值问题.因而极值、最值在工程技术、国民经济以及自然科学和社会科学等领域有着广泛应用的现实意义.

由闭区间上连续函数的性质可知,若函数 $f(x)$ 在闭区间 $[a,b]$ 上连续,则它在该区间上必取得最大值和最小值.下面我们给出求最值的方法.

4.3.1 闭区间上函数的最值

函数的最值与极值是两个不同的概念.前者是指在整个闭区间 $[a,b]$ 上的所有函数值中最大(小)的,因而最值是全局性的概念;而函数极值仅仅是同极值点附近的点的函数值相比较而言的,即在一点的附近内讨论,它是局部性的.如果最值是在区间内部某点取得,那么它必是该区间内若干个极值中最大(或最小)的一个.当然,最值也可能在区间的端点取得,而极值只能在区间内部的点取得.如图 4-7 所示,最大值是区间端点的函数值 $f(b)$,最小值是极小值 $f(x_2)$.

综上所述,求函数 $f(x)$ 在闭区间 $[a,b]$ 上最值的步骤如下:

① 求出函数 $f(x)$ 可能取得极值的点，即能够使 $f'(x)=0$ 和 $f'(x)$ 不存在的点；

② 计算所求出的各点的函数值以及区间端点的函数值 $f(a)$ 和 $f(b)$，并比较它们的大小，这些值中最大的就是最大值，最小的就是最小值．

在求最值的问题中，注意下面两种特殊情形：

(1) 如果 $f(x)$ 在区间 (a,b) 上只有一个极值，则极大值就是区间 $[a,b]$ 上的最大值（见图 4-8）；极小值就是区间 $[a,b]$ 上的最小值（见图 4-9）；

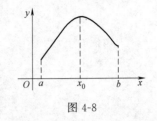

图 4-8

(2) 若 $f(x)$ 是区间 $[a,b]$ 上的单调函数，则最值在区间的端点处取得．

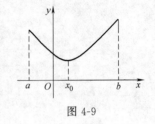

图 4-9

例 21 求函数 $f(x)=\dfrac{1}{3}x^3-x^2+2$ 在区间 $[-3,3]$ 上的最大值和最小值．

解 ① $f'(x)=x^2-2x=x(x-2)$，解方程 $f'(x)=0$，得驻点 $x_1=0$，$x_2=2$．

② 计算 $f(0)=2$，$f(2)=\dfrac{2}{3}$，$f(-3)=-16$，$f(3)=2$，比较 $f(-3)$，$f(3)$，$f(0)$，$f(2)$ 的大小，当 $x=-3$ 时，有最小值 $f(-3)=-16$；当 $x=0,3$ 时，有最大值 $f(0)=f(3)=2$．

4.3.2 最值的应用

例 22 某房地产公司有 50 套公寓要出租，当每套公寓的租金定为每月 1000 元时，公寓会全部租出去．当租金每月增加 50 元时，就有一套公寓租不出去，而租出去的房子每月需花费 100 元的整修维护费．试问房租定为多少可获得最大收入？

解 设每月房租为 x 元，那么租出去的房子有 $50-\left(\dfrac{x-1000}{50}\right)$，每月总收入为

$$R(x)=(x-100)\left[50-\left(\dfrac{x-1000}{50}\right)\right]=(x-100)\left(70-\dfrac{x}{50}\right),$$

$$R'(x)=\left(70-\dfrac{x}{50}\right)+(x-100)\left(-\dfrac{1}{50}\right)=72-\dfrac{x}{25},$$

令 $R'(x)=0$，得 $x=1800$（唯一驻点），故当每月每套公寓的租金为 1800 元时收入最高．最大收入为

$$R(x)=(1800-100)\left(70-\dfrac{1800}{50}\right)=57800（元）.$$

此时，没租出去的公寓有 $\dfrac{1800-1000}{50}=16$（套）．

例 23 患某种疾病的病人在患病期间的体温（单位:℃）可表示成

$$T(t) = -0.1t^2 + 1.2t + 35 \quad (0 \leqslant t \leqslant 12)$$

其中 T 是时间 t（单位：h）的温度，分析该病人体温的波动情况．

解 因为 $T'(t) = -0.2t + 1.2$，由 $T'(t) = 0$ 得 $t = 6$，得表 4-4．

表 4-4

t	$(0,6)$	6	$(6,12)$
$T'(t)$	$+$	0	$-$
$T(t)$	↗	38.6	↘

根据表 4-4 知，病人在 0 点到 6 点间体温呈增加趋势．到 6 点时最高，最高体温为 38.6℃，6 点到 12 点间体温呈下降趋势．

例 24 一位鱼类生物学家对一个湖中的鱼贮量进行了研究，发现当每单位面积的水域有 n 种鱼时，一个季度后，每种鱼的平均重量为

$$W(n) = 500 - 20n \quad (0 < n \leqslant 25),$$

试求当 n 为多少时，一个季度后，鱼的总重量达到最大（单位：g）？

解 鱼的总重量为

$$Q(n) = nW(n) = n(500 - 20n) = 500n - 20n^2 \ (0 < n \leqslant 25),$$

则 $Q'(n) = 500 - 40n$，令 $Q'(n) = 0$，解得 $n = 12.5$．

又因 $Q''(n) = -40 < 0$，故 $Q(n)$ 在 $n = 12.5$ 处取得极大值，在 $[0, 25]$ 内 $Q(n)$ 只有一个极大值，即为最大值．从而当每单位面积的水域约有 12～13 种鱼时，一个季度后，鱼的总重量达到最大．

例 25 某工厂经过核算发现，每月生产某种产品的量 Q（单位：t）的成本函数为 $C(Q) = \frac{1}{4}Q^2 + 8Q + 4900$，$Q \in [0, 200]$（单位：元），求最低平均成本．

解 由题可得平均成本为

$$\overline{C}(Q) = \frac{C(Q)}{Q} = \frac{1}{4}Q + 8 + \frac{4900}{Q}, \quad Q \in [0, 200].$$

所以，$\overline{C}'(Q) = \frac{1}{4} - \frac{4900}{Q^2}$．

令 $\overline{C}'(Q) = 0$，解得唯一驻点为 $Q = 140$（舍去 -140）．

又因为 $\overline{C}''(Q) = \frac{9800}{Q^3}$，且 $\overline{C}''(140) > 0$．

所以当 $Q = 140$ 时有极小值，又因它是唯一极值点，因此也是最小值点．故当 $Q = 140$ 时，取得最低平均成本 $\overline{C}(140) = \frac{1}{4} \times 140 + 8 + \frac{4900}{140} = 78$．

即，每月产量为 140t 时，最低平均成本为 78 元/t.

例 26 保龄球中心的职业运动员商店每年要销售 200 个保龄球，库存一个保龄球一年的费用是 40 元，为再订购，每个保龄球另加 150 元，还需付 10 元的固定成本．求：(1) 年度总成本函数；(2) 为了使总成本最小，商店一年要分几次进货，每次进多少个？

解 设成本为 $C(x)$，x 为批量.

(1) 由于平均存货量是 $\dfrac{x}{2}$，并且每个库存花费 40 元，所以得到存货成本

$$C_1(x) = 40 \cdot \dfrac{x}{2} = 20x.$$

x 表示批量，每年再订购 $\dfrac{200}{x}$ 次，所以得到再订购成本

$$C_2(x) = 10 \cdot \dfrac{200}{x} + 150 \cdot 200 = \dfrac{2000}{x} + 30000.$$

年度总成本函数为

$$C(x) = C_1(x) + C_2(x) = 20x + \dfrac{2000}{x} + 30000.$$

(2) $C'(x) = 20 - \dfrac{2000}{x^2}$，由 $C'(x) = 0$，得 $x_1 = 10$，$x_2 = -10$（舍去）.

又由 $C''(x) = \dfrac{4000}{x^3}$，$C''(10) > 0$ 可知，$x = 10$ 为极小值点而且是唯一的极小值点.

所以，当 $x = 10$ 时，$C(10) = 30400$ 为函数最小值.

故年度总成本函数为 $C(x) = 20x + \dfrac{2000}{x} + 30000$. 为了使总成本最小，商店一年要分 10 次进货，每次进 20 个保龄球.

例 27 某立体声收音机厂商测定，为销售一新款立体声收音机 x 台，每台价格是 $P(x) = 1000 - x$（单位：元），经调查，生产的总成本可以表示为 $C(x) = 3000 + 20x$.

求：(1) 总收益函数；
(2) 总利润函数；
(3) 为使利润最大，公司必须生产并销售多少台？
(4) 最大利润是多少？
(5) 为实现这一最大利润，每台价格应变为多少？

解 (1) $R(x) = P(x) \cdot x = (1000 - x) \cdot x = -x^2 + 1000x$.

(2) $L(x) = R(x) - C(x) = -x^2 + 1000x - 3000 - 20x = -x^2 + 980x - 3000$.

(3) $L'(x) = -2x + 980$. 由 $L'(x) = 0$，得 $x = 490$. 又

$L''(x) = -2 < 0$.

所以，$L(490)$ 为唯一极大值即为最大值，即当公司生产并销售 490 台时利润最大.

(4) $L(490) = 237100$，最大利润为 237100 元.

(5) $P(x) = 1000 - x = 1000 - 490 = 510$，所以，为实现这一最大利润，每台价格应为 510 元.

例 28 某工厂每月生产数量为 Q（单位：t）的某种产品的总成本（或总费用）为 $C(Q) = \frac{1}{3}Q^3 - 7Q^2 + 11Q + 40$（单位：万元），每月销售这些产品的总收益为 $R(Q) = 100Q - Q^2$（单位：万元）如果要使每月获得最大利润，试确定每月的产量并求每月的最大利润.

解 每月生产数量为 Q（单位：t）的某种产品的总利润函数为

$$L(Q) = R(Q) - C(Q) = 100Q - Q^2 - \left(\frac{1}{3}Q^3 - 7Q^2 + 11Q + 40\right)$$

$$= -\frac{1}{3}Q^3 + 6Q^2 - 11Q - 40, Q \in (0, +\infty).$$

$L'(Q) = -Q^2 + 12Q - 11$.

令 $L'(Q) = 0$，即，$-Q^2 + 12Q - 11 = 0$，得驻点 $Q_1 = 1$，$Q_2 = 11$，而

$L(1) = -\frac{1}{3} + 6 - 11 - 40 = -45\frac{1}{3}$, $L(11) = 121\frac{1}{3}$, $L(0) = -40$.

最大值为 $L(11) = 121\frac{1}{3}$. 即每月产量为 11t 时，获得的利润最大. 此时，最大利润为 $121\frac{1}{3}$ 万元.

利用导数求函数的最大值的方法还可解决最大税收、生产的最优投入量、最优门票票价、查账最佳抽样、产品最优分配等问题.

例 29 "最优批量（或订购量）"问题，也称"经济批量（或订购量）"问题，即简单的储存控制模型. 现在我们就来看一看储存控制模型. 如果每次的批量是经济的，库存量就一定是合理的. 合理的库存量并非越少越好，必须同时达到三个目标：第一，库存要少，以便降低库存成本（费用）和流动资金占用量；第二，存货短缺机会少，以便减少因停工待料而造成的损失；第三，订购的次数要少，以便降低订购手续费. 为求得经济批量，要找出决定批量的因素之间的函数关系.

解 假设：(1) 对物品的需求率是一常数.

(2) 且仅当储存为零时才进行补充.

(3) 补充可瞬时完成，即无交割期.

令全年库存费与订购手续费之和为 C，全年对物品的需求量为 S，每批（次）订购的数量为 Q，每批（次）订购的手续费用为 A，每单位物品一年的库存费用为 C_1，订购周期为 T.

于是，每年订货次数为 $\dfrac{S}{Q}$，年订购手续费为 $A \cdot \dfrac{S}{Q}$，年库存费为 $C \cdot \dfrac{Q}{2}$，因此，

$$C = C(Q) = \frac{AS}{Q} + \frac{C_1 Q}{2}.$$

需要求能使 $C(Q)$ 为最小值的 Q 值，以及年订购次数及订购周期.

对 $C(Q) = \dfrac{AS}{Q} + \dfrac{C_1 Q}{2}$ 求导数，得

$$C'(Q) = -\frac{AS}{Q^2} + \frac{C_1}{2},$$

令 $C'(Q) = 0$，即 $-\dfrac{AS}{Q^2} + \dfrac{C_1}{2} = 0$.

求得驻点 $Q_0 = \sqrt{\dfrac{2AS}{C_1}}$ （舍去 $-\sqrt{\dfrac{2AS}{C_1}}$，因其不合题意），

$$C''(Q) = \frac{2AS}{Q^3},$$

显然 $C''(Q_0) > 0$ 所以，$C(Q)$ 有极小值.

又因 Q_0 是极小值点，且是唯一驻点，所以 $C(Q_0)$ 也是最小值.

故最优批量为 $Q_0 = \sqrt{\dfrac{2AS}{C_1}}$，年订购次数为 $\dfrac{S}{Q_0}$，每年按 365 天计算，订购周期为

$$T = 365 \div \frac{S}{Q_0} = \frac{Q_0}{S} \times 365 (天).$$

我们也称 Q_0 为 "经济批量".

例 30 当圆柱形金属饮料罐的容积一定时，它的高与底面半径应怎样选取，才能使所用的材料最省？

解 如图 4-10 所示，设底面半径为 r，高为 h，则体积 $V = \pi r^2 h$，得到 $h = \dfrac{V}{\pi r^2}$，表面积为

$$S = 2\pi r^2 + 2\pi r h = 2\pi r^2 + 2\pi r \frac{V}{\pi r^2} = 2\pi r^2 + 2\frac{V}{r},$$

$$S'(r) = 4\pi r - 2\frac{V}{r^2},$$

图 4-10

令 $S'(r)=0$,得到 $r=\sqrt[3]{\dfrac{V}{2\pi}}$,$h=\dfrac{V}{\pi r^2}=\dfrac{V}{\pi\left(\sqrt[3]{\dfrac{V}{2\pi}}\right)^2}=2\sqrt[3]{\dfrac{V}{2\pi}}$,

即,当 $h=2r$ 时所使用的材料最省.

例 31 烟囱向其周围地区散落烟尘造成环境污染,已知落在地面某处的烟尘浓度与该处到烟囱的垂直距离的平方成反比,而与该烟囱喷出的烟尘量成正比. 现有 A、B 两座烟囱相距 20km,其中 B 座烟囱喷出的烟尘量是 A 的 8 倍,试求出两座烟囱连线上的点 C,使该点的烟尘浓度最低.

分析 由题意知要确定某点的烟尘浓度最低,显然其烟尘浓度源自这两座烟囱,与其距离密切相关,因此可考虑先设出与某个烟囱的距离,从而表示出相应的烟尘浓度,再确定其最小值即可.

解 不妨设 A 烟囱喷出的烟尘量是 1,而 B 烟囱喷出的烟尘量为 8,设 $AC=x$,$0<x<20$,则 $BC=20-x$. 点 C 处的烟尘浓度 $y=\dfrac{k}{x^2}+\dfrac{8k}{(20-x)^2}$,其中 $k(>0)$ 为比例系数,则

$$y'=\dfrac{2k(3x-20)(3x^2+400)}{x^2(20-x)^2}.$$

令 $y'=0$,即 $(3x-20)(3x^2+400)=0$,有 $x=\dfrac{20}{3}$.

当 $x\in\left(0,\dfrac{20}{3}\right)$ 时,$y'<0$;当 $x\in\left(\dfrac{20}{3},20\right)$ 时,$y'>0$. 因此 $x=\dfrac{20}{3}$ 时,y 取极小值,即当 C 位于距 A 点为 $\dfrac{20}{3}$km 时,该点的烟尘浓度最低.

*4.4 函数图形的描绘

4.4.1 曲线的凹向和拐点

前面我们利用一阶导数作为工具,讨论了函数的单调性和极值的问题,虽然说知道函数图像的上升和下降规律是非常重要的,但这还不能完全反映函数图像的规律. 如函数 $y=x^3$ 在区间 $(-\infty,0)$ 和区间 $(0,+\infty)$ 上都是单调递增的,但两个区间内弯曲的方向相反,显然在这两个区间内函数特性是不一样的,因此考察它弯曲的方向以及扭转弯曲的点及其本质是十分必要的.

定义 4.2 如果在某个区间内,曲线弧位于其上任意一点切线的上方,则称曲线在这个区间内是凹的,如图 4-11 所示;如果

在某个区间内，曲线弧位于其上任意一点切线的下方，则称曲线在这个区间内是凸的，如图 4-12 所示．

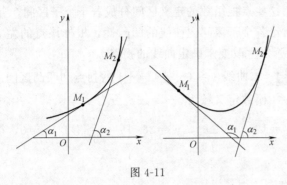

图 4-11

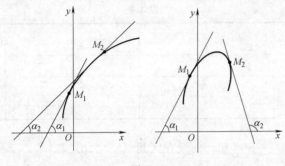

图 4-12

曲线的凹凸性具有明显的几何意义，对于凹曲线，当 x 逐渐增加时，其上每一点切线的斜率 $k=\tan\alpha$ 由小变大，一阶导函数 $f'(x)$ 单调递增，即 $f''(x)>0$，如图 4-11 所示；而对于凸曲线，当 x 逐渐增加时，其上每一点切线的斜率 $k=\tan\alpha$ 由大变小，一阶导函数 $f'(x)$ 单调递减，即 $f''(x)<0$，如图 4-12 所示．于是有下述判断曲线凹凸性的定理．

定理 4.6 （曲线凹凸性的判别法）设函数 $y=f(x)$ 在区间 (a,b) 内具有二阶导数，那么

(1) 如果 $x\in(a,b)$ 时，恒有 $f''(x)>0$，则曲线 $y=f(x)$ 在 (a,b) 内是凹的，记作"∪"，区间 (a,b) 称为函数的凹区间．

(2) 如果 $x\in(a,b)$ 时，恒有 $f''(x)<0$，则曲线 $y=f(x)$ 在 (a,b) 内是凸的，记作"∩"，区间 (a,b) 称为函数的凸区间．

定义 4.3 曲线凹弧与凸弧的分界点称为曲线的拐点．

拐点既然是凹与凸的分界点，那么在拐点左右邻近的 $f''(x)$ 必然异号，因而在拐点处 $f''(x)=0$ 或者 $f''(x)$ 不存在．特别要注意的是，在 x_0 处函数连续，而一阶、二阶导数都不存在，x_0 也可能是拐点．

综上所述，判定曲线的凹凸性与求曲线拐点的步骤如下：

① 确定函数的定义区间；
② 求出 $f''(x)=0$ 和 $f''(x)$ 不存在的点；
③ 用这些点把函数的定义区间分成若干个子区间，并列表；
④ 讨论各个子区间内曲线的凹凸性，根据该点的左右区间内凹凸性是否发生改变来确定曲线的拐点．

例 32 求曲线 $y=3x^4-4x^3+1$ 的拐点和凹凸区间．

解 ① 函数定义域为 $(-\infty,+\infty)$．

② $y'=12x^3-12x^2$，$y''=36x\left(x-\dfrac{2}{3}\right)$．令 $y''=0$，得 $x_1=0$，$x_2=\dfrac{2}{3}$．

③ 列表如下（见表 4-5）：

表 4-5

x	$(-\infty,0)$	0	$\left(0,\dfrac{2}{3}\right)$	$\dfrac{2}{3}$	$\left(\dfrac{2}{3},+\infty\right)$
$f''(x)$	+	0	−	0	+
$f(x)$	∪	拐点 $(0,1)$	∩	拐点 $\left(\dfrac{2}{3},\dfrac{11}{27}\right)$	∪

④ 由表 4-5 可知，曲线在区间 $(-\infty,0)$ 和 $\left(\dfrac{2}{3},+\infty\right)$ 上是凹的，在区间 $\left(0,\dfrac{2}{3}\right)$ 上是凸的．拐点是 $(0,1)$ 和 $\left(\dfrac{2}{3},\dfrac{11}{27}\right)$．

例 33 图 4-13 是常见的总成本曲线和生产函数图，分析其凹凸向的意义．

图 4-13 描述的是雇佣工人数量与产量的关系，曲线自左向右上升，说明随着工人人数的增加总产量在增加，这符合一般的常识．但注意到曲线下凸，说明随着工人人数的增加，产量低效率增加，即当工人人数达到一定数量后，雇佣的工人越来越多时，每个新增加的工人对于产量的贡献就会越来越小．

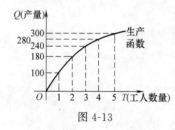

图 4-13

图 4-14 描述的是产量与总成本间的关系，曲线自左向右上升，说明随着产量增加，总成本在增加，同时可注意到曲线上凹，说明随着产量的增加，成本高效率增加，也就是说当产量越来越多时，新增产量的成本也在急剧增加．

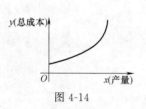

图 4-14

4.4.2　曲线的渐近线

在研究函数曲线时，我们需要来研究曲线的渐近线．下面给出渐近线的定义与求法．

定义 4.4 若曲线 $y=f(x)$ 上一动点 P 沿曲线无限远离坐标原点时，点 P 与某一直线 l 的距离趋于零，则称直线 l 为该曲线的渐近线（见图 4-15）．

曲线的渐近线有下列三种情况.

1. 水平渐近线

设函数 $y=f(x)$ 的定义域是无穷区间，若 $\lim\limits_{x\to-\infty}f(x)=b$ 或 $\lim\limits_{x\to+\infty}f(x)=b$（$b$ 为常数），则称直线 $y=b$ 为曲线 $y=f(x)$ 的水平渐近线.

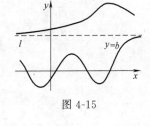

图 4-15

例如，当 $x\to+\infty$ 时，$\arctan x \to \dfrac{\pi}{2}$，故直线 $y=\dfrac{\pi}{2}$ 为曲线 $y=\arctan x$ 的一条水平渐近线. 当 $x\to-\infty$ 时，$\arctan x \to -\dfrac{\pi}{2}$，故直线 $y=-\dfrac{\pi}{2}$ 为曲线 $y=\arctan x$ 的另一条水平渐近线. 又如 $\lim\limits_{x\to+\infty}\dfrac{1}{x}=0$，故 $y=0$ 为曲线 $y=\dfrac{1}{x}$ 的水平渐近线.

2. 垂直渐近线

设函数 $y=f(x)$ 在 $x=c$ 处间断，若 $\lim\limits_{x\to c^-}f(x)=\infty$ 或 $\lim\limits_{x\to c^+}f(x)=\infty$，则称直线 $x=c$ 为曲线 $y=f(x)$ 的垂直渐近线（或称铅垂渐近线）.

例 34 求 $y=\dfrac{1}{x-1}$ 的水平渐近线和垂直渐近线.

解 因为 $\lim\limits_{x\to\infty}\dfrac{1}{x-1}=0$，所以，水平渐近线为 $y=0$.

又因 $\lim\limits_{x\to 1}\dfrac{1}{x-1}=\infty$，所以，垂直渐近线为 $x=1$.

3. 斜渐近线

设函数 $y=f(x)$ 的定义域是无穷区间，若有

$$\lim\limits_{x\to-\infty}[f(x)-(kx+b)]=0 \text{ 或 } \lim\limits_{x\to+\infty}[f(x)-(kx+b)]=0 \tag{4.1}$$

其中，k（k 存在且 $k\neq 0$）和 b 为常数，则称直线 $y=kx+b$ 为曲线 $y=f(x)$ 的斜渐近线.

斜渐近线中 k，b 的计算公式：

我们仅就 $x\to+\infty$ 的情况进行讨论（$x\to-\infty$ 类似可得）.

由式 (4.1)，有 $\lim\limits_{x\to+\infty}\left[\dfrac{f(x)}{x}-k-\dfrac{b}{x}\right]=0$，又由 $\lim\limits_{x\to+\infty}\dfrac{1}{x}=0$，从而 $\lim\limits_{x\to+\infty}\dfrac{b}{x}=0$，故

$$\lim\limits_{x\to+\infty}\left[\dfrac{f(x)}{x}-k\right]=0,$$

即

$$k=\lim\limits_{x\to+\infty}\dfrac{f(x)}{x} \tag{4.2}$$

求出 k 后，将 k 代入式 (4.1)，可确定 b，即

$$b = \lim_{x \to +\infty} [f(x) - kx] \qquad (4.3)$$

由式(4.2)和式(4.3)求出 a, b 后，即可得到斜渐近线 $y = kx + b$.

例 35 求 $y = \dfrac{x^2}{1+x}$ 的渐近线.

解 (1) $\lim\limits_{x \to -1} \dfrac{x^2}{1+x} = \infty$，故 $x = -1$ 是曲线的垂直渐近线.

(2) $k = \lim\limits_{x \to \infty} \dfrac{f(x)}{x} = \lim\limits_{x \to \infty} \dfrac{x}{1+x} = 1$,

$b = \lim\limits_{x \to \infty} [f(x) - kx] = \lim\limits_{x \to \infty} \left(\dfrac{x^2}{1+x} - x \right) = \lim\limits_{x \to \infty} \dfrac{-x}{1+x} = -1$,

故 $y = x - 1$ 是曲线的斜渐近线，该曲线无水平渐近线.

4.4.3 函数图形的描绘

对于一个函数，若能画出其图形，就能从直观上了解该函数的性态特征，并可从其图形上清楚地看出因变量与自变量之间的相互依赖关系．以上我们讨论了函数的单调性、极值、凹凸性、拐点等主要特性，为函数作图做了必要的准备，由此就能比较准确地描绘出函数的图形，步骤如下：

① 确定函数的定义域、间断点，考察函数的某些简单特性，如对称性和周期性等；

② 求出 $f'(x)$ 和 $f''(x)$ 及 $f'(x) = 0$ 和 $f''(x) = 0$ 的点，再求出 $f'(x)$、$f''(x)$ 不存在的点；

③ 以上述各点为分点，将函数定义域分成若干个部分区间，列表讨论 $f'(x)$ 与 $f''(x)$ 在各部分区间内的符号，从而确定函数的单调区间、极值及曲线的凹凸区间、拐点；

④ 考察函数曲线的渐近线；

⑤ 计算特殊点的函数值，如极值点、拐点，并补充一些有助于确定图形位置的点；

⑥ 画图.

例 36 画出函数 $y = \dfrac{x^2}{x+1}$ 的图形.

解 函数的定义域为 $(-\infty, -1) \cup (-1, +\infty)$,

$$\lim_{x \to -1^-} y = -\infty, \quad \lim_{x \to -1^+} y = +\infty,$$

$$k = \lim_{x \to \infty} \dfrac{y}{x} = \lim_{x \to \infty} \dfrac{x^2}{x(x+1)} = 1,$$

$$b = \lim_{x \to \infty} (y - kx) = \lim_{x \to \infty} \left(\dfrac{x^2}{x+1} - x \right) = \lim_{x \to \infty} \dfrac{-x}{x+1} = -1,$$

故有渐近线 $y = x - 1$.

$$y' = \dfrac{x(x+2)}{(x+1)^2}, \quad y'' = \dfrac{2}{(x+1)^3}.$$

令 $y' = 0$, 得 $x_1 = -2, x_2 = 0$, 无 $y'' = 0$ 的点．列表讨论如下（见表 4-6）：

表 4-6

x	$(-\infty,-2)$	-2	$(-2,-1)$	-1	$(-1,0)$	0	$(0,+\infty)$
y'	$+$	0	$-$	不存在	$-$	0	$+$
y''	$-$	-2	$-$	不存在	$+$	2	$+$
y	$\cap \nearrow$	极大值 -4	$\cap \searrow$	不存在	$\cup \searrow$	极小值 0	$\cup \nearrow$

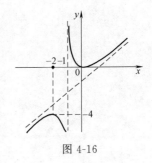

图 4-16

画出函数的图形，如图 4-16 所示．

4.5 导数在经济学中的应用

本节讨论导数概念在经济学中的两个应用——边际分析和弹性分析．

4.5.1 边际分析

在数学中的"导数"思想出现后，西方经济学就将函数的瞬时变化率作为研究方法引入到经济分析中，将其称为边际函数．"边际"概念的出现曾引发了经济学研究方法的革命，它是现代经济学诞生的标志．经济学中的"边际"和数学中的"变化率"的计算方法都是 $\dfrac{\Delta y}{\Delta x}$ ($\Delta x \to 0$)，而这种计算方法在数学上就是求导数．利用导数求边际，便于理解掌握．

1. 边际函数

定义 4.5 根据导数的定义，导数 $f'(x_0)$ 表示 $f(x)$ 在点 $x=x_0$ 处的变化率，在经济学中，称其为 $f(x)$ 在点 $x=x_0$ 处的边际函数值．

当函数的自变量 x 从 x_0 改变一个单位（即 $\Delta x = 1$）时，函数的增量为 $f(x_0+1)-f(x_0)$，但当 x 改变的"单位"很小时，或 x 的"一个单位"与 x_0 值相比很小时，则有近似式

$$f(x_0+1)-f(x_0) \approx f'(x_0),$$

它表明：当自变量在 x_0 处产生一个单位的改变时，函数 $f(x)$ 的改变量可近似地用 $f'(x_0)$ 来表示．在经济学中，解释边际函数值的具体意义时，通常略去"近似"二字．

例如，设函数 $y=x^2$，则 $y'=2x$，所以，$y=x^2$ 在点 $x=10$ 处的边际函数值为 $y'(10)=20$，它表示当 $x=10$ 时，x 改变一个单位，y（近似）改变了 20 个单位．

核心内容讲解 20
边际成本

2. 边际成本

总成本（C）是企业用于生产的投入所支付的货币量（费用总额）．平均总成本（AC）是生产的每一份产量的成本．边际成本（MC）

是总成本函数的瞬时变化率，西方经济学家将 $MC(Q_0)$ 表示当产量达到 Q_0 时，多生产一个单位产品所增加的成本.

总成本：$\quad C = $ 固定成本 $+$ 可变成本.
平均成本：$\quad AC = C/Q$.
边际成本：$\quad MC = C'(Q)$.

例 37 设生产某产品 x 个单位时的总成本为
$$C(x) = 1000 + 0.012x^2 \quad (元),$$
求边际成本 $C'(x)$，并对 $C'(1000)$ 的经济意义进行解释.

解 因为 $C'(x) = 0.024x$，所以
$$C'(1000) = 0.024 \times 1000 = 24.$$
即当产量达到 1000 个单位时第 1001 个产品的成本为 24 元.

根据边际成本提供的信息，边际成本总是具有先下降后上升的趋势，而平均总成本是 U 形曲线，而且我们发现，只要边际成本小于平均总成本，平均总成本就会单调递减；只要边际成本大于平均总成本，平均总成本就会单调递增；两条曲线的交点. 即当边际成本等于平均总成本时，一定存在平均总成本的最低点，此点在经济学中称为有效规模点（见图 4-17）.

核心内容讲解 21
边际收益

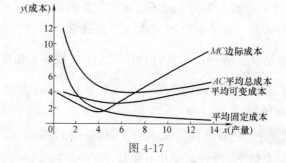

图 4-17

核心内容讲解 22
边际利润

3. 边际利润

设利润为 L，总收益为 R，总成本为 C，它们都是以 Q 为自变量的函数.

利润为 $\quad L(Q) = R(Q) - C(Q)$，
平均利润为 $\quad AL = L/Q$，
边际利润为 $\quad ML = L'(Q)$.

例 38 设利润函数为 $L(x) = R(x) - C(x) = -x^2 + 980x - 3000$. 求其边际利润，并对销售量 $x = 300$ 时的边际收益进行解释.

解 $L'(x) = -2x + 980$，
$$L'(300) = -2 \times 300 + 980 = 380.$$
表示当销售量为 300 时，再售出一个单位的商品获得的利润为 380 元.

4. 最大利润源原则

由于总利润等于总收入与总成本之差，即 $L(Q) = R(Q) - C(Q)$.
$L(Q)$ 取得最大值的必要条件为 $L'(Q) = 0$，而 $L'(Q) =$

$R'(Q) - C'(Q)$，即 $R'(Q) - C'(Q) = 0$，于是，得 $R'(Q) = C'(Q)$.

由此可知，取得最大利润的必要条件是：边际收益等于边际成本.

$L(Q)$ 取得最大值的充分条件为
$$L''(Q) < 0,$$
即 $R''(Q) - C''(Q) < 0$，于是，得 $R''(Q) < C''(Q)$.

由此可知，取得最大利润的充分条件是：边际收入的变化率小于边际成本的变化率.

这就是著名的最大利润原则.

例 39 某快餐店每月对汉堡包的需求函数为
$$p(q) = \frac{60000 - q}{20000}.$$
其中，q 是需求量（单位：个）；p 是价格（单位：元），生产 q 个汉堡包的成本为
$$C(q) = 5000 + 0.56q \quad (0 \leqslant q \leqslant 50000).$$
试问当产量是多少时，快餐店才能获得最大利润？最大利润是多少？

解 总收益为 $R(q) = q \cdot p(q) = q \cdot \dfrac{60000 - q}{20000} = \dfrac{60000q - q^2}{20000}$，根据利润最大原则 $C'(Q) = R'(q)$，有
$$C'(q) = 0.56, \quad R'(q) = \frac{60000 - 2q}{20000}.$$
所以，$\dfrac{60000 - 2q}{20000} = 0.56$. 从而，$q = 24400$ 个.

由于 $q = 24400$ 是函数 $L(q)$ 唯一的极值点，所以一定是函数的最大值点，即当产量为 24400 个单位时，有最大利润.

利润
$$L(q) = R(q) - C(q) = \frac{60000q - q^2}{20000} - 5000 - 0.56q,$$
最大利润
$$L_{\max}(24400) = \frac{60000 \times 24400 - 24400^2}{20000} - 5000 - 0.56 \times 24400 = 24768 \text{（元）},$$
故产量为 24400 个单位时有最大利润 24768 元.

4.5.2 弹性分析

前面所讨论的函数改变量与函数变化率是绝对改变量与绝对变化率. 然而在具体问题中，仅仅研究函数的绝对改变量与绝对变化率是不够的. 例如，商品 A 的价格原为 10 元，涨价 1 元；商品 B 的价格原为 1000 元，也涨价 1 元. 两商品都绝对涨价 1 元，但各与其原价相比，两者涨价的百分比却有很大的不同，商品 A 涨价 10%，商品 B 涨价 0.1%. 因此，研究函数的相对改变量与相对变化率是非常有必

要的. 这种相对变化率在经济学中称为"弹性".

定义 4.6 设函数 $y=f(x)$ 可导, 函数的相对改变量

$$\frac{\Delta y}{y}=\frac{f(x+\Delta x)-f(x)}{f(x)}$$

与自变量的相对改变量 $\frac{\Delta x}{x}$ 之比 $\frac{\Delta y/y}{\Delta x/x}$, 称为函数 $f(x)$ 从 x 到 $x+\Delta x$ 两点间的弹性(或相对变化率). 而极限

$$\lim_{\Delta x \to 0}\frac{\Delta y/y}{\Delta x/x}$$

称为函数 $f(x)$ 在点 x 的弹性(或相对变化率), 记为

$$\frac{Ey}{Ex}=\lim_{\Delta x \to 0}\frac{\Delta y/y}{\Delta x/x}=\lim_{\Delta x \to 0}\frac{\Delta y}{\Delta x}\cdot\frac{x}{y}=y'\frac{x}{y}.$$

注: 函数 $f(x)$ 在点 x 的弹性 $\frac{Ey}{Ex}$ 反映的是随 x 的变化 $f(x)$ 变化幅度的大小, 即 $f(x)$ 对 x 变化反应的强烈程度或灵敏度. 数值上, $\frac{E}{Ex}f(x)$ 表示 $f(x)$ 在点 x 处, 当 x 产生 1% 的改变时, 函数 $f(x)$ 近似地改变 $\frac{E}{Ex}f(x)$%, 在应用问题中解释弹性的具体意义时, 通常略去"近似"二字.

如果函数是减函数, 则自变量与函数值的变化方向相反, 按公式计算出来的弹性为负, 但我们只关心变化反应的灵敏度, 所以一般将弹性结果取绝对值. 当 $Ey<1$ 时, 函数值对于自变量变化不灵敏, 称函数缺乏弹性; 当 $Ey>1$ 时, 函数值对于自变量变化灵敏, 称函数富有弹性; 当 $Ey=1$ 时, 函数值对于自变量发生了单位变化, 称函数单位弹性; 当 $Ey=0$ 时, 函数值对于自变量变化不发生变化, 称函数完全无弹性; 当 $Ey\to\infty$ 时, 自变量微小变化就会引起函数值极大变动, 称函数完全有弹性.

一般来说, 有相近替代品的物品的需求往往较富有弹性; 必需品的需求往往缺乏弹性, 而奢侈品的需求往往富于弹性. 范围小的市场的需求往往大于范围大的市场的需求弹性. 物品的需求往往在长期内更有弹性.

例 40 假设石油需求函数为

$$Q=63000+50p-25p^2 (0 \leqslant p \leqslant 50),$$

其中, Q 是价格为每桶 p 美元时每天售出的数量, 单位是百万桶.
求: (1) 弹性表达式.
(2) $p=50$ 时的弹性并解释其经济意义.

解 (1) $E(p)=\frac{p}{Q}\cdot Q'=\frac{p\cdot(50-50p)}{63000+50p-25p^2}=\frac{50p-50p^2}{63000+50p-25p^2}$,

(2) $E(50) = \left| \dfrac{50 \times 50 - 50 \times 50^2}{63000 + 50 \times 50 - 25 \times 50^2} \right| = |-40.8| = 40.8.$

$E(50) = 40.8$ 的意义是当石油价格在每桶 50 美元时，价格上升 1%，销量下降 40.8%．

由于 $40.8 > 1$，说明石油销售量就价格变化反应灵敏，需求富有弹性．

例 41 设某商品需求函数为 $Q = Q(P) = 75 - P^2$．

(1) 求 $P = 4$ 时的边际需求，并说明其经济意义；

(2) 求 $P = 4$ 时的需求弹性，并说明其经济意义；

(3) 求 $P = 4$ 时，若价格 P 上涨 1%，总收益是增加还是减少？将变化百分之几？

(4) 求 $P = 6$ 时，若价格 P 上涨 1%，总收益是增加还是减少？将变化百分之几？

(5) P 为何值时，总收益最大？最大的总收益是多少？

解 (1) $Q' = Q'(P) = -2P$，边际需求 $Q'(4) = -8$ 的经济含义是：当价格为 4 个单位货币时，再上涨（下跌）一个单位货币（即 $\Delta P = 1$ 或 $\Delta P = -1$）所减少（增加）的需求量为 8 个单位商品．

(2) $\eta(P) = 2P \cdot \dfrac{P}{Q} = \dfrac{2P^2}{75 - P^2}$，需求弹性 $\eta(4) = \dfrac{2 \times 4^2}{75 - 4^2} = \dfrac{32}{59} \approx 0.54$ 的经济含义是：当价格为 4 个单位货币时，价格上涨（下跌）1%，需求量约减少（增加）0.54%．

(3) 因为
$$\dfrac{ER}{EP} = R'(P) \dfrac{P}{R(P)} = (Q + PQ') \times \dfrac{P}{R} = \left[1 - \left(-Q' \dfrac{P}{Q}\right)\right] \times \dfrac{PQ}{R} = 1 - \eta(P),$$

由需求弹性 $\eta(4) \approx 0.54$，得 $\left.\dfrac{ER}{EP}\right|_{P=4} = 1 - \eta(4) \approx 0.46$，所以当 $P = 4$ 时，价格上涨 1%，总收益约增加 0.46%．

(4) 由需求弹性 $\eta(6) \approx 1.85$，得 $\left.\dfrac{ER}{EP}\right|_{P=6} = 1 - \eta(6) \approx -0.85$，所以当 $P = 6$ 时，价格上涨 1%，总收益约减少 0.85%．

(5) $R' = 75 - 3P^2$，令 $R' = 0$，则 $P = 5$，$R(5) = 75 \times 5 - 5^3 = 250$．所以，当 $P = 5$ 时总收益最大，最大的总收益为 250，此时，需求弹性 $\eta(5) = 1$．

从上述的论述可以看出，对企业经营者来说对其经济环节进行定量分析是十分必要的．将数学作为分析工具，可以给企业经营者提供客观精确的数据，在分析的演绎和归纳过程中，可以给企业经营者提供新的思路和视角，这也是数学应用性的具体体现．因此，数学知识已越来越多地在国内外经济中应用，使经济学走向了定量化、精密化和准确化的趋势.

4.5.3 相关变化率

设 y 依赖于 x，当 x 变化时，y 总是以某种方式也随着变化：$y=f(x)$；又设 x 随时间 t 变化：$x=x(t)$；当 t 变化时，y 也随着变化. 因此，y 与 t 之间的关系可由等式 $y=f(x(t))$ 表示. 在上述等式的两边对 t 求微商（变化率），由复合函数微商法则，得

$$\frac{\mathrm{d}y}{\mathrm{d}t}=\frac{\mathrm{d}f(x)}{\mathrm{d}x}\cdot\frac{\mathrm{d}x}{\mathrm{d}t}\quad\text{（相关变化率方程）}.$$

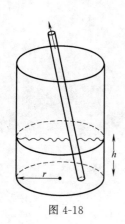

图 4-18

这个相关变化率方程反映了变化率 $\frac{\mathrm{d}y}{\mathrm{d}t}$ 与变化率 $\frac{\mathrm{d}x}{\mathrm{d}t}$ 之间的关系，可以从其中一个变化率求出另一个变化率. 这就是所谓相关变化率问题.

例 42 小朋友用麦管从圆柱形罐中吸汽水（见图 4-18），罐中汽水的容积以 $2\mathrm{cm}^3/\mathrm{s}$ 的速率减少. 若罐的底部半径 $r=3.31\mathrm{cm}$，问罐中汽水液面下降的速率是多少？

解 建立函数关系 $v(t)=\pi r^2 h(t)$ 由题可知，其中容积 $v(t)$ 和高 $h(t)$ 都是 t 的减函数. 两边对 t 求导，得

$$\frac{\mathrm{d}v}{\mathrm{d}t}=\pi r^2\frac{\mathrm{d}h}{\mathrm{d}t},$$

因为 $\frac{\mathrm{d}v}{\mathrm{d}t}=-2\mathrm{cm}^3/\mathrm{s}$，$r=3.31\mathrm{cm}$，所以

$$\frac{\mathrm{d}h}{\mathrm{d}t}=\frac{1}{\pi r^2}\frac{\mathrm{d}v}{\mathrm{d}t}=\frac{1}{\pi(3.31)^2}\times(-2)=-0.058.$$

罐中汽水液面下降的速率是 $0.058\mathrm{cm}/\mathrm{s}$，前面的负号（－）表明：高 $h(t)$ 是 t 的减函数.

4.5.4 最小二乘法

许多工程和经济问题，常常需要根据两个变量的几组实验数值——实验数据，来找出这两个变量的函数关系的近似表达式. 通常把这样得到的函数的近似表达式叫作经验公式. 经验公式建立以后，就可以把生产或实验中所积累的某些经验，提升到理论高度加以分析. 下面我们通过举例介绍常用的一种建立经验公式的方法.

例 43 为了弄清某企业利润和产值的函数关系，我们把该企业从 1992 年到 2001 年间的利润 y 和产值 x 的统计数据列表（见表 4-7）：

表 4-7

年份	1992	1993	1994	1995	1996	1997	1998	1999	2000	2001
产值 x_i（万元）	4.92	5.00	4.93	4.90	4.90	4.95	4.98	4.99	5.02	5.02
利润 y_i（万元）	1.67	1.70	1.68	1.66	1.66	1.68	1.69	1.70	1.70	1.71

试根据上面的统计数据建立 y 与 x 之间的经验公式 $y=f(x)$.

解 首先，要确定 $f(x)$ 的类型．为此我们可以按下法处理．在直角坐标纸上取 x 为横坐标，y 为纵坐标，描出上述各对数据的对应点，如图 4-19 所示，从图上可以看出，这些点的连线大致接近于一条直线，于是，我们就可以认为 $y=f(x)$ 是线性函数，并设 $f(x)=ax+b$，其中 a 和 b 是待定常数．

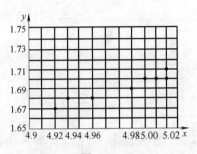

图 4-19

常数 a 和 b 如何确定呢？最理想的情形是选取这样的 a 和 b，能使直线 $y=ax+b$ 经过图 4-19 中所标出的各点．但在实际中这是不可能的，因为这些点本来就不在同一条直线上．因此，我们只能要求先取这样的 a、b 使得 $f(x)=ax+b$ 在 $x_1,x_2,x_3,\cdots,x_{10}$ 处的函数值与实验数据 $y_1,y_2,y_3,\cdots,y_{10}$ 相差都很小，就是要使偏差 $y_i-f(x_i)(i=1,2,3,\cdots,10)$ 都很小．那么如何达到这一要求呢？能否设法使偏差的和

$$\sum_{i=1}^{10}[y_i-f(x_i)]$$

很小，来保证每个偏差也很小呢？不能，因为偏差有正有负，且在求和时可能相互相抵消，为了避免这种情况，可对偏差取绝对值后再求和，只要

$$\sum_{i=1}^{10}|y_i-f(x_i)|=\sum_{i=1}^{10}|y_i-(ax_i+b)|$$

很小，就可以保证每个偏差的绝对值都很小．但是这个式子中有绝对值符号，不便于进一步分析讨论，由于任何实数的平方都是正数或零，因此我们可以考虑选取常数 a、b，使

$$M=\sum_{i=1}^{10}[y_i-(ax_i+b)]^2$$

最小，来保证每个偏差的绝对值都很小，这种根据偏差的平方和为最小的条件来选择常数 a、b 的方法叫作**最小二乘法**．这种确定常数 a、b 的方法是通常所采用的．

现在我们来研究，在经验公式 $y=ax+b$ 中，当 a 和 b 符合什么条件时，可以使上述的 M 为最小．如果我们把 M 看成自变量 a 和 b 的一个二元函数，那么问题就归结为求函数 $M=M(a,b)$ 在哪些点处取得最小值，上述问题可以通过求方程组

来解决，即令

$$\begin{cases} M_a(a,b)=0, \\ M_b(a,b)=0 \end{cases}$$

$$\begin{cases} \dfrac{\partial M}{\partial a} = -2\sum_{i=1}^{10}[y_i-(ax_i+b)]x_i=0, \\ \dfrac{\partial M}{\partial b} = -2\sum_{i=1}^{10}[y_i-(ax_i+b)]=0, \end{cases}$$

亦即

$$\begin{cases} \sum_{i=1}^{10} x_i[y_i-(ax_i+b)]=0, \\ \sum_{i=1}^{10} [y_i-(ax_i+b)]=0, \end{cases}$$

将括号内各项进行整理合并，并把未知数 a 和 b 分离出来，便得

$$\begin{cases} a\sum_{i=1}^{10} x_i^2 + b\sum_{i=1}^{10} x_i = \sum_{i=1}^{10} x_i y_i, \\ a\sum_{i=1}^{10} x_i + 10b = \sum_{i=1}^{10} y_i. \end{cases} \tag{4.4}$$

下面我们通过列表（见表 4-8）来计算 $\sum_{i=1}^{10} x_i$，$\sum_{i=1}^{10} x_i^2$，$\sum_{i=1}^{10} y_i$ 及 $\sum_{i=1}^{10} x_i y_i$.

表 4-8

年份	x_i（万元）	y_i（万元）	x_i^2	$x_i y_i$
1992	4.92	1.67	24.21	8.22
1993	5.00	1.70	25.00	8.50
1994	4.93	1.68	24.30	8.28
1995	4.90	1.66	24.01	8.13
1996	4.90	1.66	24.01	8.13
1997	4.95	1.68	24.50	8.32
1998	4.98	1.69	24.80	8.42
1999	4.99	1.70	24.90	8.48
2000	5.02	1.70	25.20	8.53
2001	5.02	1.71	25.20	8.58
合计	49.61	16.86	246.13	83.60

代入方程组（4.4）并解此方程组，得到 $a=0.3389$，$b=0.0049$. 这样便得到所求的经验公式

$$y=0.3389x+0.0049 \tag{4.5}$$

由式（4.5）算出的函数值 $f(x_i)$ 与实测的 y_i 有一定的偏差，现列表（见表 4-9）比较如下：偏差的平方和 $M=1.6653\times 10^{-4}$，它的平方根 $\sqrt{M}=0.0129$. 我们把 $\sqrt{M}$ 称为均方误差. 它的大小在一定程度上反映了用经验公式来近似表达原来函数关系的近似程度的好坏.

表 4-9

年 份	1992	1993	1994	1995	1996	1997	1998	1999	2000	2001
实测的 y_i	1.67	1.70	1.68	1.66	1.66	1.68	1.69	1.70	1.70	1.71
算得的 $f(x_i)$	1.6723	1.6994	1.6757	1.6655	1.6655	1.6825	1.6926	1.6960	1.7062	1.7062
偏差 $y_i - f(x_i)$	-0.0023	0.0006	0.0043	-0.0055	-0.0055	-0.0025	-0.0026	0.004	-0.0062	0.0038

在本例中，按以上实验数据描出的图形接近于一条直线．在这种情形下，就可认为函数关系是线性函数类型的，从而将问题化为一个二元一次方程组求解的问题，使计算比较方便．还有一些实际问题，其经验公式的类型不是线性函数，但我们可以设法把它化成线性函数的类型来讨论．举例说明如下．

例 44 在研究某单分子化学反应速度时，得到下列数据（见表 4-10）：

表 4-10

i	1	2	3	4	5	6	7	8
t_i	3	6	9	12	15	18	21	24
y_i	57.6	41.9	31.0	22.7	16.6	12.2	8.9	6.5

其中，t 表示从实验开始算起的时间；y 表示时刻 t 反应物的量．试根据上述数据定出经验公式 $y = f(t)$.

解 由化学反应速度的理论可知，$y = f(t)$ 应是指数函数：$y = k e^{mt}$，其中 k 和 m 是待定常数．对这批数据，我们先来验证这个结论，为此，在 $y = k e^{mt}$ 的两边取常用对数，得

$$\lg y = (m \cdot \lg e)t + \lg k,$$

设 $a = m \cdot \lg e = 0.4343m$，$b = \lg k$，则上式可写为

$$\lg y = at + b.$$

于是 $\lg y$ 就是 t 的线性函数。所以，我们把表中各对数据 $(t_i, y_i)(i = 1, 2, \cdots, 8)$ 所对应的点描在半对数坐标纸上（半对数坐标纸的横轴上各点处所标明的数字与普通的直角坐标纸相同，而纵轴上各点处所标明的数字是这样的，它的常用对数就是该点到原点的距离），如图 4-20 所示．从图上看出，这些点的连线非常接近于一条直线，这说明 $y = f(t)$ 确实可以认为是指数函数．

下面来具体定出 k 与 m 的值．

由于 $\lg y = at + b$，

所以可以仿照例 43 中的讨论，通过求方程组

$$\begin{cases} a \sum_{i=1}^{8} t_i^2 + b \sum_{i=1}^{8} t_i = \sum_{i=1}^{8} t_i \lg y_i, \\ a \sum_{i=1}^{8} t_i + 8b = \sum_{i=1}^{8} \lg y_i \end{cases} \quad (4.6)$$

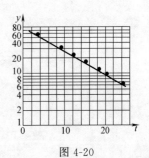

图 4-20

的解，把 a 和 b 确定出来.

下面通过列表（见表 4-11）来计算 $\sum_{i=1}^{8} t_i$，$\sum_{i=1}^{8} t_i^2$，$\sum_{i=1}^{8} \lg y_i$ 及 $\sum_{i=1}^{8} t_i \lg y_i$.

表 4-11

i	t_i	t_i^2	y_i	$\lg y_i$	$t_i \lg y_i$
1	3	9	57.6	1.7604	5.2812
2	6	36	41.9	1.6222	9.7332
3	9	81	31.0	1.4914	13.4226
4	12	144	22.7	1.3560	16.2720
5	15	225	16.6	1.2201	18.3015
6	18	324	12.2	1.0864	19.5552
7	21	441	8.9	0.9494	19.9374
8	24	576	6.5	0.8129	19.5096
合计	108	1836	—	10.2988	122.0127

将它们代入方程组 (4.6)（其中取 $\sum_{i=1}^{8} \lg y_i = 10.3$，$\sum_{i=1}^{8} t_i \lg y_i = 122$），得

$$\begin{cases} 1836a + 108b = 122, \\ 108a + 8b = 10.3, \end{cases}$$

解这个方程组，得

$$\begin{cases} a = 0.4343m = -0.045, \\ b = \lg k = 1.8964, \end{cases}$$

所以 $m = -0.1036$，$k = 78.78$.

因此，所求的经验公式为 $y = 78.78 e^{-0.1036t}$.

第 4 章 习 题

1. 利用洛必达法则求下列极限：

(1) $\lim\limits_{x \to 0} \dfrac{\ln(1+x)}{\sin x}$；

(2) $\lim\limits_{x \to 0} \dfrac{x - \sin x}{x^3}$；

(3) $\lim\limits_{x \to 0} \dfrac{\tan 5x}{\sin 3x}$；

(4) $\lim\limits_{x \to 0} \dfrac{x - x \cos x}{x - \sin x}$；

(5) $\lim\limits_{x \to 0^+} \dfrac{\ln \cot x}{\ln x}$；

(6) $\lim\limits_{x \to +\infty} \dfrac{\ln x}{x^n} (n > 0)$；

(7) $\lim\limits_{x \to +\infty} \dfrac{e^x}{x^2}$；

(8) $\lim\limits_{x \to 0^+} x^3 \ln x$；

(9) $\lim\limits_{x\to 0} x^2 e^{\frac{1}{x^2}}$;   (10) $\lim\limits_{x\to +\infty} x\left(\dfrac{\pi}{2}-\arctan x\right)$.

2. 确定下列函数的单调区间：

(1) $y=2x^3-6x^2-18x-7$;   (2) $y=3x^2+6x+5$;

(3) $y=2x+\dfrac{8}{x}$ $(x>0)$;   (4) $y=\dfrac{x^2}{1+x}$;

(5) $y=2x^2-\ln x$;   (6) $y=x-e^x$.

3. 求下列函数的极值：

(1) $y=x^3-3x^2+7$;   (2) $y=\dfrac{2x}{1+x^2}$;

(3) $y=x^2 e^{-x}$;   (4) $y=2x-\ln(4x)^2$.

4. 讨论下列函数的最值点：

(1) $y=x^3-3x+2$, $x\in[-3,2]$;

(2) $y=\ln(x^2+1)$, $x\in[-1,2]$.

5. 确定下列函数的凹凸区间及拐点：

(1) $y=4x-x^3$;   (2) $y=x+\dfrac{1}{x}(x>0)$;

(3) $y=xe^{-x}$;   (4) $y=e^{-x}$;

(5) $y=(x-1)^3$;   (6) $y=\ln(1+x^2)$.

6. 利用二阶导判断下列函数的极值：

(1) $y=(x-3)^2(x-2)$;   (2) $y=e^x-x$.

7. 根据临床经验，病人的血压下降幅度的大小 $D(x)$ 与注射的药物剂量 x（单位：以 mg 计）有密切关系：

$$D(x)=0.025x^2(30-x).$$

试求注射药物剂量为多少时，血压下降幅度达到最大值？

8. 池塘氧气的恢复．设 $f(t)$ 是某一池塘氧气的衡量标准，当 $f(t)=1$ 时是标准水平，$t=0$ 时，向池塘倒入垃圾，一些有机物开始氧化，池塘里氧气的数量是由图 4-21 确定的，试问何时池塘里氧气水平最低？何时氧气水平最高？

9. 某厂每批生产某种商品 x 单位的费用为 $C(x)=5x+200$（元），得到的收益为 $R(x)=10x-0.01x^2$（元）．问每批应生产多少单位时才能使利润最大？

10. 某工厂生产某产品，日总成本为 C 元，其中固定成本为 200 元，每多生产一单位产品，成本增加 10 元．该商品的需求函数为 $Q=50-2P$，P 为该商品的单价．求 Q 为多少时工厂的日总利润 L 最大？

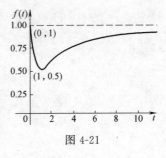

图 4-21

11. 已知某厂生产 x 件产品的成本为 $C=25000+200x+\dfrac{1}{40}x^2$（元），问：

(1) 要使平均成本最小，应生产多少件产品？

(2) 若产品以每件 500 元售出，要使利润最大，应生产多少件产品?

12. 梨树的最佳密度. 设每亩地种植梨树 20 棵时, 每棵梨树产 300kg 的梨子, 若每亩种植梨树超过 20 棵时, 每超种一棵, 每棵产量平均减少 10kg. 试问每亩地种植多少棵梨树才能使亩产量最高.

13. 做一个圆柱形锅炉, 容积为 V, 两个底面的材料每单位面积的价格为 a 元, 侧面的材料每单位面积的价格为 b 元, 问锅炉的底面直径与高的比为多少时, 造价最低?

14. 某工厂经过核算发现, 生产某产品每日固定成本为 10000 元, 可变成本与产品的产量 (单位: t) 的三次方成正比, 又知当产量为 2t 时, 总成本为 10040 元, 问日产量为多少吨时, 才能使每吨的成本最低?

15. 某体育用品商店每年销售 100 张台球桌, 库存一张台球桌一年的费用为 200 元, 为再订购, 需付 400 元的固定成本, 以及每张台球桌另加 800 元,

求: (1) 年度总成本函数.

(2) 为了使总成本最低, 商店一年要分几次进货, 每次进多少张?

16. 某零售商店每年销售 360 台计算器, 库存一台计算器一年的费用是 80 元, 为再订购, 需付 100 元的固定成本, 以及每台计算器另加 80 元.

求: (1) 年度总成本函数.

(2) 为了使总成本最低, 商店一年要分几次进货, 每次进多少台?

17. 某公司正在生产一新款小型冰箱, 该公司确定, 为了卖出 x 台冰箱, 每台价格应为 $P=280-0.4x$, 同时还确定, 生产 x 台冰箱的总成本可以表示成: $C(x)=5000+0.6x^2$.

求: (1) 总收益函数 $R(x)$;

(2) 总利润函数 $P(x)$;

(3) 为使利润最大, 公司必须生产并销售多少台?

(4) 最大利润是多少?

(5) 为实现这一最大利润, 每台价格应定为多少?

18. 某服装有限公司经调查发现, 价格 p 与销售量 q 之间的关系为 $p=150-0.5q$, 生产服装的总成本可以表示为 $C(q)=4000+0.25q^2$.

求: (1) 总收益 $R(q)$;

(2) 总利润 $P(q)$;

(3) 为使利润最大, 公司应生产并销售多少件服装?

(4) 最大利润是多少?

(5) 为实现这一最大利润, 每件的价格应定为多少?

19. 已知需求量 Q 与价格 p 有下列关系，在产量与需求量相同的条件下，求边际收益与需求价格弹性，并分别计算边际收益为零的价格和使需求弹性为 -1 的价格.

(1) $Q=100-2p$；(2) $Q=100e^{-0.02p}$；(3) $Q=30000-p^2$.

20. 设某厂生产某产品的总成本是 $C=0.24Q^2+8Q+4900$（单位：万元），该产品的市场需求量 Q（单位：t）与价格 p（单位：万元）有关系 $3Q=628-p$，在产量与需求量相同的条件下，求出边际利润.

21. 一化工厂日产能力最高为 1000t，每日产品的总成本 C（单位：元）是日产量 x（单位：t）的函数 $C(x)=1000+7x+50\sqrt{x}$，$x\in[0,1000]$.

（1）求当日产量为 100t 时的边际成本，解释其在经济学上的意义.

（2）求当日产量为 100t 时的平均成本；解释其在经济学上的意义.

（3）比较 100t 时边际成本和平均成本，分析是否还应提高产量？

22. 已知一油漆零售店每个月销售白色漆的固定成本是 2000 元，根据表 4-12 中提供的可变成本信息填表，并回答关于表 4-12 的问题：

表 4-12

销量(桶)	可变成本(元)	总成本(元)	平均成本	边际成本
1	100			
2	200			
3	400			
4	800			
5	1600			
6	3200			
7	6400			

解释每个平均成本和边际成本的经济学意义，分析边际成本的变化趋势，找到最大利润点.

23. 假设公务乘客和度假乘客对从云南的昆明到海南的三亚之间的民航需求如表 4-13 所示：

表 4-13

价格 p(元)	公务乘客需求量 Q_1	度假乘客需求量 Q_2
700	2100	1000
800	2000	800
900	1900	600
1000	1800	400

(1) 计算票价从 800 元升到 900 元时,公务乘客和度假乘客的需求价格弹性.

(2) 公务乘客和度假乘客的需求价格弹性一样吗,为什么吗?

24. 根据图 4-22 中提供的歌迷对某歌星唱片的需求 Q,计算其唱片价格 p 从 10 元上升到 12 元以及从 14 元上升到 16 元的需求价格弹性,并解释其经济意义.

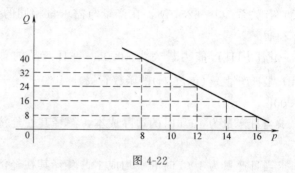

图 4-22

25. 某软件开发商测定出了一种新的游戏软件的需求函数为 $Q(p)=\sqrt{200-p^2}$.

求:(1) 弹性表达式;

(2) 求 $E(3)$,并解释其经济意义.

26. 某品牌化妆品的需求函数为 $Q(p)=80-p^2$.

求:(1) 弹性表达式;

(2) 求 $E(4)$,并解释其经济意义.

*27. 某市工商银行统计去年各营业所的储蓄人数 x 和存款额 y 的数据如表 4-14 所示:

表 4-14

营业所编号	储蓄人数 x(人)	存款额 y(万元)
1	2900	270
2	5100	490
3	1200	135
4	1300	119
5	1250	140
6	920	84
7	722	64
8	1100	171
9	476	60
10	780	103
11	5300	515

试用最小二乘法建立 y 与 x 之间的经验公式 $y=ax+b$.

*28. 已知一组实验数据如表 4-15 所示:

表 4-15

i	0	1	2	3	4
x_i	-2	-1	0	1	2
y_i	35.2	35.9	36.7	37.4	38.4

试用最小二乘法构造二次多项式 $y=ax^2+bx+c$ 来拟合该组数据.

第 5 章 不定积分

函数的不定积分与定积分统称为积分学．前面我们已经研究了由已知函数求导数或者求微分的问题，本章我们将研究由已知导数求原来的函数，并由此引出不定积分的概念及计算．然后再由实际问题引出定积分的概念，了解定积分与不定积分的关系，并学会定积分的计算方法．

5.1 不定积分的概念

5.1.1 原函数

在微分学中，假定已知物体的运动方程为 $S=f(t)$，用微分法可求得其速度为 $v=f'(t)$．在实际中，往往还需要解决相反的问题，即已知速度 $v=f'(t)=v(t)$，要求物体的运动方程 $S=f(t)$，使它的导数就是已知函数 $v=v(t)$．又如，已知某产品的产量 P 是时间 t 的函数 $P=P(t)$，则该产品产量的变化率 $P'=P'(t)$，反过来，已知某产品的变化率是时间 t 的函数 $P'(t)$，欲求产量随时间变化的函数 $P(t)$，使它的导数就是已知函数 $P'(t)$ 的问题，也是与上面类似的问题．因此，解决这类问题具有普遍的现实意义．

核心内容讲解 23
不定积分的概念

定义 5.1 已知某区间上的函数 $f(x)$，如果存在某一函数 $F(x)$，使得 $F'(x)=f(x)$ 或者 $dF(x)=f(x)dx$，则称 $F(x)$ 是 $f(x)$ 在该区间上的一个原函数．

例如，在 $(-\infty,+\infty)$ 内，因为 $(x^3)'=3x^2$，所以称 x^3 是 $3x^2$ 的一个原函数；又如在 $(-\infty,+\infty)$ 内，因为 $(\sin x)'=\cos x$，所以称 $\sin x$ 是 $\cos x$ 的一个原函数．

由上面的例子可知：x^3 是 $3x^2$ 的一个原函数．又由于 $(x^3+5)'=3x^2$，$(x^3+\sqrt{2})'=3x^2$，$(x^3+C)'=3x^2$，所以 x^3+5，$x^3+\sqrt{2}$，x^3+C 都是 $3x^2$ 的原函数．

由此可见，如果一个函数 $f(x)$ 存在原函数 $F(x)$，则它的原函数不唯一，这是因为对任意常数 C，$F(x)+C$ 也是 $f(x)$ 的原函数．由于常数 C 的任意性，所以 $f(x)$ 的原函数有无穷多个．事实上，$F(x)+C$ 是 $f(x)$ 的所有原函数．这是因为若 $G(x)$ 是

$f(x)$ 的任意一个原函数，则
$$[G(x)-F(x)]'=G'(x)-F'(x)=f(x)-f(x)=0,$$
故 $G(x)-F(x)=C$（常数）. 由此，我们得到了：

(1) 如果一个函数 $f(x)$ 的原函数存在，则它必有无穷多个原函数，且任意两个原函数只相差一常数；

(2) 如果一个函数 $f(x)$ 的原函数是 $F(x)$，则它的所有原函数都可表示为统一的形式 $F(x)+C$（其中 C 为任意常数）.

5.1.2 不定积分的概念

定义 5.2 设 $F(x)$ 是函数 $f(x)$ 的一个原函数，则函数 $f(x)$ 的所有原函数 $F(x)+C$（C 是任意常数）称为函数 $f(x)$ 的不定积分，记为
$$\int f(x)dx = F(x)+C,$$
其中，$\int$ 称为积分符号，$f(x)$ 称为被积函数，x 称为积分变量，$f(x)dx$ 称为被积表达式.

因此，求已知函数的不定积分，就归结为求出它的一个原函数，再加上任意常数 C.

例 1 求函数 $f(x)=3x^2+2$ 的不定积分.

解 因为 $(x^3+2x)'=3x^2+2$,
所以 $\int(3x^2+2)dx = x^3+2x+C.$

例 2 求函数 $f(x)=\dfrac{1}{x}$ 的不定积分.

解 ①当 $x>0$ 时，因为 $(\ln x)'=\dfrac{1}{x}$，所以
$$\int \frac{1}{x}dx = \ln x + C(x>0).$$

②当 $x<0$ 时，$-x>0$，因为 $[\ln(-x)]'=\dfrac{1}{-x}(-1)=\dfrac{1}{x}$，所以
$$\int \frac{1}{x}dx = \ln(-x)+C \ (x<0).$$

合并上述两式就得到：$\int \dfrac{1}{x}dx = \ln|x|+C(x\neq 0).$

5.1.3 不定积分的几何意义

由于函数 $f(x)$ 的不定积分中含有任意常数 C，因此对于每一个给定的 C，都有一个确定的原函数，在几何上，相应地也就有一条确定的曲线，称为 $f(x)$ 的积分曲线. 因为 C 可以取任意值，

核心内容讲解 24
不定积分的几何意义与性质

因此不定积分表示 $f(x)$ 的一族积分曲线，如图 5-1 所示，而 $f(x)$ 正是积分曲线的斜率．由于积分曲线中的每一条曲线，对应于同一横坐标 $x=x_0$ 的点处有相同的斜率 $f(x_0)$，所以对应于这些点处，它们的切线互相平行．

任意两条曲线的纵坐标之间只相差一个常数．所以，曲线积分族

$$y=F(x)+C$$

中的每一条曲线都可以由曲线 $y=F(x)$ 沿 y 轴方向上、下移动而得到．

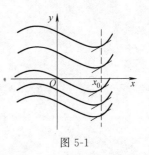

图 5-1

如果给定一个初始条件，就可以确定一个 C 的值，因而就确定了一个原函数．

例如，给定的初始条件为：$x=x_0$ 时 $y=y_0$，则由 $y_0=F(x_0)+C$ 得到常数 $C=y_0-F(x_0)$，于是就确定了一条积分曲线．

例 3 求经过点 $(1,3)$，且其切线的斜率为 $2x$ 的曲线方程．

解 由 $\int 2x\,\mathrm{d}x = x^2+C$，得曲线族 $y=x^2+C$，将 $x=1$，$y=3$ 代入，得 $C=2$．

所以 $y=x^2+2$ 就是所求曲线．

5.2 不定积分的性质

由不定积分概念可以直接得到下列性质：

性质 1 不定积分的导数等于被积函数，不定积分的微分等于被积表达式，即

$$\left[\int f(x)\,\mathrm{d}x\right]' = f(x), \quad \mathrm{d}\int f(x)\,\mathrm{d}x = f(x)\,\mathrm{d}x.$$

数学文化扩展阅读 8
数学家谈数学：无限美妙的数学

证明 设 $\int f(x)\,\mathrm{d}x = F(x)+C$，两边求导，得

$$\left[\int f(x)\,\mathrm{d}x\right]' = [F(x)+C]' = f(x).$$

性质 2 函数的导数（或微分）的不定积分等于函数本身加上一个任意常数，即

$$\int F'(x)\,\mathrm{d}x = F(x)+C, \quad \int \mathrm{d}F(x) = F(x)+C.$$

证明 因为 $F'(x)=f(x)$，所以 $\int f(x)\,\mathrm{d}x = F(x)+C$．

性质 3 被积函数中的非零常数因子可以提到积分号外，即

$$\int kf(x)\,\mathrm{d}x = k\int f(x)\,\mathrm{d}x \quad (k\neq 0).$$

性质 4 有限个函数代数和的不定积分，等于每个函数不

定积分的代数和，即

$$\int [f_1(x) \pm f_2(x) \pm \cdots \pm f_n(x)] \mathrm{d}x$$
$$= \int f_1(x) \mathrm{d}x \pm \int f_2(x) \mathrm{d}x \pm \cdots \pm \int f_n(x) \mathrm{d}x.$$

例 4 求 $\left[\int \ln(1+x^2) \mathrm{d}x\right]'$.

解 因为 $\left[\int f(x) \mathrm{d}x\right]' = f(x)$，

所以 $\left[\int \ln(1+x^2) \mathrm{d}x\right]' = \ln(1+x^2)$.

例 5 求 $\int (3x^2 + \sin x) \mathrm{d}x$.

解 $\int (3x^2 + \sin x) \mathrm{d}x = \int 3x^2 \mathrm{d}x + \int \sin x \mathrm{d}x$
$$= x^3 + C_1 - \cos x + C_2$$
$$= x^3 - \cos x + C \quad (C = C_1 + C_2).$$

5.3 基本积分公式

▶ 核心内容讲解 25

不定积分基本公式（1）

因为不定积分与导数的关系，所以由基本初等函数的导数公式可以对应地得到基本积分公式（见表 5-1）.

通过基本积分公式和不定积分的运算性质，或先将被积函数通过代数或三角恒等式变形，再用基本积分公式和不定积分的运算性质即可求出不定积分的结果．这种方法一般称为直接积分法．

表 5-1 常用积分公式表（一）

基本积分公式	导数公式
(1) $\int 0 \mathrm{d}x = C$	$(C)' = 0$
(2) $\int x^\alpha \mathrm{d}x = \dfrac{1}{\alpha+1} x^{\alpha+1} + C \quad (\alpha \neq -1)$	$(x^\alpha)' = \alpha x^{\alpha-1}$
(3) $\int \dfrac{1}{x} \mathrm{d}x = \ln|x| + C$	$(\ln x)' = \dfrac{1}{x}$
(4) $\int a^x \mathrm{d}x = \dfrac{a^x}{\ln a} + C$	$(a^x)' = a^x \ln a$
(5) $\int \mathrm{e}^x \mathrm{d}x = \mathrm{e}^x + C$	$(\mathrm{e}^x)' = \mathrm{e}^x$
(6) $\int \sin x \mathrm{d}x = -\cos x + C$	$(\cos x)' = -\sin x$
(7) $\int \cos x \mathrm{d}x = \sin x + C$	$(\sin x)' = \cos x$
(8) $\int \sec^2 x \mathrm{d}x = \tan x + C$	$(\tan x)' = \sec^2 x$

(续)

基本积分公式	导数公式
(9) $\int \csc^2 x \, dx = -\cot x + C$	$(\cot x)' = -\csc^2 x$
(10) $\int \sec x \cdot \tan x \, dx = \sec x + C$	$(\sec x)' = \sec x \cdot \tan x$
(11) $\int \csc x \cdot \cot x \, dx = -\csc x + C$	$(\csc x)' = -\csc x \cdot \cot x$
(12) $\int \dfrac{1}{\sqrt{1-x^2}} dx = \arcsin x + C$	$(\arcsin x)' = \dfrac{1}{\sqrt{1-x^2}}$
(13) $\int \dfrac{1}{\sqrt{1-x^2}} dx = -\arccos x + C$	$(\arccos x)' = -\dfrac{1}{\sqrt{1-x^2}}$
(14) $\int \dfrac{1}{1+x^2} dx = \arctan x + C$	$(\arctan x)' = \dfrac{1}{1+x^2}$
(15) $\int \dfrac{1}{1+x^2} dx = -\text{arccot}\, x + C$	$(\text{arccot}\, x)' = -\dfrac{1}{1+x^2}$

例 6 求 $\int (\sin x + 3^x) dx$.

解 原式 $= \int \sin x \, dx + \int 3^x dx = -\cos x + \dfrac{3^x}{\ln 3} + C$.

注：例 6 就是先利用不定积分的性质，再利用基本积分公式计算出结果.

例 7 求 $\int \dfrac{\cos 2x}{\cos x - \sin x} dx$.

解 原式 $= \int \dfrac{\cos^2 x - \sin^2 x}{\cos x - \sin x} dx = \int (\cos x + \sin x) dx$
$= \sin x - \cos x + C$.

核心内容讲解 26
不定积分基本公式
(2)

例 8 求 $\int \tan^2 x \, dx$.

解 原式 $= \int (\sec^2 x - 1) dx = \int \sec^2 x \, dx - \int dx$
$= \tan x - x + C$.

例 9 求 $\int \sin^2 \dfrac{x}{2} dx$.

解 原式 $= \int \dfrac{1 - \cos x}{2} dx = \dfrac{x}{2} - \dfrac{1}{2} \sin x + C$.

注：例 7～例 9 就是先利用三角函数公式变形，再利用基本积分公式计算出结果的.

例 10 求 $\int \dfrac{x^2}{1+x^2} dx$.

解 原式 $= \int \dfrac{x^2 + 1 - 1}{1 + x^2} dx = \int \left(1 - \dfrac{1}{1+x^2}\right) dx$

$$= x - \arctan x + C.$$

注：例 10 就是先尽量把分子的式子"凑"成与分母的式子一致，然后再利用不定积分性质和基本积分公式计算出结果，我们把这种方法简记为"凑项法"。

通过以上各例，直接积分法主要是利用基本积分公式，通过"凑项法"、代数恒等变形及三角函数的基本公式等将不定积分的结果计算出来。

5.4 换元积分法

利用积分基本性质和基本积分公式能计算的不定积分是非常有限的，因此，有必要进一步研究其他的积分法则。本节把复合函数的求导法则反过来用于不定积分，而得到另一种基本的积分法，称为换元积分法。利用这种方法通过适当的变量代换，可以把某些不定积分化为积分表中所列的积分，从而计算出结果。换元积分法有两种类型，下面分别进行介绍。

5.4.1 第一类换元法（复合函数凑微分法）

核心内容讲解 27
第一换元法（1）

考查不定积分 $\int \sin 2x \, dx$，它不能直接用基本公式 $\int \sin x \, dx = -\cos x + C$ 进行积分，因为 $\sin 2x$ 是 x 的复合函数（由 $y = \sin u$ 和 $u = 2x$ 复合而成）。

现在，我们设想一下，哪个函数求导可能会是 $\sin 2x$ 呢？

对 $(\cos 2x)' = -\sin 2x \cdot 2$，所以 $\left(-\frac{1}{2}\cos 2x\right)' = \sin 2x$，于是得出 $\int \sin 2x \, dx = -\frac{1}{2}\cos 2x + C.$

对于很简单的复合函数，我们可以这样来研究，但对于大量的复合函数的不定积分，就不能这样计算了。于是我们引入新变量 u，令 $u = 2x$，则 $x = \frac{u}{2}$，$dx = \frac{1}{2}du$，

$$\int \sin 2x \, dx = \frac{1}{2}\int \sin u \, du = -\frac{1}{2}\cos u + C = -\frac{1}{2}\cos 2x + C.$$

这种通过引入一个新的变量把一个复合函数化为简单函数，而得到我们要寻找的原函数的方法，叫作第一类换元积分法。

一般地，有如下定理：

定理 5.1 设 $y = f(u)$，$u = \varphi(x)$，$\varphi'(x)$ 都是连续函数，且 $\int f(u) \, du = F(u) + C$，则

$$\int f(\varphi(x))\varphi'(x) \, dx = F(\varphi(x)) + C.$$

证明 只要证明 $F(\varphi(x))+C$ 是 $f(\varphi(x))\varphi'(x)$ 的原函数即可.

由假设 $\int f(u)du = F(u)+C$, 得出 $F'(u)=f(u)$.

$$[F(\varphi(x))+C]' = [F(\varphi(x))]' = F'(u)\varphi'(x) = F'(\varphi(x))\varphi'(x)$$
$$= f(\varphi(x))\varphi'(x),$$

这就证明了该定理成立.

例 11 求 $\int e^{3x+2}dx$.

解 由定理 5.1, 令 $u=3x+2$, 则 $du=3dx$, $dx=\dfrac{1}{3}du$,

原式 $= \int e^u \cdot \dfrac{1}{3}du = \dfrac{1}{3}e^u + C = \dfrac{1}{3}e^{3x+2} + C$.

例 12 求 $\int \dfrac{1}{x+k}dx$.

解 令 $u=x+k$, 则 $du=dx$,

原式 $= \int \dfrac{1}{u}du = \ln|u| + C = \ln|x+k| + C$.

例 13 求 $\int x\sqrt{x^2-2}\,dx$.

解 令 $u=x^2-2$, 则 $du=2xdx$, $xdx=\dfrac{1}{2}du$,

原式 $= \int u^{\frac{1}{2}} \cdot \dfrac{1}{2}du = \dfrac{1}{2}\int u^{\frac{1}{2}}du = \dfrac{1}{2}\dfrac{u^{1+\frac{1}{2}}}{1+\frac{1}{2}} + C = \dfrac{1}{3}u^{\frac{3}{2}} + C$

$$= \dfrac{1}{3}(x^2-2)^{\frac{3}{2}} + C.$$

运算熟练后, 可以不写出中间变量 u, 而是直接"凑"成公式中的形式, 其具体步骤如下:

① 变形积分式 (或称凑微分), 即
$$\int f(x)dx = \int g(\varphi(x))\varphi'(x)dx;$$

② 进行变量代换 $u=\varphi(x)$, 有
$$\int f(x)dx = \int g(u)du;$$

③ 利用常用的积分公式求出 $g(u)$ 的原函数 $F(u)$ 即得
$$\int g(u)du = F(u)+C,$$
从而 $\int f(x)dx = F(u)+C$;

④ 回到原来变量, 将 $u=\varphi(x)$ 代入即得
$$\int f(x)dx = F(\varphi(x))+C.$$

大家在熟练了这四个步骤以后, 也可不必引入中间变量 $u=$

核心内容讲解 28
第一换元法（2）

$\varphi(x)$，这和我们学习过的复合函数求导法则类似.

例 14 求 $\int (2x+1)^m \mathrm{d}x \,(m \neq -1)$.

解 $\int (2x+1)^m \mathrm{d}x = \frac{1}{2}\int (2x+1)^m \mathrm{d}(2x+1)$
$= \frac{1}{2}\frac{(2x+1)^{1+m}}{1+m} + C.$

例 15 求 $\int x\,\mathrm{e}^{-x^2} \mathrm{d}x$.

解 $\int x\,\mathrm{e}^{-x^2} \mathrm{d}x = -\frac{1}{2}\int \mathrm{e}^{-x^2} \mathrm{d}(-x^2) = -\frac{1}{2}\mathrm{e}^{-x^2} + C.$

例 16 求 $\int \tan x \,\mathrm{d}x$.

解 $\int \tan x \,\mathrm{d}x = \int \frac{\sin x}{\cos x}\mathrm{d}x = -\int \frac{\mathrm{d}\cos x}{\cos x} = -\ln|\cos x| + C.$

（公式 16）

同理可证 $\int \cot x \,\mathrm{d}x = \ln|\sin x| + C.$ （公式 17）

例 17 求 $\int \frac{\mathrm{d}x}{x\ln x}$.

解 $\int \frac{\mathrm{d}x}{x\ln x} = \int \frac{\mathrm{d}\ln x}{\ln x} = \ln|\ln x| + C.$

例 18 求 $\int \frac{\mathrm{e}^{\sqrt{x}}}{\sqrt{x}}\mathrm{d}x$.

解 $\int \frac{\mathrm{e}^{\sqrt{x}}}{\sqrt{x}}\mathrm{d}x = 2\int \mathrm{e}^{\sqrt{x}} \mathrm{d}\sqrt{x} = 2\mathrm{e}^{\sqrt{x}} + C.$

例 19 求 $\int \frac{\mathrm{d}x}{\sqrt{a^2-x^2}} \,(a > 0)$.

解 $\int \frac{\mathrm{d}x}{\sqrt{a^2-x^2}} = \int \frac{\mathrm{d}x}{a\sqrt{1-\left(\frac{x}{a}\right)^2}}$

$= \int \frac{\mathrm{d}\frac{x}{a}}{\sqrt{1-\left(\frac{x}{a}\right)^2}} = \arcsin \frac{x}{a} + C.$ （公式 18）

例 20 求 $\int \frac{\mathrm{d}x}{a^2+x^2}$.

解 $\int \frac{\mathrm{d}x}{a^2+x^2} = \int \frac{1}{a^2} \cdot \frac{\mathrm{d}x}{1+\left(\frac{x}{a}\right)^2}$

$= \frac{1}{a}\int \frac{\mathrm{d}\frac{x}{a}}{1+\left(\frac{x}{a}\right)^2} = \frac{1}{a}\arctan \frac{x}{a} + C.$

（公式 19）

例 21 求 $\int \dfrac{\mathrm{d}x}{a^2-x^2}$.

解
$$\begin{aligned}
\int \dfrac{\mathrm{d}x}{a^2-x^2} &= \dfrac{1}{2a}\int \dfrac{a-x+a+x}{(a+x)(a-x)}\mathrm{d}x \\
&= \dfrac{1}{2a}\int \left(\dfrac{1}{a+x}+\dfrac{1}{a-x}\right)\mathrm{d}x \\
&= \dfrac{1}{2a}\int \dfrac{\mathrm{d}(a+x)}{a+x}+\dfrac{1}{2a}\int \dfrac{-\mathrm{d}(a-x)}{a-x} \\
&= \dfrac{1}{2a}\ln|a+x|-\dfrac{1}{2a}\ln|a-x|+C \\
&= \dfrac{1}{2a}\ln\left|\dfrac{a+x}{a-x}\right|+C. \qquad (公式 20)
\end{aligned}$$

同理可证 $\int \dfrac{\mathrm{d}x}{x^2-a^2}=\dfrac{1}{2a}\ln\left|\dfrac{a-x}{a+x}\right|+C.$ （公式 21）

例 22 求 $\int \sec x\,\mathrm{d}x$.

解
$$\begin{aligned}
\int \sec x\,\mathrm{d}x &= \int \dfrac{\mathrm{d}x}{\cos x}=\int \dfrac{\cos x\,\mathrm{d}x}{\cos^2 x}=\int \dfrac{\mathrm{d}\sin x}{1-\sin^2 x} \\
&= \dfrac{1}{2}\ln\left|\dfrac{1+\sin x}{1-\sin x}\right|+C \\
&= \dfrac{1}{2}\ln\left|\dfrac{(1+\sin x)(1+\sin x)}{(1-\sin x)(1+\sin x)}\right|+C \\
&= \ln\left|\dfrac{1+\sin x}{\cos x}\right|+C=\ln|\sec x+\tan x|+C.
\end{aligned}$$

（公式 22）

同理可证 $\int \csc x\,\mathrm{d}x=\ln|\csc x-\cot x|+C.$ （公式 23）

总结：从上述例子中可以看出，有许多题目的解法是很巧妙的，运用了三角函数公式，拆项分解，乘以或除以一个因子，其主要目的就是为了将 $f(x)\mathrm{d}x$ "凑成" $g(\varphi(x))\varphi'(x)\mathrm{d}x$ 的形式。因此，凑微分方法是不定积分中最重要的一种方法，也是最难熟练掌握的一种方法。下面将常用的凑微分式子列表如下（见表 5-2）。

表 5-2 常用凑微分公式

	积分类型	换元公式
第一类换元法	(1) $\int f(ax+b)\mathrm{d}x = \dfrac{1}{a}\int f(ax+b)\mathrm{d}(ax+b)\quad (a\neq 0)$	$u=ax+b$
	(2) $\int f(x^\mu)x^{\mu-1}\mathrm{d}x = \dfrac{1}{\mu}\int f(x^\mu)\mathrm{d}(x^\mu)\quad (\mu\neq 0)$	$u=x^\mu$
	(3) $\int f(\ln x)\cdot\dfrac{1}{x}\mathrm{d}x = \int f(\ln x)\mathrm{d}(\ln x)$	$u=\ln x$
	(4) $\int f(\mathrm{e}^x)\cdot \mathrm{e}^x\mathrm{d}x = \int f(\mathrm{e}^x)\mathrm{d}\mathrm{e}^x$	$u=\mathrm{e}^x$
	(5) $\int f(a^x)\cdot a^x\mathrm{d}x = \dfrac{1}{\ln a}\int f(a^x)\mathrm{d}a^x$	$u=a^x$
	(6) $\int f(\sin x)\cdot \cos x\,\mathrm{d}x = \int f(\sin x)\mathrm{d}\sin x$	$u=\sin x$
	(7) $\int f(\cos x)\cdot \sin x\,\mathrm{d}x = -\int f(\cos x)\mathrm{d}\cos x$	$u=\cos x$
	(8) $\int f(\tan x)\sec^2 x\,\mathrm{d}x = \int f(\tan x)\mathrm{d}\tan x$	$u=\tan x$

(续)

	积分类型	换元公式
第一类换元法	(9) $\int f(\cot x)\csc^2 x\,dx = -\int f(\cot x)d\cot x$	$u=\cot x$
	(10) $\int f(\arctan x)\dfrac{1}{1+x^2}dx = \int f(\arctan x)d(\arctan x)$	$u=\arctan x$
	(11) $\int f(\arcsin x)\dfrac{1}{\sqrt{1-x^2}}dx = \int f(\arcsin x)d(\arcsin x)$	$u=\arcsin x$

对变量代换比较熟练后,可省去中间变量的换元和回代过程.

5.4.2 第二类换元法

核心内容讲解 29
第二换元法

第一类换元法是用新变量 u 代换被积函数中的可微函数 $\varphi(x)$,从而使不定积分容易计算. 而在第二类换元法中,则是引入新变量 t,将 x 表为 t 的一个连续函数 $x=\varphi(t)$,从而简化积分计算.

例如,$\int\dfrac{dx}{1+\sqrt{x}}$,令 $\sqrt{x}=t$,则 $x=t^2$,$dx=2t\,dt$,即

$$\int\dfrac{dx}{1+\sqrt{x}} = \int\dfrac{2t\,dt}{1+t} = 2\int\dfrac{t\,dt}{1+t} = 2\int\dfrac{t+1-1}{1+t}dt$$

$$= 2\int\left(1-\dfrac{1}{1+t}\right)dt$$

$$= 2(t-\ln|1+t|)+C = 2(\sqrt{x}-\ln|1+\sqrt{x}|)+C.$$

如果积分 $\int f(x)dx$ 不易计算,可设 $x=\varphi(t)$,上式变为

$$\int f[\varphi(t)]\varphi'(t)dt,$$

比原式的 $\int f(x)dx$ 容易积分.

定理 5.2 设 $\varphi(t)$ 和 $\varphi'(t)$ 都是连续函数,且 $\varphi'(t)\neq 0$,$x=\varphi(t)$ 的反函数 $t=\varphi^{-1}(x)$ 存在且可导,并有

$$\int f(\varphi(t))\varphi'(t)dt = F(t)+C,$$

则

$$\int f(x)dx = F(\varphi^{-1}(x))+C.$$

证明 利用复合函数与反函数的求导公式,上式右端对 x 的导数为

$$[F(\varphi^{-1}(x))+C]' = f(\varphi(t))\varphi'(t)\cdot\dfrac{1}{\varphi'(t)}$$

$$= f(\varphi(t)) = f(x).$$

其具体做法可按如下步骤进行:

① 变换积分形式,令 $x=\varphi(t)$,且保证 $\varphi(t)$ 可导及 $\varphi'(t)\neq 0$,于是有

$$\int f(x)dx = \int f(\varphi(t))\varphi'(t)dt;$$

② 求出 $f(\varphi(t))\varphi'(t)$ 的原函数 $F(t)$，即得

$$\int f(\varphi(t))\varphi'(t)\mathrm{d}t = F(t) + C;$$

③ 回到原来变量，即由 $x = \varphi(t)$ 解出 $t = \varphi^{-1}(x)$，从而得所求的积分

$$\int f(x)\mathrm{d}x = F(\varphi^{-1}(x)) + C.$$

常用的变量代换有以下几种：

1. 根式代换

如果被积函数含根式 $\sqrt[n]{ax+b}$ $(a \neq 0)$ 时，由 $\sqrt[n]{ax+b} = t$，求其反函数，利用代换 $x = \dfrac{1}{a}(t^n - b)$ 可消去根式，化为代数有理式的积分.

2. 三角函数代换

如果被积函数含下述根式，进行三角函数替换，可消去根式，化为三角函数有理式的积分.

含根式 $\sqrt{a^2 - x^2}$ $(a > 0)$ 时，设 $x = a\sin t$，则 $\sqrt{a^2 - x^2} = a\cos t$.

含根式 $\sqrt{x^2 + a^2}$ $(a > 0)$ 时，设 $x = a\tan t$，则 $\sqrt{x^2 + a^2} = a\sec t$.

含根式 $\sqrt{x^2 - a^2}$ $(a > 0)$ 时，设 $x = a\sec t$，则 $\sqrt{x^2 - a^2} = a\tan t$.

3. 倒数代换

如果被积函数含有分式，且分母比分子有较高的阶数，则可采用倒数代换令 $x = \dfrac{1}{t}$，例如，式子

$$\int \frac{\mathrm{d}x}{x\sqrt{a^2 \pm x^2}}, \quad \int \frac{\mathrm{d}x}{x^2\sqrt{a^2 \pm x^2}}, \quad \int \frac{\mathrm{d}x}{x\sqrt{x^2 - a^2}},$$

$$\int \frac{\mathrm{d}x}{x^2\sqrt{x^2 - a^2}}, \quad \int \frac{\sqrt{a^2 \pm x^2}}{x^4}\mathrm{d}x, \quad \int \frac{\sqrt{x^2 - a^2}}{x^4}\mathrm{d}x,$$

都可用倒数代换令 $x = \dfrac{1}{t}$，则 $\mathrm{d}x = -\dfrac{1}{t^2}\mathrm{d}t$.

4. 指数函数代换

如果被积函数含有指数函数 a^x $(a > 0, a \neq 1)$，不易积分，令 $a^x = t$，则 $x = \dfrac{1}{\ln a}\ln t$，可消去 a^x.

例 23 $\int \dfrac{1}{1 + \sqrt{x-2}}\mathrm{d}x$.（根式代换）

解 由定理 5.2，令 $\sqrt{x-2} = t$，$x = t^2 + 2$，$\mathrm{d}x = \mathrm{d}(t^2 + 2) = 2t\mathrm{d}t$，

$$\int \frac{1}{1+\sqrt{x-2}} dx = \int \frac{2t dt}{1+t}$$
$$= 2\int \frac{t+1-1}{1+t} dt = 2\int \left(1-\frac{1}{1+t}\right) dt$$
$$= 2(t - \ln|1+t|) + C$$
$$= 2\sqrt{x-2} - 2\ln(1+\sqrt{x-2}) + C.$$

例 24 求 $\int \sqrt{a^2 - x^2} dx \, (a > 0)$. (三角代换)

解 令 $x = a\sin t$, 如图 5-2 所示, 则 $dx = da\sin t = a\cos t \, dt$,

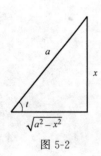

图 5-2

$$\int \sqrt{a^2 - x^2} dx = \int \sqrt{a^2 - a^2\sin^2 t} \cdot a\cos t \, dt = a^2\int \cos^2 t \, dt,$$
$$= a^2\int \frac{1+\cos 2t}{2} dt = \frac{a^2}{2}\int (1+\cos 2t) dt$$
$$= \frac{a^2}{2}t + \frac{a^2}{4}\sin 2t + C$$
$$= \frac{a^2}{2}t + \frac{a^2}{2} \cdot \sin t \cdot \cos t + C,$$

又因 $x = a\sin t$, $t = \arcsin \frac{x}{a}$, 由图 5-2 可知 $\cos t = \frac{\sqrt{a^2 - x^2}}{a}$, 代入上式, 得

$$\int \sqrt{a^2 - x^2} dx = \frac{a^2}{2}\arcsin \frac{x}{a} + \frac{a^2}{2} \cdot \frac{x}{a} \cdot \frac{\sqrt{a^2 - x^2}}{a} + C$$
$$= \frac{a^2}{2}\arcsin \frac{x}{a} + \frac{x}{2}\sqrt{a^2 - x^2} + C. \quad \text{(公式 24)}$$

例 25 $\int \frac{dx}{\sqrt{a^2 + x^2}} (a > 0)$.

解 令 $x = a\tan t$, 如图 5-3 所示, 则 $dx = da\tan t = a\sec^2 t \, dt$,

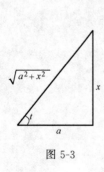

图 5-3

$$\int \frac{dx}{\sqrt{a^2 + x^2}} = \int \frac{a\sec^2 t \, dt}{\sqrt{a^2 + a^2\tan^2 t}} = \int \sec t \, dt$$
$$= \ln|\sec t + \tan t| + C,$$

又因为 $x = a\tan t$, $\tan t = \frac{x}{a}$, 由图 5-3 可知, $\sec t = \frac{\sqrt{a^2 + x^2}}{a}$,

代入得 原式 $= \ln\left|\frac{x}{a} + \frac{\sqrt{a^2 + x^2}}{a}\right| + C_1$,

令 $C = C_1 - \ln a$, 所以

$$\int \frac{dx}{\sqrt{x^2 + a^2}} = \ln|x + \sqrt{a^2 + x^2}| + C. \quad \text{(公式 25)}$$

例 26 求 $\int \frac{dx}{\sqrt{x^2 - a^2}}$.

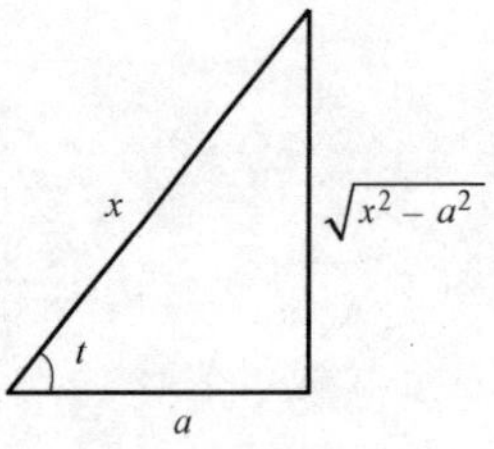

解 令 $x = a\sec t$，如图 5-4 所示，则
$$\mathrm{d}x = \mathrm{d}a\sec t = a\sec t \cdot \tan t\, \mathrm{d}t,$$
$$\int \frac{\mathrm{d}x}{\sqrt{x^2-a^2}} = \int \frac{a\sec t \cdot \tan t}{\sqrt{a^2\sec^2 t - a^2}}\mathrm{d}t = \int \sec t\, \mathrm{d}t = \ln|\sec t + \tan t| + C_1.$$

由于 $x = a\sec t$，$\sec t = \dfrac{x}{a}$，由图 5-4 可知 $\tan t = \dfrac{\sqrt{x^2-a^2}}{a}$，

图 5-4

代入得 $\int \dfrac{\mathrm{d}x}{\sqrt{x^2-a^2}} = \ln\left|\dfrac{x}{a} + \dfrac{\sqrt{x^2-a^2}}{a}\right| + C_1$，令 $C = C_1 - \ln a$，

所以
$$\int \frac{\mathrm{d}x}{\sqrt{x^2-a^2}} = \ln\left|x + \sqrt{x^2-a^2}\right| + C \qquad (\text{公式 26})$$

例 27 求 $\int \dfrac{\mathrm{d}x}{\sqrt{4x^2+4x+5}}$.

解 $\int \dfrac{\mathrm{d}x}{\sqrt{4x^2+4x+5}} = \dfrac{1}{2}\int \dfrac{\mathrm{d}(2x+1)}{\sqrt{(2x+1)^2+2^2}}$

$\qquad\qquad = \dfrac{1}{2}\ln\left|2x+1+\sqrt{(2x+1)^2+2^2}\right| + C$

$\qquad\qquad = \dfrac{1}{2}\ln\left|2x+1+\sqrt{4x^2+4x+5}\right| + C.$

例 28 求 $\int \dfrac{\mathrm{d}x}{\sqrt{x^2-2x}}$.

解 原式 $= \int \dfrac{\mathrm{d}(x-1)}{\sqrt{(x-1)^2-1}} = \ln\left|x-1+\sqrt{(x-1)^2-1}\right| + C$

$\qquad = \ln\left|x-1+\sqrt{x^2-2x}\right| + C.$

例 29 求 $\int \dfrac{\mathrm{d}x}{x^2\sqrt{1+x^2}}$.

解法一 令 $x = \dfrac{1}{t}$，$\mathrm{d}x = \mathrm{d}\dfrac{1}{t} = -\dfrac{1}{t^2}\mathrm{d}t$，

$\int \dfrac{\mathrm{d}x}{x^2\sqrt{1+x^2}} = \int \dfrac{1}{\dfrac{1}{t^2}\sqrt{1+\left(\dfrac{1}{t}\right)^2}}\left(-\dfrac{1}{t^2}\right)\mathrm{d}t$

$\qquad = -\int \dfrac{t}{\sqrt{1+t^2}}\mathrm{d}t = -\int \dfrac{\mathrm{d}(1+t^2)}{2\sqrt{1+t^2}}$

$\qquad = -(t^2+1)^{\frac{1}{2}} + C = -\left[\left(\dfrac{1}{x}\right)^2 + 1\right]^{\frac{1}{2}} + C$

$\qquad = -\dfrac{\sqrt{1+x^2}}{x} + C.$

解法二 令 $x = \tan t$，$\mathrm{d}x = \mathrm{d}\tan t = \sec^2 t\, \mathrm{d}t$，

$$\int \frac{\mathrm{d}x}{x^2\sqrt{1+x^2}} = \int \frac{\sec^2 t\,\mathrm{d}t}{\tan^2 t\sqrt{1+\tan^2 t}} = \int \frac{\sec t}{\tan^2 t}\mathrm{d}t$$

$$= \int \frac{\cos^2 t}{\sin^2 t}\cdot\frac{1}{\cos t}\mathrm{d}t = \int \frac{\mathrm{d}\sin t}{\sin^2 t}$$

$$= -\frac{1}{\sin t} + C = -\csc t + C,$$

因为 $\csc t = \sqrt{1+\frac{1}{\tan^2 t}} = \sqrt{1+\frac{1}{x^2}}$，所以

原式 $= -\sqrt{1+\frac{1}{x^2}} + C.$

总结：换元积分法是不定积分的主要计算方法之一，也是初学者比较难掌握的方法之一. 它与复合函数的导数相对应，具体分为两类换元积分，第一类换元积分方法又称为复合函数凑微分法，其关键在于如何"凑微分"，第二类换元积分法又称为变量代换法，其关键在于如何进行变量代换，使其积分形式变简单或化为基本型. 通过换元积分，还应记住一些积分公式：$\int \tan x\,\mathrm{d}x$，$\int \cot x\,\mathrm{d}x$，$\int \sec x\,\mathrm{d}x$，$\int \csc x\,\mathrm{d}x$，$\int \frac{\mathrm{d}x}{\sqrt{a^2-x^2}}$，$\int \frac{\mathrm{d}x}{\sqrt{x^2\pm a^2}}$，$\int \frac{\mathrm{d}x}{a^2-x^2}$，$\int \frac{\mathrm{d}x}{a^2+x^2}$，$\int \sqrt{a^2-x^2}\,\mathrm{d}x$ 等（见表 5-3）.

表 5-3　常用积分公式表（二）

(16) $\int \tan x\,\mathrm{d}x = -\ln|\cos x| + C = \ln|\sec x| + C$

(17) $\int \cot x\,\mathrm{d}x = \ln|\sin x| + C = -\ln|\csc x| + C$

(18) $\int \frac{\mathrm{d}x}{\sqrt{a^2-x^2}} = \arcsin\frac{x}{a} + C\,(a>0)$

(19) $\int \frac{\mathrm{d}x}{a^2+x^2} = \frac{1}{a}\arctan\frac{x}{a} + C$

(20) $\int \frac{\mathrm{d}x}{a^2-x^2} = \frac{1}{2a}\ln\left|\frac{a+x}{a-x}\right| + C$

(21) $\int \frac{\mathrm{d}x}{x^2-a^2} = \frac{1}{2a}\ln\left|\frac{a-x}{a+x}\right| + C$

(22) $\int \sec x\,\mathrm{d}x = \ln|\sec x + \tan x| + C$

(23) $\int \csc x\,\mathrm{d}x = \ln|\csc x - \cot x| + C$

(24) $\int \sqrt{a^2-x^2}\,\mathrm{d}x = \frac{a^2}{2}\arcsin\frac{x}{a} + \frac{x}{2}\sqrt{a^2-x^2} + C\,(a>0)$

(25) $\int \frac{\mathrm{d}x}{\sqrt{x^2+a^2}} = \ln\left|x+\sqrt{x^2+a^2}\right| + C\,(a>0)$

(26) $\int \frac{\mathrm{d}x}{\sqrt{x^2-a^2}} = \ln\left|x+\sqrt{x^2-a^2}\right| + C\,(a>0)$

5.5 分部积分法

虽然利用前面所学过的积分方法可以求出大量的不定积分，但对于形如 $\int \ln x \, dx$，$\int x \sin x \, dx$ 等类型的积分，不能直接积分，换元法也不奏效，此类题型，就必须用"分部积分法"来完成.

核心内容讲解 30
分部积分法（1）

设函数 $u = u(x)$ 及 $v = v(x)$ 具有连续导数，那么，两个函数乘积的导数公式为
$$(uv)' = u'v + uv'$$
移项，得
$$uv' = (uv)' - u'v$$
对这个等式两边求不定积分，得
$$\int u \, dv = uv - \int v \, du,$$

这个公式称为**分部积分公式**. 对于给定的积分表达式，如果 $\int u \, dv$ 不易求出，而 $\int v \, du$ 容易求出时，用这一公式可以起到化难为易的作用.

例 30 求 $\int \ln x \, dx$.

解 设 $u = \ln x$，$dv = dx$，则 $du = d\ln x = \dfrac{1}{x} dx$，$v = x$ 于是
$$\int \ln x \, dx = \int u \, dv = uv - \int v \, du = x \ln x - \int x \cdot \frac{1}{x} dx = x \ln x - x + C.$$

例 31 求 $\int x \sin x \, dx$.

核心内容讲解 31
分部积分法（2）

解 设 $u = x$，$dv = \sin x \, dx = d(-\cos x)$，$du = dx$，$v = -\cos x$，于是
$$\int x \sin x \, dx = \int x \, d(-\cos x) = \int u \, dv = uv - \int v \, du = -x \cos x + \int \cos x \, dx$$
$$= -x \cos x + \sin x + C.$$

例 32 $\int x \arctan x \, dx$.

解 设 $u = \arctan x$，$dv = x \, dx = d\dfrac{x^2}{2}$，$du = \dfrac{1}{1+x^2} dx$，$v = \dfrac{x^2}{2}$，于是
$$\int x \arctan x \, dx = \int \arctan x \, d\frac{x^2}{2} = \int u \, dv = vu - \int v \, du$$
$$= \frac{x^2}{2} \arctan x - \int \frac{x^2}{2} \cdot \frac{dx}{1+x^2}$$
$$= \frac{x^2}{2} \arctan x - \frac{1}{2} \int \frac{x^2}{1+x^2} dx$$

$$= \frac{x^2}{2}\arctan x - \frac{1}{2}\int \frac{x^2+1-1}{1+x^2}dx$$

$$= \frac{x^2}{2}\arctan x - \frac{x}{2} + \frac{1}{2}\arctan x + C.$$

解题比较熟练后，就不必特别写出假设的 u 与 dv，在直接"凑"成公式的形式后就可以求积分。

进行分部积分的具体步骤如下：

① 分部：将被积表达式 $f(x)dx$ 分为 u 与 $v'dx$ 两部分的乘积，即将 $\int f(x)dx$ 变为 $\int u\,dv$ 的形式；

② 用公式：$\int u\,dv = uv - \int v\,du$；

③ 积分：计算上式右端中的 du，使 $\int v\,du$ 成为 $\int g(x)dx$ 的形式，然后积分。

例 33 求 $\int x\,\mathrm{e}^x\,dx$.

解 $\int x\,\mathrm{e}^x\,dx \xrightarrow{\text{写成}u\,dv\text{的形式}} \int x\,d\mathrm{e}^x \xrightarrow{\text{用公式}} x\mathrm{e}^x - \int \mathrm{e}^x\,dx \xrightarrow{\text{积分}\int \mathrm{e}^x\,dx} x\mathrm{e}^x - \mathrm{e}^x + C.$

例 34 求 $\int \arctan x\,dx$.

解
$$\int \arctan x\,dx = x\arctan x - \int x\,d\arctan x$$

$$= x\arctan x - \int \frac{x}{1+x^2}dx$$

$$= x\arctan x - \frac{1}{2}\int \frac{d(1+x^2)}{1+x^2}$$

$$= x\arctan x - \frac{1}{2}\ln(1+x^2) + C.$$

例 35 求 $\int \mathrm{e}^x \sin x\,dx$.

解
$$\int \mathrm{e}^x \sin x\,dx = \int \sin x\,d\mathrm{e}^x = \sin x \cdot \mathrm{e}^x - \int \mathrm{e}^x\,d\sin x$$

$$= \mathrm{e}^x \sin x - \int \mathrm{e}^x \cos x\,dx$$

$$= \mathrm{e}^x \sin x - \int \cos x\,d\mathrm{e}^x$$

$$= \mathrm{e}^x \sin x - \mathrm{e}^x \cos x - \int \mathrm{e}^x \sin x\,dx,$$

移项：将上式整理再添上任意常数，得

$$\int \mathrm{e}^x \sin x\,dx = \frac{1}{2}\mathrm{e}^x(\sin x - \cos x) + C.$$

总结：分部积分法的关键是如何选取 $u(x)$ 及 $v(x)$，前面的几种典型类型,给出了选取的一般方法,在一般的不定积分中往往将换元积分法与分部积分法相结合.

第 5 章 习 题

1. 单项选择题:

(1) $\int f(x)\mathrm{d}x = \mathrm{e}^x\cos 2x + C$,则 $f(x) = ($).

A. $\mathrm{e}^x(\cos 2x - 2\sin 2x)$ B. $\mathrm{e}^x(\cos 2x - 2\sin 2x) + C$

C. $\mathrm{e}^x\cos 2x$ D. $-\mathrm{e}^x\sin 2x$

(2) 若 $F(x)$,$G(x)$ 均为 $f(x)$ 的原函数,则 $F'(x) - G'(x) = ($).

A. $f(x)$ B. 0 C. $F(x)$ D. $f'(x)$

(3) 下列说法错误的是( ).

A. 若函数 $f(x)$ 有原函数,则其个数一定为无穷多个

B. 所有非连续函数一定无原函数

C. 若 $\int f(x)\mathrm{d}x = F_1(x) + C_1$ 和 $\int f(x)\mathrm{d}x = F_2(x) + C_2$ 在区间 I 上都成立,其中 C_1 与 C_2 都是任意常数,则一定存在常数 k,使 $C_1 - C_2 = k$ 成立

D. 初等函数的原函数不一定是初等函数

(4) 如果 $\int \mathrm{d}f(x) = \int \mathrm{d}g(x)$,则不一定有( ).

A. $f(x) = g(x)$ B. $f'(x) = g'(x)$

C. $\mathrm{d}f(x) = \mathrm{d}g(x)$ D. $\mathrm{d}\int f'(x)\mathrm{d}x = \mathrm{d}\int g'(x)\mathrm{d}x$

(5) 若 $\int f(x)\mathrm{d}x = x^2 \mathrm{e}^{2x} + C$,则 $f(x) = ($).

A. $2x\mathrm{e}^{2x}$ B. $2x^2\mathrm{e}^{2x}$

C. $x\mathrm{e}^{2x}$ D. $2x\mathrm{e}^{2x}(1+x)$

2. 填空题:

(1) 设 $f(x)$ 是连续函数,则 $\mathrm{d}\int f(x)\mathrm{d}x = $ _____,$\int \mathrm{d}f(x) = $ _____,$\dfrac{\mathrm{d}}{\mathrm{d}x}\int f(x)\mathrm{d}x = $ _____,$\int f'(x)\mathrm{d}x = $ _____ (其中 $f'(x)$ 存在).

(2) 设 $F_1(x)$ 和 $F_2(x)$ 是 $f(x)$ 的两个不同的原函数,则有 $F_1(x) - F_2(x) = $ _____.

(3) 已知曲线在任一点切线的斜率为 k (k 为常数),则此曲线的方程为 _____.

(4) 已知在曲线上任一点切线的斜率为 $2x$,并且曲线经过点 $(1, -2)$,则此曲线的方程为 _____.

(5) 已知动点在时刻 t 的速度为 $v=3t-2$，且 $t=0$ 时 $s=5$，则此动点的运动方程为 _____.

(6) 已知某产品产量的变化率是时间 t 的函数 $f(t)=at+b$（a、b 是常数），设此产品在 t 时的产量函数为 $P(t)$，已知 $P(0)=0$，则 $P(t)=$ _____.

(7) $\sin\dfrac{x}{3}\mathrm{d}x=$ _____ $\mathrm{d}\left(\cos\dfrac{x}{3}\right)$.

(8) $x\mathrm{e}^{-2x^2}\mathrm{d}x=\mathrm{d}$ _____ .

(9) $\dfrac{1}{1+9x^2}\mathrm{d}x=$ _____ $\mathrm{d}(\arctan 3x)$.

(10) $\dfrac{x\mathrm{d}x}{\sqrt{1-x^2}}=$ _____ $\mathrm{d}(\sqrt{1-x^2})$.

(11) $a^x\mathrm{d}x=\mathrm{d}$ _____ .

(12) $x^{a-1}\mathrm{d}x=\mathrm{d}$ _____ .

(13) $\dfrac{1}{x}\mathrm{d}x=\mathrm{d}$ _____ .

(14) $\mathrm{d}(\arcsin 3x^2)=$ _____ $\mathrm{d}x$.

(15) $\mathrm{e}^x\cos\mathrm{e}^x\mathrm{d}x=\mathrm{d}$ _____ .

(16) $\dfrac{\sin\sqrt{x}}{\sqrt{x}}\mathrm{d}x=\mathrm{d}$ _____ .

3. 求下列不定积分：

(1) $\int(\sqrt{x}-1)\left(x+\dfrac{1}{\sqrt{x}}\right)\mathrm{d}x$; (2) $\int(2^x+3^x)^2\mathrm{d}x$;

(3) $\int\sin^2\dfrac{x}{2}\mathrm{d}x$; (4) $\int\cot^2 x\,\mathrm{d}x$;

(5) $\int\sec x(\sec x-\tan x)\mathrm{d}x$; (6) $\int\dfrac{x^2+\sin^2 x}{x^2\sin^2 x}\mathrm{d}x$;

(7) $\int\dfrac{1}{x^2(1+x^2)}\mathrm{d}x$.

4. 求下列不定积分：

(1) $\int\mathrm{e}^{3x}\mathrm{d}x$; (2) $\int(2-x)^{\frac{5}{2}}\mathrm{d}x$;

(3) $\int\dfrac{2x}{1+x^2}\mathrm{d}x$; (4) $\int x\sqrt{x^2-5}\,\mathrm{d}x$;

(5) $\int\dfrac{\mathrm{e}^{\frac{1}{x}}}{x^2}\mathrm{d}x$; (6) $\int\dfrac{2x-1}{x^2-x+3}\mathrm{d}x$;

(7) $\int\dfrac{\mathrm{d}x}{x\ln x}$; (8) $\int\dfrac{1}{\sqrt{x}}\sin\sqrt{x}\,\mathrm{d}x$;

(9) $\int\dfrac{\mathrm{d}x}{4+9x^2}$; (10) $\int\dfrac{\mathrm{d}x}{x^2-x-6}$;

(11) $\int\dfrac{\mathrm{d}x}{\mathrm{e}^x+\mathrm{e}^{-x}}$; (12) $\int\sin 2x\cos 3x\,\mathrm{d}x$;

5. 求下列不定积分：

(1) $\int \sqrt[3]{x+a}\, dx$；

(2) $\int x\sqrt{x+1}\, dx$；

(3) $\int \dfrac{dx}{\sqrt{2x-3}+1}$；

(4) $\int (1-x^2)^{-\frac{3}{2}}\, dx$；

(5) $\int \dfrac{dx}{(a^2+x^2)^{\frac{3}{2}}}$；

(6) $\int \dfrac{\sqrt{x^2-a^2}}{x}\, dx$；

(7) $\int \dfrac{x^2}{\sqrt{1-x^2}}\, dx$；

(8) $\int \dfrac{dx}{1+\sqrt{2x}}$；

(9) 用指定的变换计算 $\int \dfrac{dx}{x\sqrt{x^2-1}}\quad (x>1)$

① $x=\sec t$；　　② $x=\dfrac{1}{t}$.

6. 求下列不定积分：

(1) $\int x\ln x\, dx$；

(2) $\int x^2 \ln x\, dx$；

(3) $\int \dfrac{\ln x}{x^2}\, dx$；

(4) $\int e^x \cos x\, dx$.

第 6 章 定积分

数学文化扩展阅读 9

微积分思想的产生与发展历史

6.1 定积分的概念和性质

6.1.1 从阿基米德的穷竭法谈起

图 6-1

图 6-2

核心内容讲解 32

定积分概念

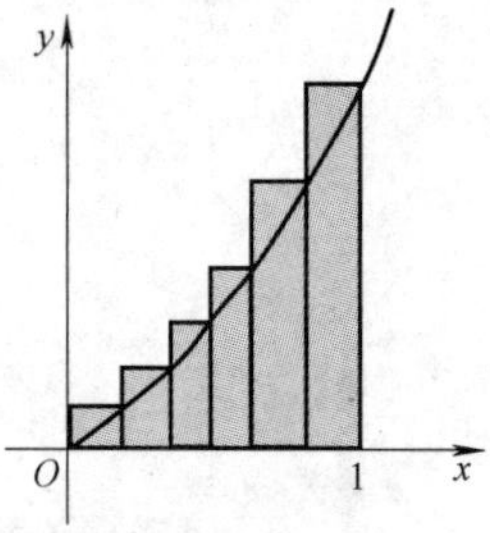

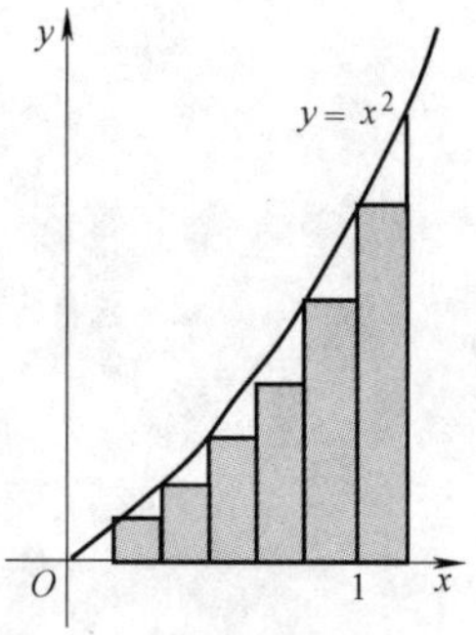

*引例 求由曲线 $y=x^2$ 与直线 $x=0$，$x=1$，$y=0$ 所围图形的面积.

如图 6-1 所示，在区间 $[0,1]$ 上插入 $n+1$ 个等分点 $x_i=\frac{i}{n}$ $(i=0,1,\cdots,n)$，得曲线上的点 $\left(\frac{i}{n},\frac{i^2}{n^2}\right)$ $(i=0,1,\cdots,n)$，过这些点分别向 x 轴，y 轴引垂线，得到阶梯形. 它们的面积分别为

$$\begin{aligned}A_{n大}&=\frac{1^2}{n^2}\cdot\frac{1}{n}+\frac{2^2}{n^2}\cdot\frac{1}{n}+\frac{3^2}{n^2}\cdot\frac{1}{n}+\cdots+\frac{n^2}{n^2}\cdot\frac{1}{n}\\&=\frac{1}{n^3}(1^2+2^2+3^2+\cdots+n^2)\\&=\frac{1}{n^3}\cdot\frac{n(n+1)(2n+1)}{6}\quad（见图 6\text{-}1），\end{aligned}$$

$$\begin{aligned}A_{n小}&=\frac{0^2}{n^2}\cdot\frac{1}{n}+\frac{1^2}{n^2}\cdot\frac{1}{n}+\frac{2^2}{n^2}\cdot\frac{1}{n}+\cdots+\frac{(n-1)^2}{n^2}\cdot\frac{1}{n}\\&=\frac{1}{n^3}[0^2+1^2+2^2+3^2+\cdots+(n-1)^2]\\&=\frac{1}{n^3}\cdot\frac{(n-1)n(2n-1)}{6}\quad（见图 6\text{-}2），\end{aligned}$$

显然，$A_{n小}<A<A_{n大}$，而

$$\lim_{x\to+\infty}A_{n小}=\lim_{x\to+\infty}A_{n大}=\frac{1}{3},$$

因此 $\lim\limits_{n\to\infty}A=\frac{1}{3}$，

所求面积为 $A=\frac{1}{3}$.

6.1.2 曲边梯形的面积计算

为了便于理解阿基米德的思想，我们先引入曲边梯形的概念.

定义 6.1 在平面直角坐标系中，由 $x=a$，$x=b(a<b)$，x 轴及 $y=f(x)\geqslant 0$ 所围成的平面图形 $ABCD$ 称为曲边梯形，如图 6-3 所示.

根据这一定义，引例所求图形的面积便是一个曲边梯形的面积.

阿基米德的做法是：将曲边梯形的面积计算归为由多个小矩形构成的阶梯形面积之和，随着小矩形个数的无限增多，最终得到曲边梯形的面积.

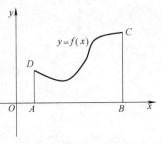

图 6-3

如图 6-4 所示，在区间 $[a,b]$ 上任意地插入 $n-1$ 个分点
$$a=x_0<x_1<\cdots<x_{i-1}<x_i<\cdots<x_n=b,$$
区间 $[a,b]$ 被划分成 n 个小区间 $[x_{i-1},x_i]$，且记小区间的长度为 $\Delta x_i=x_i-x_{i-1}$ $(i=1,2,\cdots,n)$，过每个分点作平行于 y 轴的直线段，这些直线段将曲边梯形划分成 n 个窄小的曲边梯形.

因曲边梯形的高 $f(x)$ 在 $[a,b]$ 上是连续变化的，故在很小的一段区间上它的变化会很小，即可近似地视为不变. 因此，在每个小区间上，用小区间的长度作为矩形的宽，其中某一点的函数值作为矩形的高，用小矩形面积来近似代替小曲边梯形的面积.

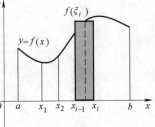

图 6-4

具体地，对第 i 个小曲边梯形，在其对应区间 $[x_{i-1},x_i]$ 上任意地取一点 ξ_i，以 $f(\xi_i)$ 作为近似高，以矩形面积 $f(\xi_i)\Delta x_i$ 近似代替小曲边梯形的面积. 于是
$$A_i\approx f(\xi_i)\Delta x_i,$$
从而整个曲边梯形面积
$$A\approx \sum_{i=1}^n f(\xi_i)\Delta x_i.$$

很明显地，小区间 $[x_{i-1},x_i]$ 的长度 Δx_i 越小，$f(\xi_i)\Delta x_i$ 的近似程度就越好；当 Δx_1，Δx_2，$\cdots$，Δx_n 都越来越小时，$A\approx \sum_{i=1}^n f(\xi_i)\Delta x_i$ 的近似程度越好. 因此，为了得到面积 A 的精确值，我们只需将区间 $[a,b]$ 无限地细分，使得每个小区间的长度都趋向于零. 若记 $\lambda=\max\{\Delta x_1,\Delta x_2,\cdots,\Delta x_n\}$，则当 $\lambda\to 0$ 时，每个小区间的长度趋向于零. 从而
$$A=\lim_{\lambda\to 0}\sum_{i=1}^n f(\xi_i)\Delta x_i.$$

将上述问题抽象化，就得到了定积分的概念.

6.1.3 定积分的概念

设函数 $f(x)$ 在 $[a,b]$ 上有界，在区间 $[a,b]$ 上任意插入 $n-1$ 个分点
$$a=x_0<x_1<\cdots<x_{i-1}<x_i<\cdots<x_n=b,$$
区间 $[a,b]$ 被划分成 n 个小区间 $[x_0,x_1]$，$[x_1,x_2]$，$\cdots$，$[x_{i-1},x_i]$，$\cdots$，$[x_{n-1},x_n]$，各区间的长度依次为

$$\Delta x_1 = x_1 - x_0, \Delta x_2 = x_2 - x_1, \cdots,$$
$$\Delta x_i = x_i - x_{i-1}, \cdots, \Delta x_n = x_n - x_{n-1}.$$

在每个小区间 $[x_{i-1}, x_i]$ 上任取一点 ξ_i ($x_{i-1} \leqslant \xi_i \leqslant x_i$)，作函数值 $f(\xi_i)$ 与小区间长度 Δx_i 的乘积 $f(\xi_i)\Delta x_i (i=1,2,\cdots,n)$，作和式

$$\sum_{i=1}^n f(\xi_i)\Delta x_i,$$

记 $\lambda = \max\{\Delta x_1, \Delta x_2, \cdots, \Delta x_n\}$. 如果不论对区间 $[a,b]$ 如何划分，也不论对小区间 $[x_{i-1}, x_i]$ 上的点 ξ_i 如何取，当 $\lambda \to 0$ 时，总和趋向于确定的值 I，我们称这个极限值 I 为函数 $f(x)$ 在区间 $[a,b]$ 上的定积分，记作 $\int_a^b f(x) dx$，即

$$\int_a^b f(x) dx = I = \lim_{\lambda \to 0} \sum_{i=1}^n f(\xi_i)\Delta x_i$$

其中，$f(x)$ 称为被积函数，$f(x)dx$ 称为被积表达式，x 称为积分变量，$[a,b]$ 称为积分区间，a 称为积分下限，b 称为积分上限，$\sum_{i=1}^n f(\xi_i)\Delta x_i$ 称为 $f(x)$ 在 $[a,b]$ 上的积分和式.

如果 $f(x)$ 在 $[a,b]$ 上的定积分存在，我们就说 $f(x)$ 在 $[a,b]$ 上是可积的.

由定积分的定义可知，定积分 $\int_a^b f(x) dx$ 是一个数值.

对定积分的定义，我们给出如下两个注释.

1. 定积分的几何意义

(1) 在 $[a,b]$ 上，当 $f(x) \geqslant 0$ 时，$\int_a^b f(x)dx$ 表示由曲线 $y = f(x)$，直线 $x=a$，$x=b$ 与 x 轴所围成的曲边梯形的面积（见图 6-5）；

(2) 当 $f(x) \leqslant 0$ 时，$\int_a^b f(x)dx$ 表示该曲边梯形面积的负值（见图 6-6）；

(3) 若 $f(x)$ 在 $[a,b]$ 上既取正值也取负值，则 $\int_a^b f(x)dx$ 表示由曲线 $y=f(x)$，直线 $x=a$，$x=b$ 与 x 轴所围成的曲边梯形中位于 x 轴上方图形的面积减去位于 x 轴下方图形的面积所得之差（见图 6-7）.

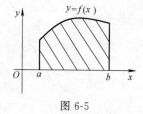

图 6-5

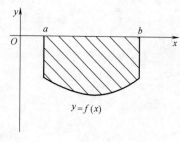

图 6-6

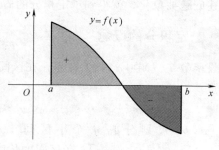

图 6-7

2. 定积分与积分变量无关

由定积分的几何意义可知：定积分 $\int_a^b f(x)\mathrm{d}x$ 与被积函数 $f(x)$ 及积分区间 $[a,b]$ 有关. 如果不改变被积函数 $f(x)$，也不改变积分区间 $[a,b]$，而只是将积分变量 x 改写成其他字母，如 t 或 u，这时定积分的值仍不变. 即有

$$\int_a^b f(x)\mathrm{d}x = \int_a^b f(t)\mathrm{d}t = \int_a^b f(u)\mathrm{d}u.$$

6.1.4 定积分的存在定理

前面我们给出了定积分的定义，一个自然的问题是：什么样的函数是可积的？我们不加证明地给出下面两个定理.

定理 6.1 闭区间 $[a,b]$ 上连续的函数 $f(x)$ 在 $[a,b]$ 上可积.

定理 6.2 闭区间 $[a,b]$ 上的有界函数 $f(x)$，若只有有限个间断点，则 $f(x)$ 在 $[a,b]$ 上可积.

数学文化扩展阅读 10
数学居然还可以开导人生

6.1.5 定积分的性质

规定：(1) $a=b$ 时，$\int_a^b f(x)\mathrm{d}x = 0$.

(2) $a>b$ 时，$\int_a^b f(x)\mathrm{d}x = -\int_b^a f(x)\mathrm{d}x$.

这两条规定的意义较直观.

核心内容讲解 33
定积分的性质

当 $a=b$ 时，曲边梯形退缩成一段线，故其面积 $\int_a^b f(x)\mathrm{d}x$ 应该为零；

当 $a>b$ 时，区间 $[b,a]$ 所对应的分点成为 $a=x_0 > x_1 > \cdots > x_{i-1} > x_i > \cdots > x_n = b$，相应的小区间的长度 $\Delta x_i = x_i - x_{i-1} < 0$. 此时，相对于 $\int_a^b f(x)\mathrm{d}x$ 而言，$\int_b^a f(x)\mathrm{d}x$ 的符号应相反.

在下面的讨论中，设 $a<b$ 且所列出的定积分均存在.

性质 1 （可加性）函数的和（差）的定积分等于它们的定积分的和（差），即

$$\int_a^b [f(x) \pm g(x)]\mathrm{d}x = \int_a^b f(x)\mathrm{d}x \pm \int_a^b g(x)\mathrm{d}x.$$

证明

$$\int_a^b [f(x) \pm g(x)]\mathrm{d}x = \lim_{\lambda \to 0} \sum_{i=1}^n [f(\xi_i) \pm g(\xi_i)]\Delta x_i$$

$$= \lim_{\lambda \to 0} \sum_{i=1}^n f(\xi_i)\Delta x_i \pm \lim_{\lambda \to 0} \sum_{i=1}^n g(\xi_i)\Delta x_i$$

$$= \int_a^b f(x)\mathrm{d}x \pm \int_a^b g(x)\mathrm{d}x.$$

显然，性质 1 可以推广到有限个函数的情况.

性质 2 被积函数的常数因子可以提到积分号外面,即
$$\int_a^b k \cdot f(x)\,dx = k \cdot \int_a^b f(x)\,dx \quad (k \text{ 是常数因子}).$$

证明 $\int_a^b k \cdot f(x)\,dx = \lim\limits_{\lambda \to 0} \sum\limits_{i=1}^n k f(\xi_i) \Delta x_i = \lim\limits_{\lambda \to 0} k \sum\limits_{i=1}^n f(\xi_i) \Delta x_i$

$$= k \lim\limits_{\lambda \to 0} \sum\limits_{i=1}^n f(\xi_i) \Delta x_i = k \cdot \int_a^b f(x)\,dx.$$

推论 (线性性) $\int_a^b [k_1 f(x) + k_2 g(x)]\,dx = k_1 \int_a^b f(x)\,dx + k_2 \int_a^b g(x)\,dx$ (其中 k_1, k_2 是常数).

性质 3 (积分区间的可加性) 如果将积分区间分成两部分,则在整个区间上的定积分等于这两个区间上的定积分之和,即
$$\int_a^b f(x)\,dx = \int_a^c f(x)\,dx + \int_c^b f(x)\,dx \quad (c \text{ 为 } [a,b] \text{ 的分点}) \tag{6.1}$$

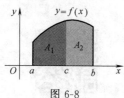

图 6-8

这一性质的几何意义十分明显. 如图 6-8 所示, 曲边梯形的面积:
$$\int_a^b f(x)\,dx = A = A_1 + A_2 = \int_a^c f(x)\,dx + \int_c^b f(x)\,dx.$$

此性质表明,定积分对于积分区间具有可加性. 其实,无论三个数 a, b, c 的相对位置如何, 式 (6.1) 总是成立的.

例如, 当 $c < a < b$ 时, 有
$$\int_c^b f(x)\,dx = \int_c^a f(x)\,dx + \int_a^b f(x)\,dx,$$
$$\int_a^b f(x)\,dx = \int_c^b f(x)\,dx - \int_c^a f(x)\,dx = \int_a^c f(x)\,dx + \int_c^b f(x)\,dx.$$

性质 4 如果在区间 $[a,b]$ 上, $f(x) \equiv 1$, 则 $\int_a^b dx = b - a$.

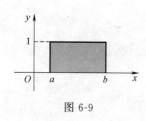

图 6-9

如图 6-9 所示, 由定积分的几何意义可知, $\int_a^b dx$ 表示由直线 $y=1, x=a, x=b$ 与 x 轴所围成的矩形的面积.

性质 5 如果在区间 $[a,b]$ 上, $f(x) \geqslant 0$, 则 $\int_a^b f(x)\,dx \geqslant 0$ $(a < b)$.

据定积分的几何意义,它表示一个曲边梯形真正的面积值,故它应为非负的.

推论 (单调性) 如果在区间 $[a,b]$ 上, $f(x) \leqslant g(x)$, 则
$$\int_a^b f(x)\,dx \leqslant \int_a^b g(x)\,dx.$$

证明 事实上, 由 $g(x) - f(x) \geqslant 0$, 根据性质 5 与性质 1, 有

$$\int_a^b [g(x) - f(x)]dx = \int_a^b g(x)dx - \int_a^b f(x)dx \geqslant 0.$$

性质 6 设 M 及 m 分别是函数 $f(x)$ 在区间 $[a,b]$ 上的最大值及最小值，则

$$m(b-a) \leqslant \int_a^b f(x)dx \leqslant M(b-a).$$

证明 因为 $m \leqslant f(x) \leqslant M$ ($a \leqslant x \leqslant b$)，所以

$$m(b-a) = \int_a^b m\,dx \leqslant \int_a^b f(x)dx \leqslant \int_a^b M\,dx = M(b-a).$$

这一性质可用来估计定积分值的范围，它也具有鲜明的几何意义，即以 $[a,b]$ 为底、以 $y=f(x)$ 为曲边的曲边梯形的面积 $\int_a^b f(x)dx$ 介于同一底边，而高分别为 m 及 M 的矩形面积 $m(b-a)$ 及 $M(b-a)$ 之间，如图 6-10 所示。

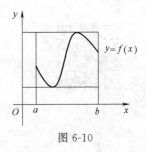

图 6-10

性质 7 （**定积分的中值定理**） 如果函数 $f(x)$ 在闭区间 $[a,b]$ 上连续，则在 $[a,b]$ 上至少存在一点 ξ，使得

$$\int_a^b f(x)dx = f(\xi)(b-a) \quad (a \leqslant \xi \leqslant b).$$

积分中值公式有如下的几何解释：

如图 6-11 所示，在区间 $[a,b]$ 上至少存在一点 ξ，使得以区间 $[a,b]$ 为底、以 $y=f(x)$ 为曲边的曲边梯形的面积等于同一底边，而高为 $f(\xi)$ 的一个矩形的面积。

由积分中值定理，得

$$f(\xi) = \frac{1}{b-a}\int_a^b f(x)dx \quad (a \leqslant \xi \leqslant b),$$

称 $f(\xi)$ 为函数 $f(x)$ 在 $[a,b]$ 上的**平均值**。

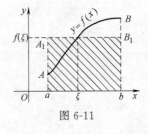

图 6-11

例 1 利用定积分的几何意义求积分 $\int_0^1 (x+1)dx$。

解 如图 6-12 所示，阴影图形的面积为

$$\int_0^1 (x+1)dx = 1 \times 1 + \frac{1}{2} \times 1 \times 1 = \frac{3}{2}.$$

例 2 利用定积分的性质比较下列积分的大小：

$$\int_e^{2e} \ln x\,dx, \quad \int_e^{2e} (\ln x)^2 dx.$$

解 因为当 $x \in [e, 2e]$ 时，$\ln x \geqslant 1$，所以 $(\ln x)^2 \geqslant \ln x$，从而

$$\int_e^{2e} \ln x\,dx \leqslant \int_e^{2e} (\ln x)^2 dx.$$

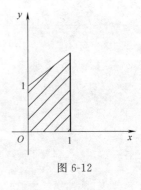

图 6-12

6.2 微积分基本定理

前面学习了定积分的概念，接下来的问题便是定积分的计算。如果按照定积分的定义来计算定积分，那将是十分困难的。因此，寻求一种计算定积分的有效方法便成为积分学发展的关键。我们

看到，不定积分作为原函数的概念与定积分作为积分和的概念表面上看是完全不相关的，但牛顿和莱布尼茨却发现这两个概念之间存在着深刻的内在联系，即所谓微积分基本定理，它不仅是求定积分的有效手段，而且还奠定了微积分学发展的基础.

6.2.1 积分上限函数及其导数

核心内容讲解 34
变限积分求导

设函数 $f(x)$ 在区间 $[a,b]$ 上连续，并设 x 为 $[a,b]$ 上的一点，考察 $f(x)$ 在部分区间 $[a,x]$ 上的积分

$$\int_a^x f(x)dx,$$

因为 $f(x)$ 在 $[a,x]$ 上连续，所以定积分 $\int_a^x f(x)dx$ 存在.

又因为定积分与积分变量的选取无关，所以可将积分变量改用其他符号（如 t）来表示，这时上面的定积分便可以改写成下述形式

$$\int_a^x f(t)dt.$$

使上限 x 在区间 $[a,b]$ 上变动，则对应于每一个取定的 x，该定积分有一个确定的值. 所以，它在 $[a,b]$ 上定义了一个新的函数，记作 $\Phi(x)$，即

$$\Phi(x) = \int_a^x f(t)dt \quad (a \leqslant x \leqslant b).$$

称 $\Phi(x)$ 为以积分上限为变量的函数（简称变上限函数）.

关于变上限函数，我们不加证明地写出下列结论.

定理 6.3 如果函数 $f(x)$ 在区间 $[a,b]$ 上连续，则变上限函数

$$\Phi(x) = \int_a^x f(t)dt$$

在 $[a,b]$ 上具有导数，且它的导数是

$$\Phi'(x) = \frac{d}{dx}\int_a^x f(t)dt = f(x) \quad (a \leqslant x \leqslant b).$$

定理 6.3 表明，$\Phi(x)$ 是 $f(x)$ 的一个原函数. 因此，变上限函数不仅肯定了连续函数的原函数的存在性，而且还揭示了定积分与原函数之间的联系，使得定积分的计算有可能通过原函数来实现.

例 3 设 $y = \int_0^x \sin(3t - t^2)dt$，求 y'.

解 $y' = \dfrac{d}{dx}\int_0^x \sin(3t - t^2)dt = \sin(3x - x^2)$.

例 4 设 $y = \int_x^0 \tan(1 - t^3)dt$，求 y'.

解 $y = \int_x^0 \tan(1-t^3)dt = -\int_0^x \tan(1-t^3)dt$,

$y' = -\dfrac{d}{dx}\int_0^x \tan(1-t^3)dt = -\tan(1-x^3)$.

例 5 求 $\lim\limits_{x \to 1} \dfrac{\int_1^x e^{t^2}dt}{\ln x}$.

解 $\lim\limits_{x \to 1} \dfrac{\int_1^x e^{t^2}dt}{\ln x} = \lim\limits_{x \to 1} \dfrac{e^{x^2}}{\dfrac{1}{x}} = \lim\limits_{x \to 1} x e^{x^2} = e$ ($\dfrac{0}{0}$ 型未定式,应用洛必达法则).

6.2.2 微积分基本定理及其应用

定理 6.4 (微积分基本定理) 设函数 $f(x)$ 在区间 $[a,b]$ 上连续,$F(x)$ 是 $f(x)$ 在 $[a,b]$ 上的任一原函数,则

$$\int_a^b f(x)dx = F(b) - F(a).$$

核心内容讲解 35

微积分基本定理

** 证明** 因 $\Phi(x)$ 与 $F(x)$ 均是 $f(x)$ 在 $[a,b]$ 上的原函数,故 $\Phi'(x) = f(x)$,$F'(x) = f(x)$,所以

$[\Phi(x) - F(x)]' = \Phi'(x) - F'(x) = f(x) - f(x) = 0.$

由于导数等于零的函数是一个常数,所以

$$\Phi(x) - F(x) = C (C \text{ 为常数}, x \in [a,b]). \quad (6.2)$$

下面确定常数 C.

由于 $\Phi(x) = \int_a^x f(t)dt$,所以 $\Phi(a) = \int_a^a f(t)dt = 0$,$\Phi(b) = \int_a^b f(t)dt$. 在式 (6.2) 中令 $x = a$,得 $C = \Phi(a) - F(a) = 0 - F(a) = -F(a)$,代入式 (6.2),得 $\Phi(x) - F(x) = -F(a)$,所以

$$\Phi(x) = F(x) - F(a).$$

在上式中令 $x = b$,得 $\Phi(b) = F(b) - F(a)$,即

$$\int_a^b f(x)dx = F(b) - F(a),$$

定理证毕.

为了方便,今后记 $F(b) - F(a) = F(x)\Big|_a^b$.

微积分基本定理不仅揭示了定积分、原函数与不定积分之间的联系,而且还提供了一种计算定积分的有效方法.

例 6 求 $\int_0^1 x^2 dx$.

解 $\int_0^1 x^2 dx = \dfrac{1}{3}x^3 \Big|_0^1 = \dfrac{1}{3} \cdot 1^3 - \dfrac{1}{3} \cdot 0^3 = \dfrac{1}{3}$.

例 7 求正弦曲线 $y = \sin x$ 在区间 $[0,\pi]$ 上与 x 轴所围成的

平面图形的面积.

解 $A = \int_0^\pi \sin x \, dx = -\cos x \Big|_0^\pi = -(\cos\pi - \cos 0)$
$= -(-1-1) = 2.$

例 8 求 $\int_{-1}^{\sqrt{3}} \dfrac{dx}{1+x^2}$.

解 $\int_{-1}^{\sqrt{3}} \dfrac{dx}{1+x^2} = \arctan x \Big|_{-1}^{\sqrt{3}} = \arctan\sqrt{3} - \arctan(-1)$
$= \dfrac{\pi}{3} - \left(-\dfrac{\pi}{4}\right) = \dfrac{7}{12}\pi.$

例 9 求 $\int_0^{\frac{\pi}{2}} (2\cos x + \sin x - 1) dx$.

解 $\int_0^{\frac{\pi}{2}} (2\cos x + \sin x - 1) dx = (2\sin x - \cos x - x) \Big|_0^{\frac{\pi}{2}} = 3 - \dfrac{\pi}{2}.$

例 10 求 $\int_0^{\frac{3}{4}\pi} \sqrt{1+\cos 2x} \, dx$.

解 $\int_0^{\frac{3}{4}\pi} \sqrt{1+\cos 2x} \, dx = \int_0^{\frac{3}{4}\pi} \sqrt{2\cos^2 x} \, dx = \sqrt{2} \int_0^{\frac{3}{4}\pi} |\cos x| \, dx$
$= \int_0^{\frac{\pi}{2}} \sqrt{2} \cos x \, dx - \int_{\frac{\pi}{2}}^{\frac{3\pi}{4}} \sqrt{2} \cos x \, dx$
$= \sqrt{2} \sin x \Big|_0^{\pi/2} - \sqrt{2} \sin x \Big|_{\pi/2}^{3\pi/4} = 2\sqrt{2} - 1.$

6.3 定积分的计算方法

数学文化扩展阅读 11
那些美到不行的数学公式

微积分基本定理告诉我们,定积分的计算问题一般可归结为求原函数的问题. 因此,可以把求不定积分的方法全部移植到定积分的计算中来.

6.3.1 定积分的凑微分法

设 $F(u)$ 为 $f(u)$ 的原函数,凑微分法的基本思想就是设法将积分拼凑成 $\int_a^b f(\varphi(x))\varphi'(x) dx$,从而计算出定积分:

$$\int_a^b f(\varphi(x))\varphi'(x) dx = \int_a^b f(\varphi(x)) d\varphi(x) = F(\varphi(x)) \Big|_a^b.$$

例 11 求 $\int_0^{\frac{\pi}{2}} \sin^3 x \cos x \, dx$.

解 $\int_0^{\frac{\pi}{2}} \sin^3 x \cos x \, dx = \int_0^{\frac{\pi}{2}} \sin^3 x (\sin x)' dx$
$= \int_0^{\frac{\pi}{2}} \sin^3 x \, d\sin x = \dfrac{1}{4} \sin^4 x \Big|_0^{\frac{\pi}{2}} = \dfrac{1}{4}.$

例12 求 $\int_0^1 (1-2x)^7 dx$.

解 $\int_0^1 (1-2x)^7 dx = -\frac{1}{2}\int_0^1 (1-2x)^7 (1-2x)' dx$

$= -\frac{1}{2}\int_0^1 (1-2x)^7 d(1-2x)$

$= -\frac{1}{2} \cdot \frac{1}{8}(1-2x)^8 \Big|_0^1 = 0$.

例13 求 $\int_0^1 x e^{x^2} dx$.

解 $\int_0^1 x e^{x^2} dx = \frac{1}{2}\int_0^1 e^{x^2} d(x^2) = \frac{1}{2} e^{x^2}\Big|_0^1 = \frac{1}{2}(e-1)$.

例14 求 $\int_0^a \frac{dx}{a^2+x^2}$.

解 $\int_0^a \frac{dx}{a^2+x^2} = \frac{1}{a^2}\int_0^a \frac{1}{1+\frac{x^2}{a^2}} dx$

$= \frac{1}{a}\int_0^a \frac{1}{1+\left(\frac{x}{a}\right)^2} d\left(\frac{x}{a}\right)$

$= \frac{1}{a}\arctan\frac{x}{a}\Big|_0^a = \frac{\pi}{4a}$.

例15 求 $\int_0^1 x\sqrt{1-x^2} dx$.

解 $\int_0^1 x\sqrt{1-x^2} dx = -\frac{1}{2}\int_0^1 (1-x^2)^{\frac{1}{2}} d(1-x^2)$

$= -\frac{1}{2} \cdot \frac{1}{\frac{1}{2}+1}(1-x^2)^{\frac{1}{2}+1}\Big|_0^1$

$= \frac{1}{3}$.

例16 求 $\int_e^{e^2} \frac{1}{x\ln x} dx$.

解 $\int_e^{e^2} \frac{1}{x\ln x} dx = \int_e^{e^2} \frac{1}{\ln x} \cdot \frac{1}{x} dx$

$= \int_e^{e^2} \frac{1}{\ln x} d\ln x = \ln(\ln x)\Big|_e^{e^2} = \ln 2$.

例17 求 $\int_0^{\ln 2} \frac{e^x}{1+e^x} dx$.

解 $\int_0^{\ln 2} \frac{e^x}{1+e^x} dx = \int_0^{\ln 2} \frac{1}{1+e^x} de^x$

$= \int_0^{\ln 2} \frac{1}{1+e^x} d(1+e^x) = \ln(1+e^x)\Big|_0^{\ln 2} = \ln 3 - \ln 2 = \ln\frac{3}{2}$.

6.3.2 定积分的换元法

换元法的基本思想就是寻求一个适当的函数 $x = \varphi(t)$，使得

核心内容讲解 36
定积分的换元积分法

将它代入 $\int_a^b f(x)dx$ 后得到的新积分 $\int_\alpha^\beta f(\varphi(t))\varphi'(t)dt$ 比较容易算出，这里 $a=\varphi(\alpha)$，$b=\varphi(\beta)$. 若 $f(\varphi(t))\varphi'(t)$ 的原函数是 $F(t)$，则

$$\int_a^b f(x)dx \xrightarrow{x=\varphi(t)} \int_\alpha^\beta f(\varphi(t))\varphi'(t)dt = F(t)\Big|_\alpha^\beta.$$

例 18 求 $\int_1^4 \dfrac{dx}{1+\sqrt{x}}$.

解 令 $\sqrt{x}=t$，则 $x=t^2$，$dx=2tdt$. 当 $x=1$ 时，$t=1$；当 $x=4$ 时，$t=2$. 由换元公式，有

$$\int_1^4 \frac{dx}{1+\sqrt{x}} = \int_1^2 \frac{2tdt}{1+t} = 2\int_1^2 \left(1-\frac{1}{1+t}\right)dt$$

$$= 2[t-\ln(1+t)]\Big|_1^2 = 2(1-\ln3+\ln2).$$

一般而言，在大部分情况下，换元的目的是使根式有理化.

例 19 求 $\int_{-3}^0 \dfrac{x+1}{\sqrt{x+4}}dx$.

解 令 $\sqrt{x+4}=t$，则 $x=t^2-4$，$dx=2tdt$. 当 $x=-3$ 时，$t=1$；当 $x=0$ 时，$t=2$. 由换元公式，有

$$\int_{-3}^0 \frac{x+1}{\sqrt{x+4}}dx = \int_1^2 \frac{t^2-4+1}{t} \cdot 2tdt = 2\int_1^2 (t^2-3)dt$$

$$= 2\left(\frac{1}{3}t^3-3t\right)\Big|_1^2 = -\frac{4}{3}.$$

例 20 求 $\int_0^a \sqrt{a^2-x^2}\,dx$ $(a>0)$.

解 令 $x=a\sin t$，则 $dx=a\cos t\,dt$. 当 $x=0$ 时，$t=0$；当 $x=a$ 时，$t=\dfrac{\pi}{2}$. 由换元公式，有

$$\int_0^a \sqrt{a^2-x^2}\,dx \xrightarrow{x=a\sin t} \int_0^{\frac{\pi}{2}} a\cos t \cdot a\cos t\,dt = a^2\int_0^{\frac{\pi}{2}} \cos^2 t\,dt$$

$$= \frac{a^2}{2}\int_0^{\frac{\pi}{2}}(1+\cos 2t)dt = \frac{a^2}{2}\left(t+\frac{1}{2}\sin 2t\right)\Big|_0^{\frac{\pi}{2}}$$

$$= \frac{1}{4}\pi a^2.$$

例 21 求证：(1) 若 $f(x)$ 在区间 $[-a,a]$ 上连续且为偶函数，则 $\int_{-a}^a f(x)dx = 2\int_0^a f(x)dx$；(2) 若 $f(x)$ 在区间 $[-a,a]$ 上连续且为奇函数，则 $\int_{-a}^a f(x)dx = 0$.

证明 由定积分对区间的可加性，有

$$\int_{-a}^a f(x)dx = \int_{-a}^0 f(x)dx + \int_0^a f(x)dx,$$

对等号右边的第一项 $\int_{-a}^{0} f(x)\mathrm{d}x$ 作替换 $x=-t$, 得

$$\int_{-a}^{0} f(x)\mathrm{d}x = -\int_{a}^{0} f(-t)\mathrm{d}t = \int_{0}^{a} f(-t)\mathrm{d}t = \int_{0}^{a} f(-x)\mathrm{d}x,$$

故有

$$\int_{-a}^{a} f(x)\mathrm{d}x = \int_{0}^{a} [f(-x)+f(x)]\mathrm{d}x.$$

(1) 若 $f(x)$ 为偶函数, 则 $f(-x)+f(x)=2f(x)$, 从而

$$\int_{-a}^{a} f(x)\mathrm{d}x = 2\int_{0}^{a} f(x)\mathrm{d}x.$$

(2) 若 $f(x)$ 为奇函数, 则 $f(-x)+f(x)=0$, 从而

$$\int_{-a}^{a} f(x)\mathrm{d}x = 0.$$

上面的结论应视为公式熟记.

6.3.3 定积分的分部积分法

设函数 $u(x)$ 和 $v(x)$ 在区间 $[a,b]$ 上都具有连续的导函数, 则

$$(uv)' = u'v + uv',$$

所以

$$\int_{a}^{b} (uv)'\mathrm{d}x = \int_{a}^{b} u'v\mathrm{d}x + \int_{a}^{b} uv'\mathrm{d}x,$$

从而

$$\int_{a}^{b} uv'\mathrm{d}x = \int_{a}^{b} (uv)'\mathrm{d}x - \int_{a}^{b} u'v\mathrm{d}x = (uv)\Big|_{a}^{b} - \int_{a}^{b} u'v\mathrm{d}x.$$

这就是定积分的分部积分公式. 这个公式也可写成形式

$$\int_{a}^{b} u\mathrm{d}v = (uv)\Big|_{a}^{b} - \int_{a}^{b} v\mathrm{d}u.$$

核心内容讲解 37
定积分的分部积分法

例 22 求 $\int_{0}^{1} x\mathrm{e}^{-x}\mathrm{d}x$.

解
$$\int_{0}^{1} x\mathrm{e}^{-x}\mathrm{d}x = -\int_{0}^{1} x\mathrm{d}\mathrm{e}^{-x} = -(x\mathrm{e}^{-x})\Big|_{0}^{1} + \int_{0}^{1} \mathrm{e}^{-x}\mathrm{d}x$$
$$= -\mathrm{e}^{-1} - \mathrm{e}^{-x}\Big|_{0}^{1} = 1 - \frac{2}{\mathrm{e}}.$$

例 23 求 $\int_{1}^{\mathrm{e}} x\ln x\mathrm{d}x$.

解
$$\int_{1}^{\mathrm{e}} x\ln x\mathrm{d}x = \frac{1}{2}\int_{1}^{\mathrm{e}} \ln x\mathrm{d}(x^2)$$
$$= \frac{1}{2}\left[(x^2\ln x)\Big|_{1}^{\mathrm{e}} - \int_{1}^{\mathrm{e}} x^2\mathrm{d}\ln x\right]$$
$$= \frac{1}{2}\left[x^2\ln x\Big|_{1}^{\mathrm{e}} - \int_{1}^{\mathrm{e}} x^2 \cdot \frac{1}{x}\mathrm{d}x\right]$$
$$= \frac{1}{2}\left(\mathrm{e}^2 - \frac{1}{2}x^2\Big|_{1}^{\mathrm{e}}\right) = \frac{1}{4}(\mathrm{e}^2+1).$$

例 24 求 $\int_{0}^{1} x\arctan x\mathrm{d}x$.

解 $\int_0^1 x \arctan x \, dx = \dfrac{1}{2}\int_0^1 \arctan x \, d(x^2)$

$\qquad\qquad\qquad = \dfrac{1}{2}\left[(x^2 \arctan x)\Big|_0^1 - \int_0^1 \dfrac{x^2}{1+x^2}dx\right]$

$\qquad\qquad\qquad = \dfrac{1}{2}\left(\dfrac{\pi}{4} - \int_0^1 \dfrac{1+x^2-1}{1+x^2}dx\right)$

$\qquad\qquad\qquad = \dfrac{1}{2}\left[\dfrac{\pi}{4} - \int_0^1 \left(1 - \dfrac{1}{1+x^2}\right)dx\right]$

$\qquad\qquad\qquad = \dfrac{\pi}{8} - \dfrac{1}{2}(x - \arctan x)\Big|_0^1 = \dfrac{\pi}{4} - \dfrac{1}{2}.$

*6.4 广义积分

在一些实际问题中，我们常会遇到积分区间为无穷区间或被积函数为无界函数的积分，它们已经不属于前面所说的定积分了. 因此，我们对定积分做如下两种推广，从而形成广义积分的概念.

6.4.1 无穷区间的广义积分

1. 无穷区间上的广义积分概念

设函数 $f(x)$ 在区间 $[a, +\infty)$ 上连续，任取 $b > a$. 如果极限 $\lim\limits_{b\to +\infty}\int_a^b f(x)dx$ 存在，则称此极限为函数 $f(x)$ 在无穷区间 $[a, +\infty)$ 上的广义积分（也称为反常积分），记作 $\int_a^{+\infty} f(x)dx$，即

$$\int_a^{+\infty} f(x)dx = \lim_{b\to +\infty}\int_a^b f(x)dx.$$

这时也称广义积分 $\int_a^{+\infty} f(x)dx$ 收敛. 如果上述极限不存在，则称广义积分 $\int_a^{+\infty} f(x)dx$ 发散.

类似地，设函数 $f(x)$ 在区间 $(-\infty, b]$ 上连续，如果极限 $\lim\limits_{a\to -\infty}\int_a^b f(x)dx$ 存在，则称此极限为函数 $f(x)$ 在无穷区间 $(-\infty, b]$ 上的广义积分（也称为反常积分），记作 $\int_{-\infty}^b f(x)dx$，即

$$\int_{-\infty}^b f(x)dx = \lim_{a\to -\infty}\int_a^b f(x)dx.$$

这时也称广义积分 $\int_{-\infty}^b f(x)dx$ 收敛. 如果上述极限不存在，则称广义积分 $\int_{-\infty}^b f(x)dx$ 发散.

设函数 $f(x)$ 在区间 $(-\infty, +\infty)$ 上连续，如果广义积分

$\int_{-\infty}^{c} f(x) \mathrm{d}x$ 和 $\int_{c}^{+\infty} f(x) \mathrm{d}x$ (c 为任意常数) 都收敛，则称上述两个广义积分的和为函数 $f(x)$ 在无穷区间 $(-\infty, +\infty)$ 上的广义积分（反常积分），记作 $\int_{-\infty}^{+\infty} f(x) \mathrm{d}x$，即

$$\int_{-\infty}^{+\infty} f(x) \mathrm{d}x = \int_{-\infty}^{c} f(x) \mathrm{d}x + \int_{c}^{+\infty} f(x) \mathrm{d}x$$
$$= \lim_{a \to -\infty} \int_{a}^{c} f(x) \mathrm{d}x + \lim_{b \to +\infty} \int_{c}^{b} f(x) \mathrm{d}x.$$

这时也称广义积分 $\int_{-\infty}^{+\infty} f(x) \mathrm{d}x$ 收敛. 如果上述极限不存在，则称广义积分 $\int_{-\infty}^{+\infty} f(x) \mathrm{d}x$ 发散.

2. 无穷区间上的广义积分的计算

无穷区间上的广义积分的计算就是先将广义积分写成定积分形式，并计算定积分，然后再取相应的极限进行计算. 若极限存在，则广义积分收敛，若极限不存在，则广义积分发散.

(1) 计算 $\int_{a}^{+\infty} f(x) \mathrm{d}x$.

① 任取 $b > a$，先求 $\int_{a}^{b} f(x) \mathrm{d}x = p(b)$;

② 求 $\lim\limits_{b \to +\infty} \int_{a}^{b} f(x) \mathrm{d}x = \lim\limits_{b \to +\infty} p(b)$ 的极限. 若极限存在，则广义积分收敛；若极限不存在，则广义积分发散.

(2) 计算 $\int_{-\infty}^{b} f(x) \mathrm{d}x$.

① 任取 $a < b$，先求 $\int_{a}^{b} f(x) \mathrm{d}x = p(a)$;

② 求 $\lim\limits_{a \to -\infty} \int_{a}^{b} f(x) \mathrm{d}x = \lim\limits_{a \to -\infty} p(a)$ 的极限. 若极限存在，则广义积分收敛；若极限不存在，则广义积分发散.

(3) 计算 $\int_{-\infty}^{+\infty} f(x) \mathrm{d}x$.

可先分别计算 $\int_{-\infty}^{0} f(x) \mathrm{d}x$ 及 $\int_{0}^{+\infty} f(x) \mathrm{d}x$，若两个积分都收敛，则 $\int_{-\infty}^{+\infty} f(x) \mathrm{d}x = \int_{-\infty}^{0} f(x) \mathrm{d}x + \int_{0}^{+\infty} f(x) \mathrm{d}x$，若有一个积分发散，则 $\int_{-\infty}^{+\infty} f(x) \mathrm{d}x$ 也发散.

例 25 计算广义积分 $\int_{-\infty}^{+\infty} x \mathrm{d}x$.

解 因为 $\int_{-\infty}^{0} x \mathrm{d}x = \lim\limits_{a \to -\infty} \int_{a}^{0} x \mathrm{d}x = \lim\limits_{a \to -\infty} \frac{1}{2} x^2 \Big|_{a}^{0} = -\infty$，所以，$\int_{0}^{+\infty} x \mathrm{d}x$ 发散，因此，$\int_{-\infty}^{+\infty} x \mathrm{d}x$ 发散.

注：如果这样计算 $\int_{-\infty}^{+\infty} x\,\mathrm{d}x = \frac{1}{2}x^2 \Big|_{-\infty}^{+\infty}$

$= \frac{1}{2}(\lim\limits_{x\to+\infty} x^2 - \lim\limits_{x\to-\infty} x^2) = \frac{1}{2}(\infty - \infty) = 0$，是错误的！

例 26 计算广义积分 $\int_{-\infty}^{+\infty} \frac{1}{1+x^2}\mathrm{d}x$.

解 因为 $\int_{-\infty}^{0} \frac{1}{1+x^2}\mathrm{d}x = \lim\limits_{a\to-\infty} \int_{a}^{0} \frac{1}{1+x^2}\mathrm{d}x =$

$\lim\limits_{a\to-\infty} \arctan x \Big|_{a}^{0} = \lim\limits_{a\to-\infty}(-\arctan a) = \frac{\pi}{2}.$

同理 $\int_{0}^{+\infty} \frac{1}{1+x^2}\mathrm{d}x = \frac{\pi}{2}$，所以 $\int_{-\infty}^{+\infty} \frac{1}{1+x^2}\mathrm{d}x = \frac{\pi}{2}+\frac{\pi}{2}=\pi.$

例 27 求证：广义积分 $\int_{a}^{+\infty} \frac{1}{x^\alpha}\mathrm{d}x$ ($\alpha>0$)，当 $\alpha>1$ 时，收敛；当 $\alpha\leqslant 1$ 时发散.

证明 当 $\alpha=1$ 时，$\int_{a}^{+\infty} \frac{1}{x}\mathrm{d}x = \lim\limits_{b\to+\infty} \int_{a}^{b} \frac{1}{x}\mathrm{d}x = \lim\limits_{b\to+\infty} \ln x \Big|_{a}^{b} =$

$\lim\limits_{b\to+\infty}(\ln b - \ln a) = +\infty$，所以积分发散.

当 $\alpha\neq 1$ 时，$\int_{a}^{+\infty} \frac{1}{x^\alpha}\mathrm{d}x = \lim\limits_{b\to+\infty} \int_{a}^{b} \frac{1}{x^\alpha}\mathrm{d}x = \lim\limits_{b\to+\infty} \frac{1}{1-\alpha}x^{1-\alpha} \Big|_{a}^{b}.$

当 $\alpha<1$ 时，发散；

当 $\alpha>1$ 时，收敛于 $\frac{1}{\alpha-1}$.

综上所述，对于 $\int_{a}^{+\infty} \frac{1}{x^\alpha}\mathrm{d}x$ ($\alpha>0$) 称为 α 积分. 当 $\alpha\leqslant 1$ 时，发散；当 $\alpha>1$ 时，收敛于 $\frac{1}{\alpha-1}$（此结论应视为公式记住！）.

例 28 计算 $\int_{1}^{+\infty} \frac{\mathrm{d}x}{x^2}$.

解 由例 27 可知，因为 $\alpha=2>1$，所以广义积分收敛，且其和为 $\frac{1}{2-1}=1$.

6.4.2 无界函数的广义积分

设函数 $f(x)$ 在区间 $(a,b]$ 上连续，且 $\lim\limits_{x\to a^+} f(x) = \infty$，即在点 a 的右邻域内无界，则称点 a 为无界点（或瑕点）. 任取 $\varepsilon>0$，如果极限 $\lim\limits_{\varepsilon\to 0^+} \int_{a+\varepsilon}^{b} f(x)\mathrm{d}x$ 存在，则称此极限为函数 $f(x)$ 在 $(a,b]$ 上的广义积分，仍然记作 $\int_{a}^{b} f(x)\mathrm{d}x$，即

$$\int_{a}^{b} f(x)\mathrm{d}x = \lim\limits_{\varepsilon\to 0^+} \int_{a+\varepsilon}^{b} f(x)\mathrm{d}x.$$

这时也称广义积分 $\int_a^b f(x)\mathrm{d}x$ 收敛. 如果上述极限不存在, 就称广义积分 $\int_a^b f(x)\mathrm{d}x$ 发散.

类似地, 设函数 $f(x)$ 在 $[a,b]$ 上连续, 且 $\lim\limits_{x \to b^-} f(x) = \infty$, 即在点 b 的左邻域内无界, 则称点 b 为无界点（或瑕点）. 任取 $\varepsilon > 0$, 如果极限 $\lim\limits_{\varepsilon \to 0^+} \int_a^{b-\varepsilon} f(x)\mathrm{d}x$ 存在, 则称此极限为函数 $f(x)$ 在 $[a,b]$ 上的广义积分, 仍然记作 $\int_a^b f(x)\mathrm{d}x$, 即

$$\int_a^b f(x)\mathrm{d}x = \lim_{\varepsilon \to 0^+} \int_a^{b-\varepsilon} f(x)\mathrm{d}x.$$

这时也称广义积分 $\int_a^b f(x)\mathrm{d}x$ 收敛. 如果上述极限不存在, 就称广义积分 $\int_a^b f(x)\mathrm{d}x$ 发散.

设函数 $f(x)$ 在区间 $[a,b]$ 上除点 c $(a<c<b)$ 外连续, 且 $\lim\limits_{x \to c} f(x) = \infty$, 即在点 c 的某邻域内无界, 则称点 c 为无界点（或瑕点）, $\int_a^b f(x)\mathrm{d}x$ 为函数 $f(x)$ 在 $[a,b]$ 上的广义积分,

$$\int_a^b f(x)\mathrm{d}x = \int_a^c f(x)\mathrm{d}x + \int_c^b f(x)\mathrm{d}x.$$

如果 $\int_a^c f(x)\mathrm{d}x$ 与 $\int_c^b f(x)\mathrm{d}x$ 都收敛, 则称广义积分 $\int_a^b f(x)\mathrm{d}x$ 收敛; 如果 $\int_a^c f(x)\mathrm{d}x$ 与 $\int_c^b f(x)\mathrm{d}x$ 中至少有一个发散, 则称广义积分 $\int_a^b f(x)\mathrm{d}x$ 发散.

无界函数的广义积分, 我们也常称为瑕积分.

对于无界函数的广义积分, 我们也有牛顿-莱布尼茨公式: 设 $F(x)$ 为 $f(x)$ 的一个原函数.

(1) 如果点 a 是 $f(x)$ 在 $(a,b]$ 上的无界点, 则有

$$\int_a^b f(x)\mathrm{d}x = \lim_{\varepsilon \to 0^+} \int_{a+\varepsilon}^b f(x)\mathrm{d}x = \lim_{\varepsilon \to 0^+} F(x)\Big|_{a+\varepsilon}^b$$
$$= F(b) - \lim_{\varepsilon \to 0^+} F(a+\varepsilon);$$

(2) 如果点 b 是 $f(x)$ 在 $[a,b)$ 上的无界点, 则有

$$\int_a^b f(x)\mathrm{d}x = \lim_{\varepsilon \to 0^+} \int_a^{b-\varepsilon} f(x)\mathrm{d}x = \lim_{\varepsilon \to 0^+} F(x)\Big|_a^{b-\varepsilon}$$
$$= \lim_{\varepsilon \to 0^+} F(b-\varepsilon) - F(a);$$

(3) 如果点 c $(a<c<b)$ 是 $f(x)$ 在 $[a,b]$ 上的无界点, 则有

$$\int_a^b f(x)\mathrm{d}x = \int_a^c f(x)\mathrm{d}x + \int_c^b f(x)\mathrm{d}x$$

$$= \lim_{\varepsilon \to 0^+} F(x)\Big|_a^{c-\varepsilon} + \lim_{\varepsilon' \to 0^+} F(x)\Big|_{c+\varepsilon'}^b$$
$$= \left[\lim_{\varepsilon \to 0^+} F(c-\varepsilon) - F(a)\right] +$$
$$\left[F(b) - \lim_{\varepsilon' \to 0^+} F(c+\varepsilon')\right].$$

注：上式中的 ε 与 ε' 不一定是相同的.

例 29 计算广义积分 $\int_0^a \dfrac{1}{\sqrt{a^2-x^2}} \mathrm{d}x \ (a>0)$.

解 因为 $\lim\limits_{x \to a^-} \dfrac{1}{\sqrt{a^2-x^2}} = +\infty$，所以点 a 为被积函数的无界点.

$$\int_0^a \frac{1}{\sqrt{a^2-x^2}} \mathrm{d}x = \lim_{\varepsilon \to 0^+} \int_0^{a-\varepsilon} \frac{1}{\sqrt{a^2-x^2}} \mathrm{d}x$$
$$= \lim_{\varepsilon \to 0^+} \arcsin \frac{a-\varepsilon}{a} - 0 = \frac{\pi}{2}.$$

例 30 计算广义积分 $\int_0^2 \dfrac{\mathrm{d}x}{\sqrt{x(2-x)}}$.

解 $\int_0^2 \dfrac{\mathrm{d}x}{\sqrt{x(2-x)}} = \lim\limits_{\varepsilon \to 0^+} \int_\varepsilon^{2-\varepsilon} \dfrac{1}{\sqrt{1-(x-1)^2}} \mathrm{d}(x-1)$

$$= \lim_{\varepsilon \to 0^+} \arcsin(x-1) \Big|_\varepsilon^{2-\varepsilon} = \pi.$$

注意：由于有限区间上的无界函数的广义积分常常会与常义积分混淆，因此求积分时，首先应判断积分区间上有无瑕点. 有瑕点的，是广义积分；无瑕点的，是常义积分. 若是广义积分，则还要保证积分区间仅有一端是瑕点，中间没有瑕点. 若不然，则要将积分区间分段，使每一段区间仅有一端是瑕点，中间没有瑕点.

6.5 积分的应用

6.5.1 求原函数

例 31 已知自由落体运动的速度 $v=gt$（g 为重力加速度），求自由落体运动的方程 $s=s(t)$.

解 根据题意，可知 $s=s(t)$ 应满足关系式
$$s'(t)=v. \tag{1}$$
此外，$s=s(t)$ 还应满足下列条件，即
$$t=0 \text{ 时}, s=0 \tag{2}$$
式 (1) 积分，得
$$s(t)=\int v \mathrm{d}t = \int gt \, \mathrm{d}t = \frac{1}{2}gt^2+C, \tag{3}$$

将条件 $t=0$ 时，$s=0$ 代入式（3），得 $C=0$，从而所求的自由落体运动的方程为

$$s(t)=\frac{1}{2}gt^2.$$

例 32 已知一服装工厂生产某类牛仔裤产量为 x 条时，每天的边际成本为 $C'(x)=2x+10$，固定成本 $C(0)=2000$ 元，求总成本函数 $C(x)$.

解 因为 $C(x)=\int C'(x)\mathrm{d}x=\int(2x+10)\mathrm{d}x=x^2+10x+C$,

$$C(0)=0^2+10\cdot 0+C=2000,$$

解得 $C=2000$，所以 $C(x)=x^2+10x+2000$.

通过例 32 我们发现总成本函数 $C(x)$ 中的任意常数 C 为固定成本 $C(0)$.

例 33 已知某帽子工厂产量为 x 顶时，边际成本为 $C'(x)=10+0.1x$，固定成本 $C(0)=200$ 元，边际收益为 $R'(x)=15$，求利润函数 $L(x)$.

解 因为
$$\begin{aligned}C(x)&=\int C'(x)\mathrm{d}x\\&=\int(10+0.1x)\mathrm{d}x\\&=10x+0.05x^2+C(0),\end{aligned}$$

所以 $C(x)=0.05x^2+10x+200$.

$$R(x)=\int R'(x)\mathrm{d}x=\int 15\mathrm{d}x=15x+R(0),$$

显然，
$$R(0)=0,$$

所以，$R(x)=15x$，则

$$L(x)=R(x)-C(x)=-0.05x^2+5x-200.$$

核心内容讲解 38
几何应用

6.5.2 求平面图形的面积

根据定积分的几何意义可以求曲线围成的平面图形的面积，其步骤如下：

① 作图，求出曲线的交点；
② 选用适当的计算公式，由曲线的交点确定积分式的上、下限；
③ 计算定积分，求出平面图形的面积.

例 34 求由 $y=\mathrm{e}^x$，$x=0$，$x=1$ 及 x 轴围成的图形面积.

解 如图 6-13 所示，

$$S=\int_0^1 \mathrm{e}^x\mathrm{d}x=\mathrm{e}^x\Big|_0^1=\mathrm{e}-1.$$

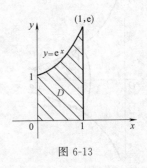
图 6-13

例 35 求由 $y=\dfrac{1}{x}$，$y=x$，$x=2$ 及 x 轴围成的图形面积.

解 如图6-14 所示，
$$S=\int_0^1 x\,dx+\int_1^2 \dfrac{1}{x}dx=\dfrac{1}{2}+\ln 2.$$

例 36 求由 $y=2x^2$ 和 $y=4x$ 围成的图形面积.

解 如图6-15 所示，
$$S=\int_0^2(4x-2x^2)dx=\left(2x^2-\dfrac{2}{3}x^3\right)\Big|_0^2=\dfrac{8}{3}.$$

例 37 求由 $y=x^2$，$y=1$ 及 y 轴围成的图形面积.

解 如图6-16 所示，

方法一：$S=\int_0^1(1-x^2)dx=\left(x-\dfrac{x^3}{3}\right)\Big|_0^1=\dfrac{2}{3}.$

方法二：$S=\int_0^1 \sqrt{y}\,dy=\dfrac{2}{3}y^{\frac{3}{2}}\Big|_0^1=\dfrac{2}{3}.$

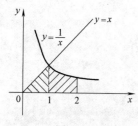

图 6-14

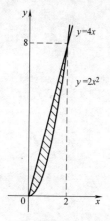

图 6-15

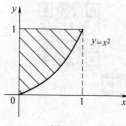

图 6-16

6.5.3 求旋转体的体积

1. 由 $y=f(x)$，$x=a$，$x=b(a<b)$ 及 x 轴所围成的图形绕 x 轴旋转所得的旋转体积 V_x：
$$V_x=\pi\int_a^b f^2(x)dx.$$

2. 由 $x=\varphi(y)$，$y=c$，$y=d(c<d)$ 及 y 轴所围成的图形绕 y 轴旋转所得旋转体体积 V_y：
$$V_y=\pi\int_c^d \varphi^2(y)dy.$$

例 38 求例 34 中的阴影部分绕 x 轴旋转一周所得旋转体体积.

解 $V=\pi\int_0^1(e^x)^2 dx=\pi\int_0^1 e^{2x}dx=\dfrac{\pi}{2}e^{2x}\Big|_0^1=\dfrac{\pi}{2}(e^2-1).$

例 39 求由曲线 $xy=a(a>0)$ 与直线 $x=a$，$x=2a$ 及 $y=0$ 所围成的平面图形绕 x 轴旋转一周所得旋转体体积.

解 画出此旋转体的图形如图 6-17 所示，其体积为
$$V=\pi\int_a^{2a}\left(\dfrac{a}{x}\right)^2 dx=\pi a^2\int_a^{2a}x^{-2}dx$$
$$=-\pi a^2 x^{-1}\Big|_a^{2a}=-\pi a^2\left(\dfrac{1}{2a}-\dfrac{1}{a}\right)=\dfrac{\pi a}{2}.$$

例 40 求例 37 中的阴影部分围绕 y 轴旋转一周所得旋转体体积.

解 $V=\pi\int_0^1(\sqrt{y})^2 dy=\pi\cdot\dfrac{1}{2}y^2\Big|_0^1=\dfrac{\pi}{2}.$

例 41 求由曲线 $y=x^2$，$y=2-x^2$ 所围成的图形分别绕 x

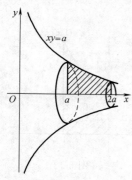

图 6-17

轴和 y 轴旋转而成的旋转体的体积.

解 画出此旋转体的平面图形如图 6-18 所示. 由方程组
$$\begin{cases} y = x^2, \\ y = 2 - x^2 \end{cases}$$

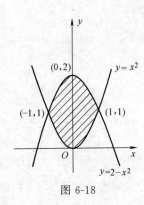

图 6-18

解得交点为 $(-1,1)$ 及 $(1,1)$. 于是, 所求绕 x 轴旋转而成的旋转体的体积为
$$V_x = 2\pi \int_0^1 [(2-x^2)^2 - x^4] \mathrm{d}x = 8\pi\left(x - \frac{1}{3}x^3\right)\Big|_0^1 = \frac{16}{3}\pi,$$

所求绕 y 轴旋转而成的旋转体的体积
$$V_y = \pi \int_0^1 (\sqrt{y})^2 \mathrm{d}y + \pi \int_1^2 (\sqrt{2-y})^2 \mathrm{d}y$$
$$= \pi\left(\frac{1}{2}y^2\right)\Big|_0^1 + \pi\left(2y - \frac{1}{2}y^2\right)\Big|_1^2 = \pi.$$

6.5.4 求总量

设物体在变力 $y = f(x)$ 作用下, 沿 x 轴正向从点 a 移动到 b, 它所做的功为
$$w = \int_a^b f(x) \mathrm{d}x.$$

例 42 根据胡克定律: 弹簧的弹力与形变的长度成正比. 已知汽车车厢下的减震弹簧压缩 1cm 需力 14000N, 求弹簧压缩 2cm 时所做的功.

解 弹簧的弹力为 $f(x) = kx$ (k 为比例常数), 当 $x = 0.01$m 时, 由
$$f(0.01) = k \times 0.01 = 1.4 \times 10^4 (\mathrm{N})$$
得
$$k = 1.4 \times 10^6 (\mathrm{N/m}).$$
故弹力为
$$f(x) = 1.4 \times 10^6 x.$$
于是 $W = \int_0^{0.02} 1.4 \times 10^6 x \mathrm{d}x = \frac{1.4 \times 10^6}{2} x^2 \Big|_0^{0.02} = 280 (\mathrm{J}).$

所以, 弹簧压缩 2cm 时所做的功为 280J.

例 43 某煤矿投资 2000 万元建成, 在时刻 t 的追加成本和增加收益分别为
$$C'(t) = 6 + 2t^{\frac{2}{3}} (单位:百万元/年);$$
$$R'(t) = 18 - t^{\frac{2}{3}} (单位:百万元/年);$$

试确定该矿在何时停止生产方可获得最大利润? 最大利润是多少?

解 (1) 因为 $L(t) = R(t) - C(t)$,

从而 $L'(t) = R'(t) - C'(t)$.

令 $L'(t) = 0$, 即 $R'(t) - C'(t) = 18 - t^{\frac{2}{3}} - 6 - 2t^{\frac{2}{3}} = 0$,

解得 $t = 8$,

又因为 $L''(t)=R''(t)-C''(t)=-\frac{2}{3}t^{-\frac{1}{3}}-\frac{4}{3}t^{-\frac{1}{3}}$,

将 $t=8$ 代入，得 $L''(8)=R''(8)-C''(8)$
$$=-\frac{2}{3}\times 8^{-\frac{1}{3}}-\frac{4}{3}\times 8^{-\frac{1}{3}}<0.$$

由于 $L(8)$ 为唯一的极大值，所以 $L(8)$ 即为最大值．

故 $t=8$ 时该矿可获最大利润．

(2) $L=\int_0^8 [R'(t)-C'(t)]dt - 20$
$=\int_0^8 [(18-t^{\frac{2}{3}})-(6+2t^{\frac{2}{3}})]dt - 20$
$=\left(12t-\frac{9}{5}t^{\frac{5}{3}}\right)\Big|_0^8 - 20$
$=38.4-20$
$=18.4$（百万元）．

答：该矿在第 8 年可获得最大利润，最大利润为 1840 万元．

例 44 设某个产品的需求函数和供应函数分别是
$$p=D(x)=70-x-x^2, p=S(x)=12x+2(0\leqslant x\leqslant 6).$$
其中，x 以万人计；p 的单位是元．求在市场平衡价格基础上的消费者剩余和生产者剩余．

解 解方程 $D(x)=S(x)$，得
$$x=4, p=50.$$
因此供需平衡点是 $(4,50)$．需求函数和供给函数的图形如图 6-19 所示．

消费者剩余为
$$U_c=\int_0^4 [(70-x-x^2)-50]dx$$
$$=280-8-\frac{64}{3}-200=\frac{152}{3},$$

生产者剩余为
$$U_p=\int_0^4 [50-(12x+2)]dx=200-96-8=96.$$

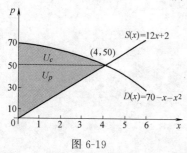

图 6-19

*6.5.5 求资产的未来价值与现行价值

设有一笔本金为 A_0、利率为 r 的资产，如果按连续复利计算，则 t 期的本利和为
$$A=A_0 e^{rt},$$
称其为资产 A_0 在利率 r 下的 t 期未来值．记为 FV，即
$$FV=A_0 e^{rt}.$$

其中，t 表示期数，一般情况都是以一年为一期．上述公式可以看成是资产随时间的自然增值．A_0 元的资产 t 年后将增值为 $A_0 e^{rt}$ 元，反之一笔 t 年的 A_0 元资产，它现在的价值就应该是

$A_0 e^{-rt}$ 元，这称为现行价值或贴现价值，记为 PV，即

$$PV = A_0 e^{-rt}.$$

如果每年都投入 A_0，按连续复利 r 计算，t 年后的本利和为

$$\int_0^t A_0 e^{rt} dt.$$

如果在未来的 t_0 年内，每年的收入为 $A(t)$，则它们总和的贴现价值为

$$\int_0^{t_0} A(t) e^{-rt} dt.$$

若 $A(t)$ 为常数 A，则上式变为 $A \int_0^{t_0} e^{-rt} dt = \dfrac{A}{r}(1 - e^{rt_0})$.

例 45 一退休工人投资基金，每年投入 1000 元，按 10% 的利率回报，5 年后他可以得到多少资金？

解 由题知 $A_0 = 1000$，$r = 10\% = 0.1$，$t = 5$，则

$$\int_0^5 A_0 e^{0.1t} dt = 1000 \times 10 e^{\frac{t}{10}} \Big|_0^5 = 10000(e^{\frac{1}{2}} - 1)$$
$$= 1000 \times 0.6487 = 6487 \text{（元）}.$$

即 5 年后可以得到 6487 元.

例 46 某产品现售价为 8000 元，购买者分期 10 年付清，每年付款相同，若以年利率 5% 贴现，按连续复利，每年应付多少元？

解 设每年付款 A 元，$r = 0.05$，$t_0 = 10$，则

$$8000 = A \int_0^{10} e^{-0.05t} dt,$$
$$400 \approx A(1 - 0.6065),$$
$$A \approx 1016.51 \text{（元）},$$

即每年应付款 1016.51 元.

例 47 每年进行等额投资，按复利率 8% 计算，希望经过 20 年后得到 100000 元，那么每年应投入多少钱？

解 设每年应投入 A 元，$t = 20$，$r = 8\% = 0.08$，则

$$100000 = \int_0^{20} A e^{0.08t} dt,$$

$$100000 = \frac{A}{0.08}(e^{0.08 \times 20} - 1),$$

解得 $A \approx 2023.8$（元）. 即每年投入 2023.8 元，按 8% 复利计算，20 年后就可以得到 100000 元.

例 48 在 1997 年，世界上铜的消耗量是 11300000t，而铜

的需求正在以每年 15% 的比率呈指数增长,那么从 1997 年到 2010 年世界上将消耗铜多少 t?

解 已知 $t_0=0$（1997 年）, $t=2010-1997=13$, $A_0=11300000t$,

$$\int_0^{13} 11300000 e^{0.15t} dt = \frac{11300000}{0.15}(e^{0.15 \times 13}-1)$$
$$\approx 75333333(e^{1.95}-1)$$
$$\approx 75333333(7.028-1)$$
$$\approx 454161129.$$

即从 1997 年到 2010 年世界上将消耗铜 454161129t.

例 49 铯-137 每年有 2.3% 的衰减率,假设在 20 年中铯-137 以每年 1kg 的速度释放到大气中,试问在这 20 年中由此产生的放射性物质的累积总量是多少?

解 已知 $t=20$, $A_0=1$kg, $r=2.3\%$, 则

$$\int_0^{20} 1 \times e^{0.023t} dt = \frac{1}{0.023} \times (e^{0.023 \times 20}-1) \text{（根据微分近似计算）}$$
$$\approx \frac{1}{0.023}(1.58-1)$$
$$= \frac{0.58}{0.023} = 25 \text{ (kg)}$$

所以 20 年中由此产生的放射性物质的累积总量约为 25kg.

例 50 某球星与一足球俱乐部签订一项合同,合同规定俱乐部在第 n 年末支付给该球星或其后代 n 万元 $(n=1,2,\cdots)$,假定银行存款按 5% 的年复利的方式计息,问老板应在签约当天向银行存入多少钱?

解 设 $r=5\%$ 为年复利率,若规定第 n 年支付 n 万元 $(n=1, 2,\cdots)$, 则应在银行存入的本金总数为

$$\sum_{n=1}^{\infty} n(1+r)^{-n} = \frac{1}{1+r} + \frac{2}{(1+r)^2} + \cdots + \frac{n}{(1+r)^n} + \cdots,$$

为求这一数项级数的和,考虑如下的幂级数

$$\sum_{n=1}^{\infty} nx^n = x + 2x^2 + 3x^3 + \cdots + nx^n + \cdots,$$

该幂级数的收敛域为 $(-1,1)$, 当 $r=\frac{1}{20}$ 时, $\frac{1}{1+r} \in (-1,1)$. 因此若求出幂级数 $\sum_{n=1}^{\infty} nx^n$ 的和函数 $S(x)$, 则 $S\left(\frac{1}{1+r}\right)$ 即为所求的数项级数的和.

令 $S(x) = \sum_{n=1}^{\infty} nx^n = x \sum_{n=1}^{\infty} nx^{n-1}$, 设 $\varphi(x) = \sum_{n=1}^{\infty} nx^{n-1}$, 则

$$\int_0^x \varphi(x) dx = \int_0^x \left(\sum_{n=1}^{\infty} nx^{n-1}\right) dx = \sum_{n=1}^{\infty} \int_0^x nx^{n-1} dx$$

$$= \sum_{n=1}^{\infty} x^n = \frac{x}{1-x},$$

从而 $\varphi(x) = \left(\frac{x}{1-x}\right)' = \frac{1}{(1-x)^2},$

故 $S(x) = \frac{x}{(1-x)^2},$

故 $S\left(\frac{1}{1+r}\right) = \sum_{n=1}^{\infty} n(1+r)^{-n} = \frac{\frac{1}{1+r}}{\left(1-\frac{1}{1+r}\right)^2} = \frac{1+r}{r^2}$

将 $r = \frac{1}{20}$ 代入，即得本金为 $S\left(\frac{1}{1+r}\right) = 420$（万元），

即老板应在签约当天存入银行 420 万元.

第 6 章 习 题

1. 单项选择题：

(1) 下列式子一定成立的是（　　）.

A. $\int_a^b f(x) dx = -\int_b^a f(x) dx \quad (a \neq b)$

B. $\int_a^b f(x) dx = \int_b^a f(x) dx \quad (a \neq b)$

C. $\int_a^b f(x) dx > \int_b^a f(x) dx \quad (a \neq b)$

D. $\int_a^b f(x) dx < \int_b^a f(x) dx \quad (a \neq b)$

(2) $\frac{d}{dx} \int_0^{\sqrt{2}} \sin^2 x \, dx$ 等于（　　）.

A. 0　　　　B. 1　　　　C. -1　　　　D. $\frac{\pi}{2}$

(3) 设 $f(x)$ 在区间 $[-a, a]$ 上连续且为奇函数，$F(x) = \int_0^x f(t) dt$，则（　　）.

A. $F(x)$ 是奇函数

B. $F(x)$ 是偶函数

C. $F(x)$ 是非奇非偶函数

D. A、B、C 三个选项都不对

(4) 设 $f(x)$ 和 $g(x)$ 都在区间 $[a, b]$ 上连续，则以下结论正确的是（　　）.

A. 若 $f(x) \leqslant g(x)$，$x \in [a, b]$，则 $\int_a^b f(x) dx \leqslant \int_a^b g(x) dx$

B. 若 $f(x) \leqslant g(x)$，$x \in [a, b]$，则 $\int_a^b f(x) dx = \int_a^b g(x) dx$

C. 若 $f(x) \leqslant g(x)$，$x \in [a,b]$，则 $\int_a^b f(x)\mathrm{d}x > \int_a^b g(x)\mathrm{d}x$

D. 若 $f(x) \leqslant g(x)$，$x \in [a,b]$，则 $\int_a^b f(x)\mathrm{d}x \geqslant \int_a^b g(x)\mathrm{d}x$

(5) 下列不等式成立的是（ ）.

A. $\int_1^2 x^2 \mathrm{d}x > \int_1^2 x^3 \mathrm{d}x$

B. $\int_1^2 \ln x \mathrm{d}x < \int_1^2 (\ln x)^2 \mathrm{d}x$

C. $\int_0^1 x^2 \mathrm{d}x > \int_0^1 x^3 \mathrm{d}x$

D. $\int_0^1 \mathrm{e}^x \mathrm{d}x < \int_0^1 (1+x)\mathrm{d}x$

(6) 定积分 $\int_a^b f(x)\mathrm{d}x$（ ）.

A. 与 $f(x)$ 无关

B. 与区间 $[a,b]$ 无关

C. 与 $\int_a^b f(t)\mathrm{d}t$ 相等

D. 是变量 x 的函数

(7) $\dfrac{\mathrm{d}}{\mathrm{d}x}\int_a^b \arctan x \mathrm{d}x = ($ $)$.

A. $\arctan x$　　　　　　B. $\dfrac{1}{1+x^2}$

C. $\arctan b - \arctan a$　　D. 0

(8) 积分中值公式 $\int_a^b f(x)\mathrm{d}x = f(\xi)(b-a)$，其中（ ）.

A. ξ 是区间 $[a,b]$ 上的任一点

B. ξ 是区间 $[a,b]$ 上必定存在的某一点

C. ξ 是区间 $[a,b]$ 上唯一的某一点

D. ξ 是区间 $[a,b]$ 的中点

(9) 若 $\int_0^1 (2x+k)\mathrm{d}x = 2$，则 $k = ($ $)$.

A. 1　　　B. -1　　　C. 0　　　D. $\dfrac{1}{2}$

(10) 设函数 $f(x)$ 在区间 $[-a,a]$ 上连续，则 $\int_{-a}^a f(x)\mathrm{d}x$ 恒等于（ ）.

A. $2\int_0^a f(x)\mathrm{d}x$

B. 0

C. $\int_0^a [f(x)+f(-x)]\mathrm{d}x$

D. $\int_0^a [f(x)-f(-x)]\mathrm{d}x$

(11) 设 $f'(x)$ 在区间 $[1,2]$ 上可积，且 $f(1)=1, f(2)=1$，$\int_1^2 f(x)dx = -1$，则 $\int_1^2 xf'(x)dx = (\quad)$.

A. 2　　　B. 1　　　C. 0　　　D. -1

(12) 设 $f(x)$ 在区间 $[-t,t]$ 上连续，则 $\int_{-t}^t f(-x)dx = (\quad)$.

A. 0　　　　　　　　B. $2\int_0^t f(x)dx$

C. $\int_{-t}^t f(x)dx$　　　D. $-\int_{-t}^t f(-x)dx$

(13) 下列反常积分中收敛的是（　　）.

A. $\int_0^{+\infty} e^x dx$　　　B. $\int_e^{+\infty} \frac{1}{x\ln x}dx$

C. $\int_{-1}^1 \frac{1}{\sin x}dx$　　D. $\int_1^{+\infty} x^{-\frac{3}{2}}dx$

(14) $\int_{-1}^1 \frac{1}{x^2}dx = (\quad)$.

A. 0　　　B. 2　　　C. -2　　　D. 发散

(15) 下述结论中错误的是（　　）.

A. $\int_0^{+\infty} \frac{x}{1+x^2}dx$ 发散　　B. $\int_{-\infty}^0 \frac{x}{1+x^2}dx$ 发散

C. $\int_{-\infty}^{+\infty} \frac{x}{1+x^2}dx = 0$　　D. $\int_{-\infty}^{+\infty} \frac{x}{1+x^2}dx$ 发散

2. 填空题：

(1) 设 $f(x)$ 在区间 $[a,b]$ 上连续，将区间 $[a,b]$ 作 n 等分：$a=x_0<x_1<\cdots<x_n=b$，并取小区间右端点 x_i，作乘积 $f(x_i) \cdot \frac{b-a}{n}$，则 $\lim_{n\to\infty} \sum_{i=1}^n f(x_i) \cdot \frac{b-a}{n} = $ _____；

(2) 根据定积分的几何意义，$\int_0^2 x\,dx = $ _____；

(3) $\frac{d}{dx} \int_1^x \frac{dt}{\sqrt{1+t^4}} = $ _____；

(4) 设 $x = \int_0^t \sin u\,du$，$y = \int_0^t \cos u\,du$，则 $\frac{dy}{dx} = $ _____；

(5) $\lim_{x\to 0} \frac{\int_0^x \cos t^2 dt}{x} = $ _____；

(6) 设 $f(x)$ 是连续函数，且 $\int_0^x f(t)dt = x^3$，则 $f(4) = $ _____；

(7) $\int_0^1 \left(e^{2x} + \dfrac{1}{1+x}\right)dx = $ _____ ;

(8) $\int_0^{\frac{\pi}{2}} (\sin x + \cos x)dx = $ _____ ;

(9) $\int_0^{\ln 2} x e^{-x} dx = $ _____ ;

(10) 设 xe^{-x} 为 $f(x)$ 的一个原函数,则 $\int_0^1 xf'(x)dx = $ _____ ;

(11) $\int_0^{\frac{\pi}{2}} \dfrac{\sin x \cos x}{1 + \sin^4 x} dx = $ _____ ;

(12) $\int_1^{e^3} \dfrac{1}{x\sqrt{1+\ln x}} dx = $ _____ ;

(13) 设 $f(x)$ 在区间 $[-a,a]$ 上连续,则 $\int_{-a}^{a} x^2 [f(x) - f(-x)]dx = $ _____ ;

(14) $\int_{-\frac{1}{2}}^{\frac{1}{2}} \dfrac{(\arcsin x)^2}{\sqrt{1-x^2}} dx = $ _____ ;

(15) $\int_2^{+\infty} \dfrac{dx}{x^k}$ 当 k 满足 _____ 时发散,当 _____ 时收敛;

(16) $\int_0^{+\infty} x e^{-x} dx = $ _____ ;

(17) $\int_0^1 \dfrac{dx}{(1-x)^2} = $ _____ ;(广义积分)

(18) $\int_1^2 \dfrac{x}{\sqrt{x-1}} dx = $ _____ .(广义积分)

3. 估计下列各积分的值:

(1) $\int_1^4 (x^2+1)dx$; (2) $\int_0^1 e^{x^2} dx$.

4. 根据定积分性质比较下列每组积分的大小:

(1) $\int_0^1 x^2 dx$, $\int_0^1 x^3 dx$; (2) $\int_0^1 e^x dx$, $\int_0^1 e^{x^2} dx$.

5. 计算下列各定积分:

(1) $\int_1^2 \left(x^2 + \dfrac{1}{x^4}\right)dx$; (2) $\int_4^9 \sqrt{x}(1+\sqrt{x})dx$;

(3) $\int_0^{\sqrt{3}a} \dfrac{dx}{a^2+x^2} (a>0)$; (4) $\int_{-\frac{1}{2}}^{\frac{1}{2}} \dfrac{dx}{\sqrt{1-x^2}}$;

(5) $\int_0^{\frac{\pi}{4}} \tan^2\theta d\theta$; (6) $\int_{\frac{\pi}{3}}^{\pi} \sin\left(x + \dfrac{\pi}{3}\right)dx$;

(7) $\int_{-2}^1 \dfrac{dx}{(11+5x)^3}$; (8) $\int_0^{\frac{\pi}{2}} \sin\varphi \cos^3\varphi d\varphi$;

(9) $\int_{\frac{\pi}{6}}^{\frac{\pi}{2}} \cos^2 t \, dt$;

(10) $\int_0^5 \frac{x^3}{x^2+1} dx$;

(11) $\int_0^5 \frac{2x^2+3x-5}{x+3} dx$;

(12) $\int_{-1}^1 \frac{x \, dx}{(x^2+1)^2}$;

(13) $\int_1^2 \frac{e^{\frac{1}{x}}}{x^2} dx$;

(14) $\int_0^1 t e^{-\frac{t^2}{2}} dt$;

(15) $\int_1^{e^2} \frac{dx}{x\sqrt{1+\ln x}}$;

(16) $\int_{-\frac{\pi}{2}}^{\frac{\pi}{2}} \sin x \cos 2x \, dx$;

(17) $\int_0^{\sqrt{2}a} \frac{x \, dx}{\sqrt{3a^2-x^2}} (a>0)$;

(18) $\int_0^{\sqrt{2}} \sqrt{2-x^2} \, dx$;

(19) $\int_1^{\sqrt{3}} \frac{dx}{x^2\sqrt{1+x^2}}$;

(20) $\int_0^1 (1+x^2)^{-3/2} dx$;

(21) $\int_{-1}^1 \frac{x \, dx}{\sqrt{5-4x}}$;

(22) $\int_{\frac{3}{4}}^1 \frac{dx}{\sqrt{1-x}-1}$;

(23) $\int_{-3}^0 \frac{x+1}{\sqrt{x+4}} dx$;

(24) $\int_0^1 x e^{-x} dx$;

(25) $\int_1^e x \ln x \, dx$;

(26) $\int_0^1 x \arctan x \, dx$;

(27) $\int_0^{\frac{\pi}{2}} x \sin 2x \, dx$;

(28) $\int_0^{2\pi} x \cos^2 x \, dx$.

6. 判断下列各广义积分的敛散性，若收敛，计算其值：

(1) $\int_1^{+\infty} \frac{dx}{x^3}$;

(2) $\int_1^{+\infty} \frac{dx}{\sqrt{x}}$;

(3) $\int_0^{+\infty} e^{-ax} dx (a>0)$;

(4) $\int_{-\infty}^{+\infty} \frac{dx}{x^2+4x+5}$;

(5) $\int_e^{+\infty} \frac{\ln x}{x} dx$;

(6) $\int_1^{+\infty} \frac{dx}{x(x^2+1)}$;

(7) $\int_0^1 \frac{x \, dx}{\sqrt{1-x^2}}$;

(8) $\int_0^2 \frac{dx}{(1-x)^2}$;

(9) $\int_1^2 \frac{x \, dx}{\sqrt{x-1}}$.

7. 设某商品的需求量 Q 是价格 p 的函数，该商品的最大需求量为 1000（$p=0$ 时，$Q=1000$），已知边际需求为 $Q'(p) = -1000\ln3 \left(\frac{1}{3}\right)^p$，求需求量 Q 与价格 p 的函数关系.

8. 某化工厂生产某种产品，每日生产的产品的边际成本为 $C'(x) = 7 + \frac{25}{\sqrt{x}}$，已知固定成本为 1000 元，求总成本函数 $C(x)$.

9. 已知动点在时刻 t 的速度为 $v = 3t - 2$，且 $t=0$ 时 $s=5$，求此动点的运动方程.

*10. 某养鱼池最多可以养 1000 条鱼，鱼的数目 y 是时间 t

的函数,且鱼的数目的变化速度与 y 及 $1000-y$ 的乘积成正比. 现知养鱼 100 条,3 个月后变为 250 条. 求函数 $y(t)$, 以及 6 个月后养鱼池里的鱼的数目.

11. 求下列各题中平面图形的面积:

(1) 曲线 $y=x^2+3$ 在区间 $[0,1]$ 上的曲边梯形;

(2) 曲线 $y=x^3$ 与直线 $x=0$, $y=1$ 所围成的图形;

(3) 曲线 $y=\dfrac{1}{x}$ 与直线 $y=x$, $x=2$ 所围成的图形;

(4) 曲线 $y=x^2-8$ 与直线 $2x+y+8=0$, $y=-4$ 所围成的图形;

(5) 曲线 $y=x^2$, $4y=x^2$ 及直线 $y=1$ 所围成的图形;

(6) 曲线 $y=x^3$ 与 $y=\sqrt[3]{x}$ 所围成的图形.

12. 求下列平面图形分别绕 x 轴、y 轴旋转产生的立体的体积:

(1) 曲线 $y=\sqrt{x}$ 与 $x=1$, $x=4$, $y=0$ 所围成的图形;

(2) 曲线 $y=x^3$ 与直线 $x=2$, $y=0$ 所围成的图形;

(3) 曲线 $x^2+y^2=1$ 与 $y^2=\dfrac{3}{2}x$ 所围成的两个图形中较小的一块.

13. 已知某产品产量的变化率是时间 t(单位: 年) 的函数 $f(t)=2t+5(t\geqslant 0)$. 求第一个五年和第二个五年的总产量各为多少?

14. 已知某产品生产 x 个单位时,总收益 R 的变化率(边际收益)为

$$R'(x)=200-\dfrac{x}{100}(x>0).$$

(1) 求生产了 50 个单位时的总收益;

(2) 如果已经生产了 100 个单位,求再生产 100 个单位时的总收益.

15. 一物体由静止开始运动,经 t(单位: s) 后的速度是 $3t^2$(单位: m/s),问:

(1) 在 3s 后物体离开出发点的距离是多少?

(2) 物体走完 360m 需要多长时间?

16. 某厂日产 q(单位: t) 产品的边际成本为 $C'(q)=5+\dfrac{25}{\sqrt{q}}$, 求日产量从 64t 增加到 100t 时的总成本.

17. 已知某运动鞋生产厂生产 x 双鞋时的边际收益 $R'(x)=100-\dfrac{x}{20}$ (单位: 元/双),求:

(1) 生产此种运动鞋 1000 双时的总收益及平均收益;

(2) 生产此种运动鞋从 1000 双到 2000 双时的总收益及平均收益.

18. 某品牌瓶装绿茶饮料日生产 x 瓶时的边际成本为 $C'=100$，边际收益 $R'(x)=5000-x$. 求：

(1) 生产量等于多少时，总利润 $L=R-C$ 为最大？

(2) 最大利润是多少？

(3) 从利润最大的生产量又生产了 100 瓶，总利润减少了多少？

19. 求按年复利 10% 计算，每年投资 1000 元，3 年、8 年、10 年、20 年后分别可以得到多少回报？

20. 孩子出生后，父母希望经过 25 年的投资能达到 100 万元用于购房，如果按年复利 8% 计算，他们应该每年投入多少资金？

21. 在 2001 年铝矿的需求是 135.7 百万吨，而且需求正在以每年 3.9% 的比率呈指数增长，试问由 2001 年到 2003 年世界上将要消耗多少吨铝矿？

22. 在 1970 年到 2001 年之间，每年世界上石油的需求量由 171 亿桶增长到 277 亿桶. 问：

(1) 设定一个指数增长模型，计算增长率.

(2) 预测 2020 年的消费量.

(3) 按 1970 年到 2001 年的增长量，从 2001 年到 2020 年全世界共消费多少亿桶石油？

(4) 在 2001 年 1 月 1 日世界上探明的石油储量是 10040 亿桶，如果没有新发现的油田，世界上的石油储量将于何时用尽？

23. 钚每年有 0.003% 的衰减率. 假设在 20 年中钚以每年 1kg 的速率释放于大气中，试问在这 20 年间由此产生的放射性物质累积总量是多少？

第 7 章
微分方程初步

数学文化扩展阅读 12
常微分方程发展简史

在复杂的经济问题中,各种变量之间的相互关系十分复杂,往往不容易直接建立函数关系,但却可能建立起含有待求函数的导数或微分的关系式,我们把这种关系式称为微分方程. 因此,建立变量之间的函数关系是解决复杂经济问题和工程问题的理论基础,也是建立经济及工程问题的数学模型方法,而微分方程是数学模型形式之一,在微分方程的基础上再演化出状态方程、偏微分方程以及传递函数等多种形式,去解决各种复杂的经济和工程技术问题. 本章主要介绍微分方程的基本概念和几种常用的微分方程及其解法,并介绍微分方程在经济学问题中的一些应用.

7.1 微分方程的基本概念

我们通过两个具体的例子来解释微分方程的基本概念.

例 1 一条曲线过点 $(1,0)$,且在该曲线上任一点 $M(x,y)$ 处的切线斜率为 $4x^3$,求曲线的方程.

解 设所求曲线方程为 $y=f(x)$,则由导数的几何意义及题意知,$y=f(x)$ 应满足下面关系:

$$\begin{cases} \dfrac{dy}{dx}=4x^3, \\ y(1)=0. \end{cases} \tag{7.1}$$

对方程(7.1)中的第一个方程两端积分,得

$$y=\int 4x^3 dx = x^4 + C \quad (C \text{ 为任意常数}), \tag{7.2}$$

再把式(7.1)中的初始条件代入到式(7.2),求出 $C=-1$,由此便得所求曲线方程为 $y=x^4-1$.

例 2 某商品的需求量 q 对价格 p 的弹性为 $2.5p$,已知该商品的最大需求量(即当 $p=0$ 时的需求量)为 1000,求需求量 q 对价格 p 的函数关系.

解 设所求函数关系为 $q=D(p)$,则由弹性定义知,$q=D(p)$ 应满足下面关系:

$$\begin{cases} -\dfrac{dD}{dp} \cdot \dfrac{p}{D(p)} = 2.5p, \\ D(0)=1000. \end{cases} \tag{7.3}$$

对式 (7.3) 中的第一个方程进行变形, 得 $\frac{1}{D(p)}dD = -2.5dp$, 然后两端同时积分并整理, 得

$$D(p) = Ce^{-2.5p} \quad (C \text{ 为任意常数}). \tag{7.4}$$

将式(7.3)中的初始条件代入式 (7.4) 后求出 $C = 1000$, 再将 $C = 1000$ 代入式(7.4)便得所求关系式:

$$q = D(p) = 1000e^{-2.5p}.$$

从上述两例可以看出: 虽然它们所需解决的问题不同, 但处理的方法却相同, 即都是将实际问题归结为一个含有未知函数的导数 (或微分) 的方程来求解问题, 这种含有导数或微分的方程称为微分方程.

定义 7.1 凡是含有未知函数的导数或微分的方程, 统称为微分方程, 并把微分方程中出现的未知函数的各阶导数的最高阶数, 称为微分方程的阶.

未知函数为一元函数的微分方程, 称为常微分方程; 未知函数为多元函数的微分方程, 称为偏微分方程. 下面我们只讨论常微分方程, 因此, 在下面的讨论中均把常微分方程简称为微分方程.

如方程(7.1)、方程(7.3)均为一阶微分方程, 而方程

$$y'' + \omega^2 y = 0 \, (\omega > 0 \text{ 是常数}) \text{ 和 } s'' = -0.4$$

均为二阶微分方程; 方程 $x^3 y''' + x^2 y'' - 4xy' = 3x^2$ 为三阶微分方程.

n 阶微分方程的一般形式为

$$F(x, y, y', \cdots, y^{(n)}) = 0, \tag{7.5}$$

若能从中解出最高阶导数, 便得 n 阶微分方程的特殊形式 (称为显式形式, 即 n 阶导数已解出的形式):

$$y^{(n)} = f(x, y, y', \cdots, y^{(n-1)}) \tag{7.6}$$

注: 在 n 阶微分方程(7.5)中, 自变量 x 和因变量 y 及 y', y'', $\cdots$, $y^{(n-1)}$ 可以不出现, 但 $y^{(n)}$ 必须出现, 否则就不是 n 阶微分方程.

定义 7.2 如果将函数 $y = f(x)$ 代入微分方程后, 能使方程成为恒等式, 则称 $y = f(x)$ 为该微分方程的解; 如果微分方程的解中独立任意常数的个数与该微分方程的阶数相同, 则称这样的解为微分方程的通解; 利用给定的一些条件将通解中的任意常数确定后所得到的解, 称为微分方程满足这些条件的特解, 并把这些条件称为微分方程的初始条件.

由例 1 知: 函数 $y = x^4 + C$ (C 为任意常数, 今后不再强调) 与 $y = x^4 - 1$ 都是微分方程 $\frac{dy}{dx} = 4x^3$ 的解, 其中 $y = x^4 + C$ 是通解, 而 $y = x^4 - 1$ 是满足初始条件 $y(1) = 0$ 的特解.

由例 2 知：函数 $q = D(p) = Ce^{-2.5p}$ 是微分方程 $\dfrac{p}{D} \cdot \dfrac{\mathrm{d}D}{\mathrm{d}p} = -2.5p$ 的通解，而函数 $q = 1000e^{-2.5p}$ 则是该微分方程满足初始条件 $D(0) = 1000$ 时的特解.

由微分方程出发，求出该微分方程的通解或特解的过程叫作解微分方程.

求解一阶微分方程满足初始条件 $y|_{x=x_0} = y_0$ 特解的问题，称为一阶微分方程的初值问题，且可将该初值问题简记为

$$\begin{cases} F(x,y,y') = 0, \\ y|_{x=x_0} = y_0 \end{cases} \text{或} \begin{cases} y' = f(x,y), \\ y|_{x=x_0} = y_0, \end{cases} \tag{7.7}$$

而将求解二阶微分方程满足初始条件 $y|_{x=x_0} = y_0$，$y'|_{x=x_0} = y'_0$ 的初值问题简记为

$$\begin{cases} F(x,y,y',y'') = 0, \\ y|_{x=x_0} = y_0, \ y'|_{x=x_0} = y'_0 \end{cases} \text{或} \begin{cases} y'' = f(x,y,y') \\ y|_{x=x_0} = y_0, \ y'|_{x=x_0} = y'_0. \end{cases}$$
$$\tag{7.8}$$

一个函数是否为微分方程的解（含通解和特解），可以通过将函数及其各阶导数代入微分方程的左、右两端进行验证，如果能使两端恒等，则所验证的函数就是该微分方程的解，否则就不是，下面举例说明.

例 3 验证函数 $y = C_1 \cos x + C_2 \sin x + x$ 为二阶微分方程 $y'' + y = x$ 的通解.

解 因 $y' = -C_1 \sin x + C_2 \cos x + 1$，$y'' = -C_1 \cos x - C_2 \sin x$，故有

$$y'' + y = (-C_1 \cos x - C_2 \sin x) + (C_1 \cos x + C_2 \sin x + x) \equiv x,$$

且 $y = C_1 \cos x + C_2 \sin x + x$ 中含有两个独立的任意常数，从而 $y = C_1 \cos x + C_2 \sin x + x$ 是二阶微分方程 $y'' + y = x$ 的通解.

7.2 可分离变量的一阶微分方程

一阶微分方程的一般形式为

$$F(x,y,y') = 0, \tag{7.9}$$

本节将讨论特殊类型的一阶微分方程及其求解方法.

定义 7.3 形如

$$\frac{\mathrm{d}y}{\mathrm{d}x} = f(x) \cdot g(y) \tag{7.10}$$

的微分方程称为可分离变量的一阶微分方程，它们是方程 (7.9) 的特殊形式.

求解方程 (7.10) 的基本方法是采用"分离变量法"，其步骤如下：

(1) 将方程 (7.10) 分离变量，得

$$\frac{\mathrm{d}y}{g(y)} = f(x)\mathrm{d}x \ [g(y) \neq 0]; \tag{7.11}$$

（2）将方程(7.11)两边积分，得

$$\int \frac{\mathrm{d}y}{g(y)} = \int f(x)\mathrm{d}x \ [g(y) \neq 0]; \tag{7.12}$$

（3）计算方程(7.12)两边的不定积分便得原方程(7.10)的通解为

$$G(y) = F(x) + C.$$

若附加初始条件 $y|_{x=x_0} = y_0$，则确定出任意常数后，即得微分方程的特解.

例 4 求微分方程 $\dfrac{\mathrm{d}y}{\mathrm{d}x} = 2xy^2$ 的通解.

解 分离变量，得 $\dfrac{1}{y^2}\mathrm{d}y = 2x\mathrm{d}x$ $(y \neq 0)$；

两边积分，得

$$\int \frac{1}{y^2}\mathrm{d}y = \int 2x\mathrm{d}x \ (y \neq 0);$$

计算积分，有 $-\dfrac{1}{y} = C + x^2$.

综上所述，原方程的通解为 $y = -\dfrac{1}{C+x^2}$，且易验证 $y = 0$ 也为原方程的解.

例 5 降落伞下落的运动规律满足微分方程：

$$m\frac{\mathrm{d}v}{\mathrm{d}t} = mg - kv,$$

其中，m 为下落物体的质量；k 为阻力系数. 求降落伞下落的速度与时间的关系.

解 分离变量，得

$$\frac{-k}{mg-kv}\mathrm{d}v = -\frac{k}{m}\mathrm{d}t,$$

两边积分，得（注意：$mg - kv > 0$）：

$$\ln(mg - kv) = \int \frac{1}{mg-kv}\mathrm{d}(mg - kv) = \int \frac{-k}{mg-kv}\mathrm{d}v$$

$$= -\int \frac{k}{m}\mathrm{d}t = -\frac{k}{m}t + C_1,$$

即 $mg - kv = \mathrm{e}^{C_1} \cdot \mathrm{e}^{-\frac{k}{m}t}$，亦即原方程的通解为

$$v = \frac{mg}{k} + C\mathrm{e}^{-\frac{k}{m}t}\left(C = -\frac{\mathrm{e}^{C_1}}{k}\right).$$

显然，当 $t = 0$ 时，$v = 0$，故将此初值条件代入通解，得 $C = -\dfrac{mg}{k}$，则得特解为

$$v = \frac{mg}{k}(1 - e^{-\frac{k}{m}t}).$$

例 6 求微分方程 $\frac{dy}{dx} = e^{y+x}$ 满足初始条件 $y|_{x=1} = 0$ 的特解.

解 原方程变形为 $\frac{dy}{dx} = e^y \cdot e^x$，分离变量，得
$$e^x dx = e^{-y} dy,$$
两边积分，得原方程的通解：
$$e^x = \int e^x dx = \int e^{-y} dy = -e^{-y} + C, \text{即 } e^x + e^{-y} = C.$$

将初始条件 $y|_{x=1} = 0$ 代入通解后解得 $C = e + 1$，从而所求特解为 $e^x + e^{-y} = e + 1$.

7.3 一阶线性微分方程

数学文化扩展阅读 13
浅析常微分方程的数学思想方法

7.3.1 一阶线性微分方程的概念

定义 7.4 形如
$$y' + P(x)y = Q(x) \tag{7.13}$$
的方程称为一阶线性微分方程，当 $Q(x) = 0$ 时，方程变为
$$y' + P(x)y = 0, \tag{7.14}$$
称为一阶线性齐次微分方程. 当 $Q(x) \neq 0$ 时，称为一阶线性非齐次微分方程.

7.3.2 一阶线性齐次方程的解法

显然，一阶线性齐次微分方程(7.14)为可分离变量的方程，故将其分离变量，得
$$\frac{dy}{y} = -P(x)dx \ (y \neq 0),$$
两端积分，得
$$\ln|y| = -\int P(x)dx + \ln C_1 (C_1 > 0),$$
即 $|y| = C_1 e^{-\int P(x)dx}$，令 $C = \pm C_1$，从而
$$y = C e^{-\int P(x)dx} (C \text{ 为任意常数}) \tag{7.15}$$

例 7 求下列一阶线性齐次微分方程的通解：

(1) $y' + y\cos x = 0$； (2) $\frac{dy}{dx} = 2xy$.

解 (1) 因所给方程为一阶线性齐次微分方程，且 $P(x) = \cos x$，故由式 (7.15) 得所求通解为
$$y = C e^{-\int P(x)dx} = C e^{-\int \cos x dx} = C e^{-\sin x} (C \text{ 为任意常数}).$$

(2) 因所给方程不是标准线性齐次微分方程，故需将其变为标准形式后再求解. 显然，方程 $\dfrac{dy}{dx}=2xy$ 的标准形式为

$$\dfrac{dy}{dx}-2xy=0,$$

其中 $P(x)=-2x$，故由式 (7.15) 得所求通解为

$$y=Ce^{-\int P(x)dx}=Ce^{-\int(-2x)dx}=Ce^{x^2}\ (C\text{ 为任意常数}).$$

7.3.3 一阶线性非齐次微分方程的解法

为求出一阶线性非齐次微分方程(7.13)的通解，我们采用"常数变易法"来解决.

将一阶线性齐次微分方程(7.14)的通解公式(7.15)中的任意常数 C 变易为函数 $u=u(x)$，即 $y=u(x)e^{-\int P(x)dx}$. 设此函数为一阶线性非齐次微分方程(7.13)的解，代入方程(7.13)后，得

$$[u'(x)e^{-\int P(x)dx}-u(x)P(x)e^{-\int P(x)dx}]+$$
$$P(x)u(x)e^{-\int P(x)dx}=Q(x),$$

即 $u'(x)=Q(x)e^{\int P(x)dx}$，将其两端积分，得

$$u(x)=\int Q(x)e^{\int P(x)dx}dx+C,$$

再代入表达式 $y=u(x)e^{-\int P(x)dx}$ 中便得方程(7.13)的通解：

$$y=e^{-\int P(x)dx}\left[\int Q(x)e^{\int P(x)dx}dx+C\right]\ (C\text{ 为任意常数}) \tag{7.16}$$

并称式(7.16)为一阶线性非齐次微分方程(7.13)的通解公式.

需要指出的是：在求解一阶线性非齐次微分方程的通解时，既可用"常数变易法"求解，也可直接用通解公式(7.16)求解.

例 8 求下列一阶线性非齐次微分方程的通解：

(1) $\dfrac{dy}{dx}-\dfrac{2y}{x+1}=(x+1)^{\frac{5}{2}}$； (2) $\dfrac{dy}{dx}=2xe^{-x^2}-2xy$；

(3) $xy'-2y=x^3\cos x$； (4) $\dfrac{dx}{dy}=\dfrac{2}{y}x-y$.

解 (1) 因 $P(x)=-\dfrac{2}{x+1}$，$Q(x)=(x+1)^{\frac{5}{2}}$，故由式(7.16)得所求通解为

$$y=e^{-\int P(x)dx}\left[\int Q(x)e^{\int P(x)dx}dx+C\right]$$
$$=e^{-\int\left(-\frac{2}{x+1}\right)dx}\left[\int(x+1)^{\frac{5}{2}}e^{\int\left(-\frac{2}{x+1}\right)dx}dx+C\right]$$
$$=e^{2\ln|x+1|}\left[\int(x+1)^{\frac{5}{2}}e^{-2\ln|x+1|}dx+C\right]$$

$$= (x+1)^2 \left[\int (x+1)^{\frac{5}{2}} (x+1)^{-2} dx + C \right]$$

$$= \frac{2}{3}(x+1)^{\frac{7}{2}} + C(x+1)^2 \quad (C \text{ 为任意常数}).$$

(2) 将原方程变形为

$$\frac{dy}{dx} + 2xy = 2xe^{-x^2},$$

其中，$P(x) = 2x$，$Q(x) = 2xe^{-x^2}$，从而由式(7.16)便得所求通解为

$$y = e^{-\int P(x)dx} \left[\int Q(x) e^{\int P(x)dx} dx + C \right]$$

$$= e^{-\int 2x dx} \left(\int 2x e^{-x^2} e^{\int 2x dx} dx + C \right)$$

$$= e^{-x^2} \left(\int 2x dx + C \right) = e^{-x^2}(x^2 + C) \quad (C \text{ 为任意常数}).$$

(3) $P(x) = -\frac{2}{x}$，$Q(x) = x^2 \cos x$，从而由式（7.16）便得所求通解为

$$y = e^{-\int -\frac{2}{x} dx} \left(\int x^2 \cos x \, e^{\int -\frac{2}{x} dx} dx + C \right)$$

$$= x^2 (\sin x + C) \quad (C \text{ 为任意常数})$$

(4) 将所给方程变形为

$$\frac{dx}{dy} - \frac{2}{y} x = -y \, (y \neq 0),$$

方程是以 x 为因变量的一阶线性非齐次微分方程，其中 $P(y) = -\frac{2}{y}$，$Q(y) = -y$，从而原方程的通解为

$$x = e^{-\int P(y)dy} \left[\int Q(y) e^{\int P(y)dy} dy + C \right] = e^{\int \frac{2}{y} dy} \left(-\int y e^{-\int \frac{2}{y} dy} dy + C \right)$$

$$= e^{\ln y^2} \left(-\int y e^{\ln y^{-2}} dy + C \right) = y^2 \left(C - \int \frac{1}{y} dy \right)$$

$$= y^2 (C - \ln|y|) \quad (C \text{ 为任意常数}).$$

例 9 求下列微分方程的特解：

(1) $y' + \frac{1-2x}{x^2} y = 1$，$y|_{x=1} = 0$；

(2) $y' - y = 2xe^{2x}$，$y|_{x=1} = 0$.

解 (1) 由一阶微分方程的求解公式可得

$$y = e^{-\int \frac{1-2x}{x^2} dx} \left(\int e^{\int \frac{1-2x}{x^2} dx} dx + C \right) = x^2 (1 + Ce^{\frac{1}{x}}),$$

由初始条件 $y|_{x=1} = 0$，得 $C = -e^{-1}$. 所以 $y = x^2 (1 - e^{\frac{1}{x} - 1})$.

(2) 由一阶微分方程的求解公式可得：

$$y = e^{-\int -1 dx} \left(\int 2x e^{2x} e^{\int -1 dx} dx + C \right) = e^x (2xe^x - 2e^x + C),$$

由初始条件 $y|_{x=1}=0$,得 $C=0$,则 $y=e^x(2xe^x-2e^x)$.

7.4 可降阶的二阶微分方程

二阶微分方程的一般形式为
$$F(x,y,y',y'')=0. \qquad (7.17)$$
本节只就式(7.17)的三种特殊类型的求解方法——"降阶法"进行讨论.

所谓降阶法,是经过适当的变量代换,将二阶微分方程降为一阶微分方程来进行求解.

7.4.1 $y''=f(x)$ 型的二阶微分方程

因方程 $y''=f(x)$ 右端仅含自变量 x,故只要将 y' 视为新未知函数,因而可将方程 $y''=f(x)$ 改写成 $(y')'=f(x)$ 的形式,即视为以 y' 为新未知函数的一阶方程,从而对 $(y')'=f(x)$ 两端进行积分便得
$$y'=\int f(x)dx+C_1,$$
对上式两端再进行一次积分,就得到原方程 $y''=f(x)$ 的通解如下:
$$y=\int\left[\int f(x)dx\right]dx+C_1x+C_2 \;(C_1、C_2 \text{为任意常数}). \qquad (7.18)$$

例 10 求微分方程 $y''=xe^x$ 的通解.

解 积分一次,得
$$y'=\int xe^x dx+C_1=\int x de^x+C_1$$
$$=xe^x-\int e^x dx+C_1=(x-1)e^x+C_1,$$
再积分一次便得所求通解:
$$y=\int(x-1)e^x dx+C_1x+C_2$$
$$=(x-2)e^x+C_1x+C_2(C_1、C_2 \text{为任意常数}).$$

例 11 试求微分方程 $y''=2x$ 经过点 $M(0,1)$ 且在此点与直线 $y=2x+1$ 相切的积分曲线(即求所给方程的特解).

解 由题意知,所求问题可归结为求解初值问题:
$$\begin{cases} y''=2x, \\ y|_{x=0}=1,\; y'|_{x=0}=2. \end{cases}$$

对方程 $y''=2x$,两边积分一次得:$y'=x^2+C_1$,然后将初值条件 $y'|_{x=0}=2$ 代入,解得 $C_1=2$,故有
$$y'=x^2+2,$$

对上式两边再积分便得：$y = \frac{1}{3}x^3 + 2x + C_2$，又将条件 $y|_{x=0} = 1$ 代入，解得 $C_2 = 1$，从而所求积分曲线为

$$y = \frac{1}{3}x^3 + 2x + 1.$$

7.4.2 $y'' = f(x, y')$（不显含未知函数 y）型的二阶微分方程

因方程 $y'' = f(x, y')$ 右端不显含 y，故可将 y' 视为新未知函数，x 仍视为自变量. 于是，令 $y' = p(x)$，则 $y'' = p'(x)$，代入 $y'' = f(x, y')$ 后便得关于新未知函数 p 的一阶微分方程

$$p' = f(x, p). \tag{7.19}$$

若能求出方程（7.19）的通解为 $p = \varphi(x, C_1)$，则可据此求出原方程 $y'' = f(x, y')$ 的通解如下：

$$y = \int \varphi(x, C_1)\,\mathrm{d}x + C_2 \quad (C_1 \text{、} C_2 \text{ 为任意常数}),$$

其中，$\int \varphi(x, C_1)\,\mathrm{d}x$ 仍表示被积函数 $\varphi(x, C_1)$ 的某一个原函数而不是所有原函数.

例 12 求二阶微分方程 $(1+x^2)y'' = 2xy'$ 满足初始条件 $y|_{x=0} = 1$ 与 $y'|_{x=0} = 3$ 的特解.

解 因所给方程不显含 y，故令 $y' = p(x)$，则 $y'' = p'$，代入原方程并整理得到一阶线性齐次微分方程

$$p' - \frac{2x}{1+x^2}p = 0, \tag{7.20}$$

其中，$P(x) = -\frac{2x}{1+x^2}$，故由通解公式（7.15）得到方程（7.20）的通解：

$$p = C_1 \mathrm{e}^{-\int P(x)\,\mathrm{d}x} = C_1 \mathrm{e}^{\int \frac{2x}{1+x^2}\,\mathrm{d}x} = C_1 \mathrm{e}^{\ln(1+x^2)}$$
$$= C_1(1+x^2) \quad (C_1 \text{ 为任意常数}),$$

将初始条件 $y'|_{x=0} = 3$ 代入上式，解得 $C_1 = 3$，故有

$$y' = p = 3(x^2+1) = 3x^2 + 3,$$

再对上式两边积分，得 $y = x^3 + 3x + C_2$，并将 $y|_{x=0} = 1$ 代入，解得 $C_2 = 1$，从而所求特解为

$$y = x^3 + 3x + 1.$$

7.4.3 $y'' = f(y, y')$（不显含自变量 x）型的二阶微分方程

因 $y'' = f(y, y')$ 右端不显含 x，故可将 y' 视为新未知函数，y 视为自变量. 于是，令 $y' = p(y)$，则

$$y'' = (y')' = \frac{\mathrm{d}p}{\mathrm{d}x} = \frac{\mathrm{d}p}{\mathrm{d}y} \cdot \frac{\mathrm{d}y}{\mathrm{d}x} = \frac{\mathrm{d}p}{\mathrm{d}y} \cdot p,$$

代入 $y'' = f(y, y')$ 后便得关于新未知函数 p 的一阶微分方程

$$\frac{\mathrm{d}p}{\mathrm{d}y} \cdot p = f(y,p). \tag{7.21}$$

若能求出方程（7.21）的通解为 $p = \varphi(y, C_1)$，则可据此得到可分离变量的一阶微分方程

$$\frac{\mathrm{d}y}{\mathrm{d}x} = \varphi(y, C_1),$$

因而将上式分离变量并积分便得原方程 $y'' = f(y, y')$ 的通解如下：

$$\int \frac{1}{\varphi(y, C_1)} \mathrm{d}y = \int \mathrm{d}x + C_2 = x + C_2 \quad (C_1、C_2 \text{ 为任意常数}).$$

例 13 求二阶微分方程 $yy'' - y'^2 = 0$ 的通解.

解 因所给方程不显含 x，故令 $y' = p(y)$，则 $y'' = \frac{\mathrm{d}p}{\mathrm{d}y} \cdot p$，代入原方程得 $p\left(y\frac{\mathrm{d}p}{\mathrm{d}y} - p\right) = 0$. 于是，当 $p \neq 0$ 时，有 $y\frac{\mathrm{d}p}{\mathrm{d}y} - p = 0$，即可得到以 p 为新未知函数的一阶线性齐次方程

$$p' - \frac{1}{y}p = 0 \quad (y \neq 0), \tag{7.22}$$

其中，$P(y) = -\frac{1}{y}$，故由通解公式（7.15）得方程（7.22）的通解为

$$p = C_1 \mathrm{e}^{-\int P(y)\mathrm{d}y} = C_1 \mathrm{e}^{\int \frac{1}{y}\mathrm{d}y} = C_1 \mathrm{e}^{\ln y} = C_1 y \quad (C_1 \text{ 为任意常数}),$$

由此又得到以 y 为未知函数的一阶线性齐次方程

$$y' - C_1 y = 0,$$

其中 $P(x) = -C_1$，故再由通解公式（7.15）便得原方程 $yy'' - y'^2 = 0$ 的通解：

$$y = C_2 \mathrm{e}^{\int C_1 \mathrm{d}x} = C_2 \mathrm{e}^{C_1 x} \quad (C_1、C_2 \text{ 为任意常数}). \tag{7.23}$$

7.5 微分方程的应用

应用微分方程解决实际问题的步骤：
（1）分析问题，建立相应的微分方程，并提出定解条件；
（2）求定解问题；
（3）利用所得结果解释实际问题.

例 14 某工厂根据经验得知，其设备的运行及维修成本 C 与设备的大修间隔时间 t 有如下关系：

$$\frac{\mathrm{d}C}{\mathrm{d}t} = \frac{b-1}{t}C - \frac{ab}{t^2},$$

其中 a, b 为常数，且 $a > 0, b > 1$. 已知 $C(t_0) = C_0 (t_0 > 0)$，求 $C(t)$.

解 方程是关于成本的一阶线性非齐次微分方程,其中 $P(t)=\dfrac{1-b}{t}, Q(t)=\dfrac{-ab}{t^2}.$

由通解公式,可得

$$C(t)=\mathrm{e}^{-\int P(t)\mathrm{d}t}\left[\int Q(t)\mathrm{e}^{\int P(t)\mathrm{d}t}\mathrm{d}t+C\right]=\mathrm{e}^{\int \frac{b-1}{t}\mathrm{d}t}\left(\int \frac{-ab}{t^2}\mathrm{e}^{\int \frac{1-b}{t}\mathrm{d}t}\mathrm{d}t+C\right)$$

$$=t^{b-1}(at^{-b}+C),$$

由初始条件,得 $C=(C_0 t_0-a)t_0^{-b},$

于是,所求成本函数为

$$C(t)=\frac{1}{t}\left[a+(C_0 t_0-a)\left(\frac{t}{t_0}\right)^b\right].$$

例 15 某山区实行封山育林,现有木材约 10 万 m^3. 在每一时刻 t,木材的变化率与当时的木材数成正比. 假设 10 年后该山区的木材达到 20 万 m^3. 若规定,该山区的木材达到 40 万 m^3 时才可砍伐,问至少需要多少年才能砍伐?

解 假设任意时刻 t(单位:年),木材的数量为 $q(t)$ 万 m^3.

由题意可得:

$$\begin{cases} \dfrac{\mathrm{d}q}{\mathrm{d}t}=kq, & k \text{ 为常数}, \\ q\big|_{t=0}=10, \end{cases}$$

该方程的通解为 $q(t)=C\mathrm{e}^{kt}.$

由初始条件,得:$C=10$;又因为 $t=10$ 时,$q=20$,从而 $k=\dfrac{\ln 2}{10}$ 于是

$$q(t)=10\mathrm{e}^{\frac{\ln 2}{10}t}=10\cdot 2^{\frac{t}{10}},$$

欲使 $q=40$,则 $t=20$,即至少需要 20 年后才能砍伐.

例 16 设某商品的需求函数与供给函数分别为

$$q_d=a-bp,\quad q_s=-c+mp,$$

其中 a,b,c,m 均为正常数. 假设商品的价格 p 为时间 t 的函数,已知初始价格 $p(0)=p_0$,且在任一时刻 t,价格 $p(t)$ 的变化率总与这一时刻的超额需求 q_d-q_s 成正比(比例常数 k 为正数).

(1) 求供需相等时的价格 p_e(均衡价格);

(2) 求价格 $p(t)$ 的表达式;

(3) 分析价格 $p(t)$ 随时间的变化情况.

解 (1) 由 $q_d=q_s$,即 $a-bp=-c+mp$ 便可解得

$$p_e=\frac{a+c}{b+m}. \tag{1}$$

(2) 由题意有 $\dfrac{\mathrm{d}p}{\mathrm{d}t}=k(q_d-q_s)$ $(k>0)$,故将 $q_d=a-bp$,$q_s=-c+mp$ 分别代入,得

$$\frac{\mathrm{d}p}{\mathrm{d}t}+k(b+m)p=k(a+c) \quad (k>0), \tag{2}$$

这是一阶线性非齐次微分方程，其中 $P(t)=k(b+m)$，$Q(t)=k(a+c)$. 因此，由通解公式（7.16）便可得通解：

$$\begin{aligned}p(t)&=\mathrm{e}^{-\int k(b+m)\mathrm{d}t}\left[\int k(a+c)\mathrm{e}^{\int k(b+m)\mathrm{d}t}\mathrm{d}t+C\right]\\&=\mathrm{e}^{-k(b+m)t}\left[\frac{a+c}{b+m}\mathrm{e}^{k(b+m)t}+C\right]\\&=C\mathrm{e}^{-k(b+m)t}+\frac{a+c}{b+m} \quad (k>0).\end{aligned} \tag{3}$$

将初始条件 $p(0)=p_0$ 代入上式解得：$C=p_0-\dfrac{a+c}{b+m}=p_0-p_e$，故所求表达式为

$$p(t)=(p_0-p_e)\mathrm{e}^{-k(b+m)t}+p_e \quad (k>0). \tag{4}$$

(3) 如图 7-1 所示，分析价格 $p(t)$ 随时间 t 的变化情况：
由 p_0-p_e 为常数，$k(b+m)t>0$，有

$$\lim_{t\to+\infty}p(t)=(p_0-p_e)\lim_{t\to+\infty}\frac{1}{\mathrm{e}^{k(b+m)t}}+p_e=p_e\text{（均衡价格）},$$

故均衡价格 p_e 是方程（4）的平衡解，且平衡解是稳定的.

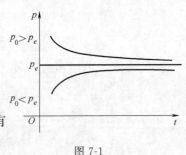

图 7-1

例 17 根据经验知道，某产品的净利润 L 与广告支出 x 有如下关系：

$$\frac{\mathrm{d}L}{\mathrm{d}x}=k(\overline{L}-L),$$

其中 $k>0$，$\overline{L}>0$ 为已知常数，且无广告支出（$x=0$）时，净利润为 $L_0(0<L_0<\overline{L})$，求净利润 L.

解 根据题意知，所求净利润 L 满足下列以 L 为未知函数的一阶线性非齐次微分方程：

$$L'+kL=k\overline{L},$$

其中 $P(x)=k$，$Q(x)=k\overline{L}$，故由通解公式（7.16），有

$$\begin{aligned}L&=\mathrm{e}^{-\int k\mathrm{d}x}\left(\int k\overline{L}\mathrm{e}^{\int k\mathrm{d}x}\mathrm{d}x+C\right)\\&=\mathrm{e}^{-kx}\left(k\overline{L}\int \mathrm{e}^{kx}\mathrm{d}x+C\right)\\&=\mathrm{e}^{-kx}(\overline{L}\mathrm{e}^{kx}+C)\\&=\overline{L}+C\mathrm{e}^{-kx},\end{aligned}$$

将初始条件 $L(0)=L_0$ 代入上式解得 $C=L_0-\overline{L}$，从而所求净利润函数为

$$L(x)=\overline{L}+(L_0-\overline{L})\mathrm{e}^{-kx}.$$

由题设可知，$0<L(x)<\overline{L}$，且 $\dfrac{\mathrm{d}L}{\mathrm{d}x}=k(\overline{L}-L)>0$，故 $L(x)$ 是关于 x 的单调递增函数，且

$$\lim_{x \to +\infty} L(x) = \overline{L},$$

所以，随着广告支出的增加，净利润将相应地不断增加且趋向于直线 $L = \overline{L}$（见图 7-2），即趋向最大可能的净利润水平 $\overline{L}$。

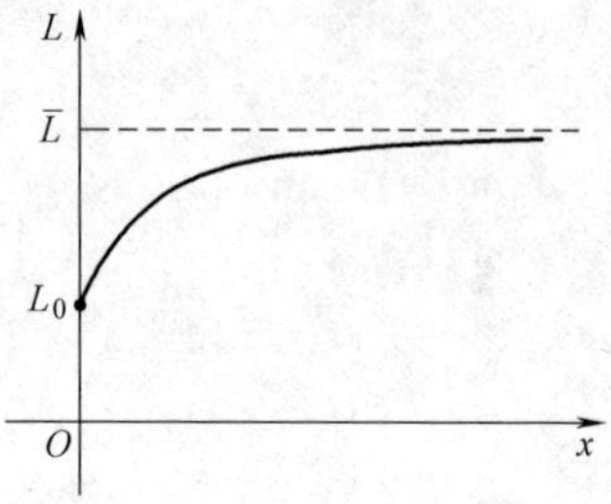

图 7-2

例 18 （Logistic 曲线）在商品的销售预测中，销售量 x 是时间 t 的函数。如果商品销售量的增长速度正比于销售量 x 与销售量接近饱和水平的程度 $[B-x(t)]$ 的乘积（其中 B 为饱和水平），则销售量的变化规律是怎样的？

解 按照题意，可以建立微分方程

$$x'(t) = kx(B-x),$$

其中，k 为比例系数，这是个可分离变量的一阶微分方程。

分离变量，得

$$\frac{\mathrm{d}x}{x(B-x)} = k\mathrm{d}t,$$

两边积分，得

$$\int \frac{\mathrm{d}x}{x(B-x)} = \int k\mathrm{d}t,$$

$$\frac{1}{B}\int\left(\frac{1}{x} + \frac{1}{B-x}\right)\mathrm{d}x = \int k\mathrm{d}t,$$

$$\ln\left|\frac{x}{B-x}\right| = Bkt + \ln|C|,$$

所求通解为

$$\frac{x}{B-x} = Ce^{Bkt} \quad (C \text{ 为任意常数}),$$

整理，得

$$x(t) = \frac{BCe^{Bkt}}{1+Ce^{Bkt}} = \frac{B}{1+Ae^{-Bkt}},$$

其中，$A = (1/C)e^{Bkt}$。可以预期，随着时间的推移，销售量将趋向于饱和水平：

$$\lim_{x \to \infty} x(t) = \lim_{t \to \infty} \frac{B}{1+Ae^{-Bkt}} = B.$$

如图 7-3 所示，从 $t = \dfrac{\ln A}{Bk}$ 开始，Logistic 曲线增加的速度减慢。

注意：Logistic 曲线不但在经济学中应用广泛，而且还在生物学、农、林等学科领域广泛应用。

例 19 （多马经济增长模型）经济学家多马（E. D. Domar）曾提出如下简单的宏观经济增长模型：

$$\begin{cases} S(t) = sY(t), \\ I(t) = k\dfrac{\mathrm{d}Y}{\mathrm{d}t}, \\ S(t) = I(t), \end{cases} \quad (*)$$

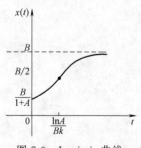

图 7-3 Logistic 曲线

其中，第一个方程表示储蓄 $S(t)$ 占国民收入 $Y(t)$ 的比例为 s，通常假设 s 为常数，并称 s 为储蓄率（$s>0$）；第二个方程表示投资 $I(t)$ 与国民收入变化率 $\dfrac{\mathrm{d}Y}{\mathrm{d}t}$ 成正比，比例系数 k 称为加速数（$k>0$）；

第三个方程为均衡条件，即储蓄等于投资.

解 由方程组(*)消去 $S(t)$ 和 $I(t)$，可得到关于 $Y(t)$ 的一阶线性齐次微分方程：
$$\frac{dY}{dt}=\mu Y \quad \left(\mu=\frac{s}{k}>0\right),$$

且由通解公式(7.15)易得到此方程的通解为
$$Y=Y(t)=Ce^{\mu t}(C \text{ 为任意常数}).$$

若设初始条件为 $Y(0)=Y_0$，则将其代入上式可解得 $C=Y_0$，从而有
$$Y=Y(t)=Y_0 e^{\mu t},$$

因而结合方程组(*)便有
$$I(t)=S(t)=sY_0 e^{\mu t}.$$

因 $\mu>0$，故由 $Y(t)$、$S(t)$ 和 $I(t)$ 的表达式易见它们都是关于时间 t 的单调递增函数，即国民收入、储蓄和投资都随着时间的增加而不断地增长.

第 7 章 习 题

1. 单项选择题：

(1) 微分方程 $3y^2 dy+2x^2 dx=0$ 的阶数是（　　）.

A. 0　　　　B. 1　　　　C. 2　　　　D. 3

(2) 下列方程中（　　）是一阶线性微分方程.

A. $xy'+y^2=x$　　　　　　B. $y'+xy=\sin x$

C. $yy'=x$　　　　　　　　D. $y'+x=\cos y$

(3) 函数 $y=\cos x$ 是微分方程（　　）的解.

A. $y'+y=0$　　B. $y'+2y=0$　　C. $y''+y=0$　　D. $y''-y=0$

(4) 满足微分方程 $y''-y=0$ 的函数是（　　）.

A. $y=1$　　　B. $y=x$　　　C. $y=\sin x$　　　D. $y=e^x$

(5) 微分方程 $S''(t)=g$ 的解是（　　）.

A. $S=-gt$　　　　　　　　B. $S=-gt^2$

C. $S=-\frac{1}{2}gt^2$　　　　　　D. $S=\frac{1}{2}gt^2$

(6) 满足微分方程 $y''=e^{2x}$ 的通解为（C、C_1 和 C_2 为常数）是（　　）.

A. Cx　　　　　　　　　　B. C

C. $\frac{1}{4}e^{2x}+C_1 x+C_2$　　　　D. Ce^{2x}

(7) 微分方程 $(x\ln x)y''=y'$ 的通解为 $y=$（　　）.

A. $C_1 x\ln x+C_2$

B. $C_1 x(\ln x-1)+C_2$

C. $x\ln x$

D. $C_1 x(\ln x - 1) + 2$

2. 填空题：

(1) 函数 $y = 5x^2$ ＿＿＿＿（填"是"或"不是"）微分方程 $xy' = 2y$ 的解．

(2) 函数 $y = x^2 e^x$ ＿＿＿＿（填"是"或"不是"）微分方程 $y'' - 2y' + y = 0$ 的解．

(3) 由方程 $x^2 - xy + y^2 = C$ 确定的隐函数 $y = y(x)$ ＿＿＿＿（填"是"或"不是"）微分方程 $(x - 2y)y' = 2x - y$ 的解．

(4) 函数 $y = C_1 e^{3x} + C_2 e^{4x}$ ＿＿＿＿（填"是"或"不是"）微分方程 $y'' - 7y' + 12y = 0$ 的解．

(5) 在某微分方程的通解 $x^2 + y^2 = C$ 中，满足初始条件 $y|_{x=0} = 5$ 的特解为＿＿＿＿．

(6) 微分方程 $x\,dx + y\,dy = 0$ 的通解为＿＿＿＿．

(7) 微分方程 $(3xy - y)\,dx + x^2\,dy = 0$ 的通解为＿＿＿＿．

(8) $y'' = \sin x$ 的通解为＿＿＿＿．

3．验证下列函数是否是满足对应微分方程的解：

(1) $y = e^{-3x} + \dfrac{1}{3}$，$y' + 3y = 1$；

(2) $y = Ce^{x^2}$，$y' - 2xy = 0$；

(3) $y = C_1 \cos\omega x + C_2 \sin\omega x$，$y'' + \omega^2 y = 0$．

4．写出由下列条件确定的曲线所满足的微分方程：

(1) 曲线在点 (x, y) 处的切线斜率等于该点横坐标与纵坐标的乘积；

(2) 曲线上点 $P(x, y)$ 处的切线与线段 OP 垂直．

5．求下列微分方程的通解：

(1) $xy' - y\ln y = 0$；

(2) $(xy^2 - x)\,dx + (x^2 y + y)\,dy = 0$；

(3) $xyy' = 1 - x^2$；

(4) $\cos x \sin y\,dx + \sin x \cos y\,dy = 0$；

(5) $x\,dy = (y^2 - 3y + 2)\,dx$；

(6) $\sqrt{1 - x^2}\,y' = \sqrt{1 - y^2}$；

(7) $\dfrac{dy}{dx} = 10^{x+y}$．

6．求下列微分方程满足所给初始条件的特解：

(1) $y^2\,dx + (x+1)\,dy = 0$，$y|_{x=0} = 1$；

(2) $x\,dy + 2y\,dx = 0$，$y|_{x=2} = 1$；

7．求下列微分方程的通解：

(1) $xy' - 2y = x^3 \cos x$；　(2) $y' + y = e^x$；

(3) $y' - \dfrac{2}{x+1}y = (x+1)^3$;　(4) $y' - y\tan x = \cos x$;

(5) $\dfrac{dy}{dx} + xy = xe^{-x^2}$;　　(6) $(x^2+1)\dfrac{dy}{dx} + 2xy = \sin x$;

(7) $\dfrac{dy}{dx} + 3y = x$;　　(8) $y' + \dfrac{y}{x+1} = \sin x$;

(9) $y' + \dfrac{y}{x} = \dfrac{\sin x}{x}$;

8. 求下列微分方程满足给定初始条件的特解：

(1) $(3xy+2)dx + x^2 dy = 0$，$y|_{x=1} = 1$;

(2) $\dfrac{dy}{dx} + y\cot x = 5e^{\cos x}$，$y|_{x=\frac{\pi}{2}} = -4$;

(3) $y' - y = \cos x$，$y|_{x=0} = 0$.

*9. 求下列微分方程的通解：

(1) $y'' = 2x + \sin x$;

(2) $y'' = xe^{3x}$;

(3) $y'' = y' + x$.

*10. 求下列微分方程满足给定初始条件的特解：

(1) $y'' = e^x$，$y|_{x=0} = 2$，$y'|_{x=0} = 0$;

(2) $y'' = y' + x$，$y|_{x=1} = 1$，$y'|_{x=1} = 0$.

11. 某商品的需求量 Q 对价格 p 的弹性为 $\eta = 4p^4$，市场对产品的最大需求量为 1（万件），求需求函数。

12. 某商场的销售成本 y 和存储费用 S 均是时间 t 的函数，随着时间 t 的增长，销售成本的变化率等于存储费用的倒数与常数 5 的和，而存储费用的变化率为存储费用的 $\left(-\dfrac{1}{3}\right)$ 倍。若时间 $t=0$，销售成本 $y=0$，存储费用 $S=10$，试求销售成本与存储费用与时间 t 的函数关系。

13. 设 $f(x)$ 为连续函数，且满足 $\int_0^x t f(t) dt = x^2 + f(x)$，求 $f(x)$.

14. 在宏观经济研究中，发现某地区的国民收入 Y、国民储蓄 S 和投资 I 均为时间 t 的函数，且储蓄 $S(t)$ 为国民收入的 $\dfrac{1}{6}$，投资额 $I(t)$ 为国民收入增长率的 $\dfrac{1}{2}$，以及当 $t=0$ 时的国民收入为 18（单位：亿元），并设在 t 时刻的储蓄全部用于投资，试求国民收入函数。

第二篇 线性代数

数学文化扩展阅读 14
线性代数发展简史

第 8 章

行列式

行列式是线性代数的基本工具之一，它主要应用于对线性方程组解法的研究. 本章主要介绍行列式的定义、性质及计算.

8.1 行列式的定义

核心内容讲解 39
行列式的定义

数学文化扩展阅读 15
行列式发展历史

8.1.1 二阶行列式

用消元法解二元线性方程组

$$\begin{cases} a_{11}x_1 + a_{12}x_2 = b_1, & (8.1) \\ a_{21}x_1 + a_{22}x_2 = b_2, & (8.2) \end{cases}$$

式 (8.1)$\times a_{22}$ — 式 (8.2)$\times a_{12}$，得

$$(a_{11}a_{22} - a_{12}a_{21})x_1 = b_1 a_{22} - a_{12} b_2 \qquad (8.3)$$

式 (8.2)$\times a_{11}$ — 式 (8.1)$\times a_{21}$，得

$$(a_{11}a_{22} - a_{12}a_{21})x_2 = a_{11} b_2 - b_1 a_{21} \qquad (8.4)$$

当 $a_{11}a_{22} - a_{12}a_{21} \neq 0$ 时，此方程组有唯一解，即

$$x_1 = \frac{b_1 a_{22} - a_{12} b_2}{a_{11}a_{22} - a_{12}a_{21}}, \quad x_2 = \frac{a_{11} b_2 - b_1 a_{21}}{a_{11}a_{22} - a_{12}a_{21}}.$$

为便于记忆上述结果，我们引入二阶行列式.

定义 8.1 记号 $\begin{vmatrix} a_{11} & a_{12} \\ a_{21} & a_{22} \end{vmatrix}$ 表示代数和 $a_{11}a_{22} - a_{12}a_{21}$，称为二阶行列式，它由 2^2 个数组成，其中 $a_{ij}(i,j=1,2)$ 称为行列式的元素，从二阶行列式可以看出，行列式实质上是一个数，即

$$\begin{vmatrix} a_{11} & a_{12} \\ a_{21} & a_{22} \end{vmatrix} = a_{11}a_{22} - a_{12}a_{21}.$$

二阶行列式表示的代数和，其运算规律性可用"对角线法则"（见图 8-1）来表述，即实线（主对角线）连接的两个元素乘积减去虚线（副对角线）连接的两个元素乘积.

显然，对于线性方程组

$$\begin{cases} a_{11}x_1 + a_{12}x_2 = b_1, \\ a_{21}x_1 + a_{22}x_2 = b_2. \end{cases}$$

图 8-1

若记

$$D=\begin{vmatrix} a_{11} & a_{12} \\ a_{21} & a_{22} \end{vmatrix}, D_1=\begin{vmatrix} b_1 & a_{12} \\ b_2 & a_{22} \end{vmatrix}, D_2=\begin{vmatrix} a_{11} & b_1 \\ a_{21} & b_2 \end{vmatrix},$$

则二元线性方程组的解为

$$x_1=\frac{D_1}{D}=\frac{\begin{vmatrix} b_1 & a_{12} \\ b_2 & a_{22} \end{vmatrix}}{\begin{vmatrix} a_{11} & a_{12} \\ a_{21} & a_{22} \end{vmatrix}}, \quad x_2=\frac{D_2}{D}=\frac{\begin{vmatrix} a_{11} & b_1 \\ a_{21} & b_2 \end{vmatrix}}{\begin{vmatrix} a_{11} & a_{12} \\ a_{21} & a_{22} \end{vmatrix}}.$$

注：分母的行列式 $D=\begin{vmatrix} a_{11} & a_{12} \\ a_{21} & a_{22} \end{vmatrix}$ 称为系数行列式.

例 1 求解二元线性方程组

$$\begin{cases} 2x_1+3x_2=8, \\ x_1-2x_2=-3. \end{cases}$$

解 $D=\begin{vmatrix} 2 & 3 \\ 1 & -2 \end{vmatrix}=2\times(-2)-3\times 1=-7\neq 0,$

$D_1=\begin{vmatrix} 8 & 3 \\ -3 & -2 \end{vmatrix}=-7, D_2=\begin{vmatrix} 2 & 8 \\ 1 & -3 \end{vmatrix}=-14,$

因 $D\neq 0$，故该方程组有唯一解：

$$x_1=\frac{D_1}{D}=\frac{-7}{-7}=1, \quad x_2=\frac{D_2}{D}=\frac{-14}{-7}=2.$$

8.1.2 三阶行列式

定义 8.2 记号 $\begin{vmatrix} a_{11} & a_{12} & a_{13} \\ a_{21} & a_{22} & a_{23} \\ a_{31} & a_{32} & a_{33} \end{vmatrix}$ 表示代数和

$$a_{11}a_{22}a_{33}+a_{12}a_{23}a_{31}+a_{13}a_{21}a_{32}-a_{11}a_{23}a_{32}-a_{12}a_{21}a_{33}-a_{13}a_{22}a_{31},$$

称为三阶行列式，即

$$D=\begin{vmatrix} a_{11} & a_{12} & a_{13} \\ a_{21} & a_{22} & a_{23} \\ a_{31} & a_{32} & a_{33} \end{vmatrix}$$

$=a_{11}a_{22}a_{33}+a_{12}a_{23}a_{31}+a_{13}a_{21}a_{32}-a_{11}a_{23}a_{32}-a_{12}a_{21}a_{33}-a_{13}a_{22}a_{31}.$

由上述定义可见，三阶行列式有 6(=3!) 项，每一项均为不同行不同列的三个元素之积再冠以正负号，其运算的规律性可用"对角线法则"（见图 8-2）或"沙路法则"（见图 8-3）来表述。

注：1) 实线上三个元素乘积冠以正号，虚线上三个元素乘积冠以负号；

2) 对角线法则只适用于二阶与三阶行列式.

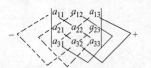

图 8-2 对角线法则

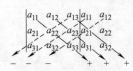

图 8-3 沙路法则

例 2 计算三阶行列式 $D = \begin{vmatrix} 1 & 2 & 3 \\ 4 & 0 & 5 \\ -1 & 0 & 6 \end{vmatrix}$.

解 按对角线法则（见图 8-4），有
$$D = 1 \times 0 \times 6 + 2 \times 5 \times (-1) + 3 \times 4 \times 0 - 3 \times 0 \times (-1) - 1 \times 5 \times 0 - 2 \times 4 \times 6 = -58.$$

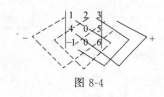

图 8-4

例 3 当 a、b 满足什么条件时有

$$\begin{vmatrix} a & b & 0 \\ b & a & 0 \\ 1 & 0 & 1 \end{vmatrix} = 0.$$

解 按沙路法则（见图 8-5），有

$$\begin{vmatrix} a & b & 0 \\ b & a & 0 \\ 1 & 0 & 1 \end{vmatrix} = a \times a \times 1 + b \times 0 \times 1 + 0 \times b \times 0 - 0 \times a \times 1 - a \times 0 \times 0 - b \times b \times 1 = a^2 - b^2.$$

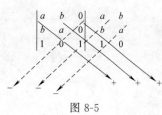

图 8-5

若要 $a^2 - b^2 = 0$，则 $|a|$ 与 $|b|$ 须相等. 因此，当 $|a| = |b|$ 时，给定行列式等于零.

如果三元线性方程组 $\begin{cases} a_{11}x_1 + a_{12}x_2 + a_{13}x_3 = b_1, \\ a_{21}x_1 + a_{22}x_2 + a_{23}x_3 = b_2, \\ a_{31}x_1 + a_{32}x_2 + a_{33}x_3 = b_3 \end{cases}$ 的系数行列式 $D = \begin{vmatrix} a_{11} & a_{12} & a_{13} \\ a_{21} & a_{22} & a_{23} \\ a_{31} & a_{32} & a_{33} \end{vmatrix} \neq 0$，若记

$$D_1 = \begin{vmatrix} b_1 & a_{12} & a_{13} \\ b_2 & a_{22} & a_{23} \\ b_3 & a_{32} & a_{33} \end{vmatrix}, \quad D_2 = \begin{vmatrix} a_{11} & b_1 & a_{13} \\ a_{21} & b_2 & a_{23} \\ a_{31} & b_3 & a_{33} \end{vmatrix}, \quad D_3 = \begin{vmatrix} a_{11} & a_{12} & b_1 \\ a_{21} & a_{22} & b_2 \\ a_{31} & a_{32} & b_3 \end{vmatrix},$$

则三元线性方程组的解为

$$x_1 = \frac{D_1}{D}, \quad x_2 = \frac{D_2}{D}, \quad x_3 = \frac{D_3}{D}.$$

例 4 解线性方程组

$$\begin{cases} 3x_1 - x_2 + x_3 = 26, \\ 2x_1 - 4x_2 - x_3 = 9, \\ x_1 + 2x_2 + x_3 = 16. \end{cases}$$

解 由于方程组的系数行列式

$$D = \begin{vmatrix} 3 & -1 & 1 \\ 2 & -4 & -1 \\ 1 & 2 & 1 \end{vmatrix} = 5 \neq 0,$$

同理可得

$$D_1 = \begin{vmatrix} 26 & -1 & 1 \\ 9 & -4 & -1 \\ 16 & 2 & 1 \end{vmatrix} = 55, \quad D_2 = \begin{vmatrix} 3 & 26 & 1 \\ 2 & 9 & -1 \\ 1 & 16 & 1 \end{vmatrix} = 20,$$

$$D_3 = \begin{vmatrix} 3 & -1 & 26 \\ 2 & -4 & 9 \\ 1 & 2 & 16 \end{vmatrix} = -15,$$

故方程组的解为

$$x_1 = \frac{D_1}{D} = 11, \quad x_2 = \frac{D_2}{D} = 4, \quad x_3 = \frac{D_3}{D} = -3.$$

8.1.3 n 阶行列式

观察二阶行列式和三阶行列式:

$$\begin{vmatrix} a_{11} & a_{12} \\ a_{21} & a_{22} \end{vmatrix} = a_{11}a_{22} - a_{12}a_{21},$$

$$D = \begin{vmatrix} a_{11} & a_{12} & a_{13} \\ a_{21} & a_{22} & a_{23} \\ a_{31} & a_{32} & a_{33} \end{vmatrix} = a_{11}a_{22}a_{33} + a_{12}a_{23}a_{31} + a_{13}a_{21}a_{32} -$$

$$a_{11}a_{23}a_{32} - a_{12}a_{21}a_{33} - a_{13}a_{22}a_{31}$$

$$= a_{11}\begin{vmatrix} a_{22} & a_{23} \\ a_{32} & a_{33} \end{vmatrix} - a_{12}\begin{vmatrix} a_{21} & a_{23} \\ a_{31} & a_{33} \end{vmatrix} + a_{13}\begin{vmatrix} a_{21} & a_{22} \\ a_{31} & a_{32} \end{vmatrix}.$$

首先,上式右端是三阶行列式 D 中第一行的三个元素 a_{11}、a_{12}、a_{13} 分别乘上三个二阶行列式,而所乘的二阶行列式是三阶行列式 D 中划去该元素所在的第一行与第 $j(j=1,2,3)$ 列元素后余下的元素所组成.

其次,每一项之前都要乘一个 $(-1)^{1+j}$,1 和 j 正好是元素 a_{1j} 的行标和列标.

按照这一规律,四阶行列式可由三阶行列式定义. 以此类推,可以归纳地给出 n 阶行列式的定义.

定义 8.3 由 n^2 个元素 $a_{ij}(i,j=1,2,\cdots,n)$ 组成的记号

$$\begin{vmatrix} a_{11} & a_{12} & \cdots & a_{1n} \\ a_{21} & a_{22} & \cdots & a_{2n} \\ \vdots & \vdots & & \vdots \\ a_{n1} & a_{n2} & \cdots & a_{nn} \end{vmatrix}$$

称为 n 阶行列式,其中 $a_{ij}(i,j=1,2,\cdots,n)$ 称为行列式的元素,i 称为行标,j 称为列标. n 阶行列式的值为

$$(-1)^{1+1}a_{11}\begin{vmatrix} a_{22} & a_{23} & \cdots & a_{2n} \\ a_{32} & a_{33} & \cdots & a_{3n} \\ \vdots & \vdots & & \vdots \\ a_{n2} & a_{n3} & \cdots & a_{nn} \end{vmatrix} +$$

$$(-1)^{1+2}a_{12}\begin{vmatrix} a_{21} & a_{23} & \cdots & a_{2n} \\ a_{31} & a_{33} & \cdots & a_{3n} \\ \vdots & \vdots & & \vdots \\ a_{n1} & a_{n3} & \cdots & a_{nn} \end{vmatrix} + \cdots +$$

$$(-1)^{1+n} \cdot a_{1n}\begin{vmatrix} a_{21} & a_{22} & \cdots & a_{2n-1} \\ a_{31} & a_{32} & \cdots & a_{3n-1} \\ \vdots & \vdots & & \vdots \\ a_{n1} & a_{n2} & \cdots & a_{nn-1} \end{vmatrix}.$$

这种用低一阶行列式计算高一阶行列式的方法，称为递推式定义法.

8.2 行列式的性质及计算

核心内容讲解 40
行列式的性质

在上一节中我们利用行列式的定义计算低阶行列式，即二、三阶行列式，显然，利用行列式的定义计算高阶行列式很复杂. 为了寻求容易计算 n 阶行列式的方法，在本节中我们将介绍行列式的性质、行列式的按行（列）展开，并利用"三角化""降阶法"法计算 n 阶行列式.

8.2.1 行列式的基本性质

将行列式 D 的行与列互换后得到的行列式，称为 D 的转置行列式，记为 D^T 或 D'. 即若 $D=\begin{vmatrix} a_{11} & a_{12} & \cdots & a_{1n} \\ a_{21} & a_{22} & \cdots & a_{2n} \\ \vdots & \vdots & & \vdots \\ a_{n1} & a_{n2} & \cdots & a_{nn} \end{vmatrix}$，则

$$D^T = \begin{vmatrix} a_{11} & a_{21} & \cdots & a_{n1} \\ a_{12} & a_{22} & \cdots & a_{n2} \\ \vdots & \vdots & & \vdots \\ a_{1n} & a_{2n} & \cdots & a_{nn} \end{vmatrix}.$$

对元素来说，D 中的 a_{ij} 在 D^T 中为 a_{ji}.

性质 1 将行列式转置，行列式的值不变，即 $D=D^T$.

由此性质可知，行列式中的行与列具有相同的地位，行列式的行所具有的性质，它的列也同样具有.

性质 2 交换行列式的两行（列），行列式变号.

注：交换 i、j 两行（列）记为 $r_i \leftrightarrow r_j$（$c_i \leftrightarrow c_j$）.

推论 如果行列式中有两行（列）的对应元素相同，则此行列式的值为零.

证明 互换相同的两行（列），有 $D=-D$，所以 $D=0$.

性质 3 用数 k 乘行列式的某一行（列），等于用数 k 乘此行列式. 即 $D=|a_{ij}|$，则

$$D_1 = \begin{vmatrix} a_{11} & a_{12} & \cdots & a_{1n} \\ \vdots & \vdots & & \vdots \\ ka_{i1} & ka_{i2} & \cdots & ka_{in} \\ \vdots & \vdots & & \vdots \\ a_{n1} & a_{n2} & \cdots & a_{nn} \end{vmatrix} = k \begin{vmatrix} a_{11} & a_{12} & \cdots & a_{1n} \\ \vdots & \vdots & & \vdots \\ a_{i1} & a_{i2} & \cdots & a_{in} \\ \vdots & \vdots & & \vdots \\ a_{n1} & a_{n2} & \cdots & a_{nn} \end{vmatrix} = kD.$$

注：第 i 行（列）乘以 k，记为 $r_i \times k (c_i \times k)$.

推论 1 如果行列式有一行（或一列）中的元素皆为零，则此行列式的值必为零.

推论 2 如果行列式中某行（列）的所有元素有公因子，则公因子可以提到行列式外面.

推论 3 如果行列式有两行（列）的对应元素成比例，则行列式的值为零.

事实上由推论 2 可将行列式中这两行（列）的比例系数提到行列式外面，则余下的行列式有两行（列）对应元素相同，由性质 2 的推论可知此行列式的值为零，所以原行列式的值为零.

例如，行列式 $D = \begin{vmatrix} 2 & -4 & 5 \\ 3 & -6 & 3 \\ -4 & 8 & 4 \end{vmatrix}$，因为第一列与第二列的对应元素成比例，所以根据性质 3 的推论 3 得 $D = 0$.

性质 4 如果行列式 D 中的某一行（列）的元素都是两个数的和，则此行列式可写成两个行列式的和，即若

$$D = \begin{vmatrix} a_{11} & a_{12} & \cdots & a_{1n} \\ \vdots & \vdots & & \vdots \\ a_{i1}+b_{i1} & a_{i2}+b_{i2} & \cdots & a_{in}+b_{in} \\ \vdots & \vdots & & \vdots \\ a_{n1} & a_{n2} & \cdots & a_{nn} \end{vmatrix},$$

$$D_1 = \begin{vmatrix} a_{11} & a_{12} & \cdots & a_{1n} \\ \vdots & \vdots & & \vdots \\ a_{i1} & a_{i2} & \cdots & a_{in} \\ \vdots & \vdots & & \vdots \\ a_{n1} & a_{n2} & \cdots & a_{nn} \end{vmatrix}, \quad D_2 = \begin{vmatrix} a_{11} & a_{12} & \cdots & a_{1n} \\ \vdots & \vdots & & \vdots \\ b_{i1} & b_{i2} & \cdots & b_{in} \\ \vdots & \vdots & & \vdots \\ a_{n1} & a_{n2} & \cdots & a_{nn} \end{vmatrix},$$

则 $D = D_1 + D_2$.

性质 5 将行列式某一行（列）的所有元素都乘以数 k 后加到另一行（列）对应位置的元素上，行列式的值不变.

注：以数 k 乘第 j 行加到第 i 行上，记为 $r_i + kr_j$；以数 k 乘第 j 列加到第 i 列上，记为 $c_i + kc_j$.

例如：$D = \begin{vmatrix} 1 & 2 \\ -2 & 2 \end{vmatrix} = 6$，$D = \begin{vmatrix} 1 & 2 \\ -2 & 2 \end{vmatrix} \xrightarrow{r_2 + 2r_1} \begin{vmatrix} 1 & 2 \\ 0 & 6 \end{vmatrix} = 6$.

8.2.2 行列式按行（列）展开定理

定义 8.4 在 n 阶行列式 $D=|a_{ij}|$ 中去掉元素 a_{ij} 所在的第 i 行和第 j 列后，余下的 $n-1$ 阶行列式，称为 D 中元素 a_{ij} 的余子式，记为 M_{ij}. 即

核心内容讲解 41
行列式按行（列）展开

$$M_{ij}=\begin{vmatrix} a_{11} & \cdots & a_{1,j-1} & a_{1,j+1} & \cdots & a_{1n} \\ \vdots & & \vdots & \vdots & & \vdots \\ a_{i-1,1} & \cdots & a_{i-1,j-1} & a_{i-1,j+1} & \cdots & a_{i-1,n} \\ a_{i+1,1} & \cdots & a_{i+1,j-1} & a_{i+1,j+1} & \cdots & a_{i+1,n} \\ \vdots & & \vdots & \vdots & & \vdots \\ a_{n1} & \cdots & a_{n,j-1} & a_{n,j+1} & \cdots & a_{nn} \end{vmatrix},$$

再记 $A_{ij}=(-1)^{i+j}M_{ij}$，称 A_{ij} 为元素 a_{ij} 的代数余子式.

例如，在四阶行列式

$$D=\begin{vmatrix} 1 & 2 & 3 & 4 \\ 1 & 3 & 1 & 2 \\ 3 & -1 & 1 & 2 \\ 1 & 2 & 0 & -5 \end{vmatrix}$$

中，a_{32} 的余子式和代数余子式分别为

$$M_{32}=\begin{vmatrix} 1 & 3 & 4 \\ 1 & 1 & 2 \\ 1 & 0 & -5 \end{vmatrix}, A_{32}=(-1)^{3+2}M_{32}=-\begin{vmatrix} 1 & 3 & 4 \\ 1 & 1 & 2 \\ 1 & 0 & -5 \end{vmatrix}.$$

引理 对于 n 阶行列式 D，若其中第 i 行所有元素除 a_{ij} 外都为零，则 $D=a_{ij}A_{ij}$.

定理 8.1 n 阶行列式 $D=|a_{ij}|$ 等于它的任意一行（列）的各元素与其对应代数余子式乘积的和，即

$$D=a_{i1}A_{i1}+a_{i2}A_{i2}+\cdots+a_{in}A_{in}(i=1,2,\cdots,n)$$

或 $D=a_{1j}A_{1j}+a_{2j}A_{2j}+\cdots+a_{nj}A_{nj}(j=1,2,\cdots,n)$.

证明 利用引理，有

$$D=\begin{vmatrix} a_{11} & a_{12} & \cdots & a_{1n} \\ \vdots & \vdots & & \vdots \\ a_{i1}+0+\cdots+0 & 0+a_{i2}+\cdots+0 & \cdots & 0+\cdots+0+a_{in} \\ \vdots & \vdots & & \vdots \\ a_{n1} & a_{n2} & \cdots & a_{nn} \end{vmatrix}$$

$$=\begin{vmatrix} a_{11} & a_{12} & \cdots & a_{1n} \\ \vdots & \vdots & & \vdots \\ a_{i1} & 0 & \cdots & 0 \\ \vdots & \vdots & & \vdots \\ a_{n1} & a_{n2} & \cdots & a_{nn} \end{vmatrix}+\begin{vmatrix} a_{11} & a_{12} & \cdots & a_{1n} \\ \vdots & \vdots & & \vdots \\ 0 & a_{i2} & \cdots & 0 \\ \vdots & \vdots & & \vdots \\ a_{n1} & a_{n2} & \cdots & a_{nn} \end{vmatrix}+\cdots$$

$$+\begin{vmatrix} a_{11} & a_{12} & \cdots & a_{1n} \\ \vdots & \vdots & & \vdots \\ 0 & 0 & \cdots & a_{in} \\ \vdots & \vdots & & \vdots \\ a_{n1} & a_{n2} & \cdots & a_{nn} \end{vmatrix}$$

$$= a_{i1}A_{i1} + a_{i2}A_{i2} + \cdots + a_{in}A_{in} \quad (i=1,2,\cdots,n).$$

同理可得 D 按第 j 列展开的公式

$$D = a_{1j}A_{1j} + a_{2j}A_{2j} + \cdots + a_{nj}A_{nj} \quad (j=1,2,\cdots,n).$$

例如，行列式 $D = \begin{vmatrix} -3 & -5 & 3 \\ 0 & -1 & 0 \\ 7 & 7 & 2 \end{vmatrix}$，若按第一行展开，得

$$D = (-3) \times (-1)^{1+1} \begin{vmatrix} -1 & 0 \\ 7 & 2 \end{vmatrix} + (-5) \times (-1)^{1+2} \begin{vmatrix} 0 & 0 \\ 7 & 2 \end{vmatrix}$$

$$+ 3 \times (-1)^{1+3} \begin{vmatrix} 0 & -1 \\ 7 & 7 \end{vmatrix} = 27,$$

若按第二行展开，得 $D = -1 \times (-1)^{2+2} \begin{vmatrix} -3 & 3 \\ 7 & 2 \end{vmatrix} = 27.$

例 5 计算 n 阶行列式

$$D = \begin{vmatrix} a_{11} & 0 & 0 & \cdots & 0 \\ a_{21} & a_{22} & 0 & \cdots & 0 \\ a_{31} & a_{32} & a_{33} & \cdots & 0 \\ \vdots & \vdots & \vdots & & \vdots \\ a_{n1} & a_{n2} & a_{n3} & \cdots & a_{nn} \end{vmatrix}$$

的值，其中 $a_{ij} \neq 0 (i,j=1,2,\cdots,n)$，行列式 D 称为下三角形行列式.

解 因为第一行中除 a_{11} 不为零外，其余元素均为零，因此 D 按第一行展开只有 $a_{11}A_{11}$（A_{11} 为 a_{11} 的代数余子式），即

$$D = \begin{vmatrix} a_{11} & 0 & 0 & \cdots & 0 \\ a_{21} & a_{22} & 0 & \cdots & 0 \\ a_{31} & a_{32} & a_{33} & \cdots & 0 \\ \vdots & \vdots & \vdots & & \vdots \\ a_{n1} & a_{n2} & a_{n3} & \cdots & a_{nn} \end{vmatrix}$$

$$= (-1)^{1+1} a_{11} \begin{vmatrix} a_{22} & 0 & 0 & \cdots & 0 \\ a_{32} & a_{33} & 0 & \cdots & 0 \\ a_{42} & a_{43} & a_{44} & \cdots & 0 \\ \vdots & \vdots & \vdots & & \vdots \\ a_{n2} & a_{n3} & a_{n4} & \cdots & a_{nn} \end{vmatrix}$$

$$= a_{11}a_{22} \begin{vmatrix} a_{33} & 0 & 0 & \cdots & 0 \\ a_{43} & a_{44} & 0 & \cdots & 0 \\ a_{53} & a_{54} & a_{55} & \cdots & 0 \\ \vdots & \vdots & \vdots & & \vdots \\ a_{n3} & a_{n4} & a_{n5} & \cdots & a_{nn} \end{vmatrix}$$

$$= a_{11}a_{22}a_{33}\cdots a_{nn}.$$

同理，可计算上三角形行列式

$$D = \begin{vmatrix} a_{11} & a_{12} & a_{13} & \cdots & a_{1n} \\ 0 & a_{22} & a_{23} & \cdots & a_{2n} \\ 0 & 0 & a_{33} & \cdots & a_{3n} \\ \vdots & \vdots & \vdots & & \vdots \\ 0 & 0 & 0 & \cdots & a_{nn} \end{vmatrix} = a_{11}a_{22}a_{33}\cdots a_{nn}.$$

以上结论可视为公式记住，计算 n 阶行列式时多用此结论．

8.2.3 行列式的计算

1. 利用"三角化法"计算行列式

利用"三角化法"计算行列式，就是利用行列式的性质，将行列式化为上（下）三角形行列式来计算．例如，化为上三角形行列式的步骤是：

（1）如果第一列的第一个元素为 0，则先将第一行与其他行交换，使第一列的第一个元素不为 0；

（2）把第一行分别乘以适当的数加到其他各行，使第一列除第一个元素外其余元素全为 0；再用同样的方法处理除去第一行和第一列后余下的低一阶行列式；依次执行下去，直至使它成为上三角形行列式，这时主对角线上元素的乘积就是行列式的值．

例 6 计算行列式 $D = \begin{vmatrix} 0 & -1 & -1 & 2 \\ 1 & -1 & 0 & 2 \\ -1 & 2 & -1 & 0 \\ 2 & 1 & 1 & 0 \end{vmatrix}$．

解 $D = \begin{vmatrix} 0 & -1 & -1 & 2 \\ 1 & -1 & 0 & 2 \\ -1 & 2 & -1 & 0 \\ 2 & 1 & 1 & 0 \end{vmatrix} \xrightarrow{r_1 \leftrightarrow r_2} - \begin{vmatrix} 1 & -1 & 0 & 2 \\ 0 & -1 & -1 & 2 \\ -1 & 2 & -1 & 0 \\ 2 & 1 & 1 & 0 \end{vmatrix}$

$\xrightarrow[r_4 - 2r_1]{r_3 + r_1} - \begin{vmatrix} 1 & -1 & 0 & 2 \\ 0 & -1 & -1 & 2 \\ 0 & 1 & -1 & 2 \\ 0 & 3 & 1 & -4 \end{vmatrix} \xrightarrow[r_4 + 3r_2]{r_3 + r_2} - \begin{vmatrix} 1 & -1 & 0 & 2 \\ 0 & -1 & -1 & 2 \\ 0 & 0 & -2 & 4 \\ 0 & 0 & -2 & 2 \end{vmatrix}$

$\xrightarrow{r_4 - r_3} - \begin{vmatrix} 1 & -1 & 0 & 2 \\ 0 & -1 & -1 & 2 \\ 0 & 0 & -2 & 4 \\ 0 & 0 & 0 & -2 \end{vmatrix}$

$= (-1) \times (-1) \times (-2) \times (-2) = 4.$

例 7 计算 $D = \begin{vmatrix} 3 & 1 & 1 & 1 \\ 1 & 3 & 1 & 1 \\ 1 & 1 & 3 & 1 \\ 1 & 1 & 1 & 3 \end{vmatrix}$.

解 观察行列式中各行（列）4 个数之和都为 6，故可把第二、三、四行同时乘以 1，加到第一行，提出公因子 6，然后第一行乘以 -1 分别加到各行，化为上三角行列式来计算：

$$D \xrightarrow{r_1+r_2+r_3+r_4} \begin{vmatrix} 6 & 6 & 6 & 6 \\ 1 & 3 & 1 & 1 \\ 1 & 1 & 3 & 1 \\ 1 & 1 & 1 & 3 \end{vmatrix} = 6 \begin{vmatrix} 1 & 1 & 1 & 1 \\ 1 & 3 & 1 & 1 \\ 1 & 1 & 3 & 1 \\ 1 & 1 & 1 & 3 \end{vmatrix}$$

$$\xrightarrow[r_4-r_1]{\substack{r_2-r_1 \\ r_3-r_1}} 6 \begin{vmatrix} 1 & 1 & 1 & 1 \\ 0 & 2 & 0 & 0 \\ 0 & 0 & 2 & 0 \\ 0 & 0 & 0 & 2 \end{vmatrix} = 48.$$

注：仿照上述方法可以得到更一般的结果

$$\begin{vmatrix} a & b & b & \cdots & b \\ b & a & b & \cdots & b \\ b & b & a & \cdots & b \\ \vdots & \vdots & \vdots & & \vdots \\ b & b & b & \cdots & a \end{vmatrix} = [a+(n-1)b](a-b)^{n-1}.$$

例 8 计算 $D = \begin{vmatrix} a_1 & -a_1 & 0 & 0 \\ 0 & a_2 & -a_2 & 0 \\ 0 & 0 & a_3 & -a_3 \\ 1 & 1 & 1 & 1 \end{vmatrix}$.

解 根据行列式的特点，可将第一列加至第二列，然后将第二列加至第三列，再将第三列加至第四列，目的是化 D 为下三角形行列式.

$$D \xrightarrow{c_2+c_1} \begin{vmatrix} a_1 & 0 & 0 & 0 \\ 0 & a_2 & -a_2 & 0 \\ 0 & 0 & a_3 & -a_3 \\ 1 & 2 & 1 & 1 \end{vmatrix} \xrightarrow{c_3+c_2} \begin{vmatrix} a_1 & 0 & 0 & 0 \\ 0 & a_2 & 0 & 0 \\ 0 & 0 & a_3 & -a_3 \\ 1 & 2 & 3 & 1 \end{vmatrix}$$

$$\xrightarrow{c_3+c_4} \begin{vmatrix} a_1 & 0 & 0 & 0 \\ 0 & a_2 & 0 & 0 \\ 0 & 0 & a_3 & 0 \\ 1 & 2 & 3 & 4 \end{vmatrix} = 4a_1a_2a_3.$$

例 9 解方程

$$\begin{vmatrix} a_1 & a_2 & a_3 & \cdots & a_{n-1} & a_n \\ a_1 & a_1+a_2-x & a_3 & \cdots & a_{n-1} & a_n \\ a_1 & a_2 & a_2+a_3-x & \cdots & a_{n-1} & a_n \\ \vdots & \vdots & \vdots & & \vdots & \vdots \\ a_1 & a_2 & a_3 & \cdots & a_{n-2}+a_{n-1}-x & a_n \\ a_1 & a_2 & a_3 & \cdots & a_{n-1} & a_{n-1}+a_n-x \end{vmatrix}=0,$$

其中 $a_1 \neq 0$.

解 对左端行列式,第一行乘以 -1 加到第二、三、$\cdots$、n 行,得

$$\begin{vmatrix} a_1 & a_2 & a_3 & \cdots & a_{n-1} & a_n \\ 0 & a_1-x & 0 & \cdots & 0 & 0 \\ 0 & 0 & a_2-x & \cdots & 0 & 0 \\ \vdots & \vdots & \vdots & & \vdots & \vdots \\ 0 & 0 & 0 & \cdots & a_{n-2}-x & 0 \\ 0 & 0 & 0 & \cdots & 0 & a_{n-1}-x \end{vmatrix}$$

$$=a_1(a_1-x)(a_2-x)\cdots(a_{n-2}-x)(a_{n-1}-x),$$

即

$$a_1(a_1-x)(a_2-x)\cdots(a_{n-2}-x)(a_{n-1}-x)=0,$$

解出方程的 $n-1$ 个根为

$$x_1=a_1, x_2=a_2, \cdots, x_{n-2}=a_{n-2}, x_{n-1}=a_{n-1}.$$

2. 利用"降阶法"计算行列式

利用"降阶法"计算行列式时,可以先用行列式的性质将行列式中某一行(列)化为仅含有一个非零元素,再按此行(列)展开,变为低一阶的行列式,如此继续下去,直到化为二阶或三阶行列式再计算.

例 10 计算行列式 $D=\begin{vmatrix} 6 & 0 & 8 & 1 \\ 5 & -1 & 0 & 0 \\ 0 & 2 & 0 & 0 \\ 1 & 4 & 4 & -1 \end{vmatrix}$.

解 观察 D 中第三行只有一个非零元素,因此按第三行展开

$$D=2\times(-1)^{3+2}\begin{vmatrix} 6 & 8 & 1 \\ 5 & 0 & 0 \\ 1 & 4 & -1 \end{vmatrix}$$

$$=(-2)\times 5\times(-1)^{2+1}\begin{vmatrix} 8 & 1 \\ 4 & -1 \end{vmatrix}=-120.$$

例 11 计算行列式 $D=\begin{vmatrix} 1 & 2 & 3 & 4 \\ 1 & 0 & 1 & 2 \\ 3 & -1 & -1 & 0 \\ 1 & 2 & 0 & -5 \end{vmatrix}$.

解 $D = \begin{vmatrix} 1 & 2 & 3 & 4 \\ 1 & 0 & 1 & 2 \\ 3 & -1 & -1 & 0 \\ 1 & 2 & 0 & -5 \end{vmatrix} \xrightarrow[r_3+r_2]{r_1-3r_2} \begin{vmatrix} -2 & 2 & 0 & -2 \\ 1 & 0 & 1 & 2 \\ 4 & -1 & 0 & 2 \\ 1 & 2 & 0 & -5 \end{vmatrix}$

$= 1 \times (-1)^{2+3} \begin{vmatrix} -2 & 2 & -2 \\ 4 & -1 & 2 \\ 1 & 2 & -5 \end{vmatrix} = -24.$

例 12 计算 $n(n \geqslant 2)$ 阶行列式

$$D = \begin{vmatrix} a & 0 & 0 & \cdots & 0 & 1 \\ 0 & a & 0 & \cdots & 0 & 0 \\ 0 & 0 & a & \cdots & 0 & 0 \\ \vdots & \vdots & \vdots & & \vdots & \vdots \\ 1 & 0 & 0 & \cdots & 0 & a \end{vmatrix}.$$

解 按第一行展开,得

$D = a \begin{vmatrix} a & 0 & \cdots & 0 & 0 \\ 0 & a & \cdots & 0 & 0 \\ \vdots & \vdots & & \vdots & \vdots \\ 0 & 0 & \cdots & 0 & a \end{vmatrix} + (-1)^{1+n} \begin{vmatrix} 0 & a & 0 & \cdots & 0 \\ 0 & 0 & a & \cdots & 0 \\ \vdots & \vdots & \vdots & & \vdots \\ 0 & 0 & 0 & \cdots & a \\ 1 & 0 & 0 & \cdots & 0 \end{vmatrix},$

再将上式等号右边的第二个行列式按第一列展开,得

$D = a^n + (-1)^{1+n}(-1)^{(n-1)+1} a^{n-2} = a^n - a^{n-2} = a^{n-2}(a^2 - 1).$

数学文化扩展阅读 16
行列式的几何意义

第 8 章 习 题

1. 单项选择题:

(1) $\begin{vmatrix} k-1 & 2 \\ 2 & k-1 \end{vmatrix} \neq 0$ 的充分必要条件是( ).

A. $k \neq -1$ B. $k \neq 3$

C. $k \neq -1$ 且 $k \neq 3$ D. $k \neq -1$ 或 $k \neq 3$

(2) 行列式 $\begin{vmatrix} 103 & 100 & 204 \\ 199 & 200 & 395 \\ 301 & 300 & 600 \end{vmatrix} = ($).

A. 1000   B. -1000 C. 2000   D. -2000

(3) $\begin{vmatrix} k & 2 & 1 \\ 2 & k & 0 \\ 1 & -1 & 1 \end{vmatrix} = 0$ 的充分条件是( ).

A. $k = 2$ B. $k = -2$ 或 3

C. $k = 0$ D. $k = -3$

(4) 如果 $D = \begin{vmatrix} a_{11} & a_{12} & a_{13} \\ a_{21} & a_{22} & a_{23} \\ a_{31} & a_{32} & a_{33} \end{vmatrix} = M \neq 0$,

$D_1 = \begin{vmatrix} 2a_{11} & 2a_{12} & 2a_{13} \\ 2a_{31} & 2a_{32} & 2a_{33} \\ 2a_{21} & 2a_{22} & 2a_{23} \end{vmatrix}$, 那么 $D_1 = (\quad)$.

A. $2M$ B. $-2M$ C. $8M$ D. $-8M$

(5) 四阶行列式 $\begin{vmatrix} a_1 & 0 & 0 & b_1 \\ 0 & a_2 & b_2 & 0 \\ 0 & b_3 & a_3 & 0 \\ b_4 & 0 & 0 & a_4 \end{vmatrix} = (\quad)$.

A. $a_1 a_2 a_3 a_4 - b_1 b_2 b_3 b_4$
B. $a_1 a_2 a_3 a_4 + b_1 b_2 b_3 b_4$
C. $(a_1 a_2 - b_1 b_2)(a_3 a_4 - b_3 b_4)$
D. $(a_2 a_3 - b_2 b_3)(a_1 a_4 - b_1 b_4)$

2. 填空题:

(1) 当 x 满足_____时, $\begin{vmatrix} 3 & 1 & x \\ 4 & x & 0 \\ 1 & 0 & x \end{vmatrix} \neq 0$;

(2) $\begin{vmatrix} a & 1 & 1 \\ 0 & -1 & 0 \\ 4 & a & a \end{vmatrix} > 0$ 的充分必要条件是_____;

(3) 当 a, b 满足条件_____时, 行列式 $\begin{vmatrix} a & b & 0 \\ -b & a & 0 \\ 1 & 0 & 1 \end{vmatrix} = 0$;

(4) 已知 $f(x) = \begin{vmatrix} x & 1 & 1 & 2 \\ 1 & x & 1 & -1 \\ 3 & 2 & x & 1 \\ 1 & 1 & 2x & 1 \end{vmatrix}$, 则 x^3 的系数等于_____.

(5) 设 n 阶行列式中有 $n^2 - n$ 个以上元素为零, 则行列式等于_____.

3. 计算题:

(1) 计算下列二阶行列式.

① $\begin{vmatrix} 2 & 1 \\ -3 & 2 \end{vmatrix}$;   ② $\begin{vmatrix} 1 & 3 \\ 1 & 4 \end{vmatrix}$;   ③ $\begin{vmatrix} a & b \\ a^2 & b^2 \end{vmatrix}$;

④ $\begin{vmatrix} x-1 & 1 \\ x^2 & x^2+x+1 \end{vmatrix}$.

(2) 计算下列三阶行列式.

① $\begin{vmatrix} 1 & 2 & 3 \\ 3 & 1 & 2 \\ 2 & 3 & 1 \end{vmatrix}$;   ② $\begin{vmatrix} 1 & 1 & 1 \\ 3 & 1 & 4 \\ 8 & 9 & 5 \end{vmatrix}$;

③ $\begin{vmatrix} 1 & 0 & -1 \\ 3 & 5 & 0 \\ 0 & 4 & 1 \end{vmatrix}$;   ④ $\begin{vmatrix} 1 & 1 & 1 \\ a & b & c \\ a^2 & b^2 & c^2 \end{vmatrix}$;

⑤ $\begin{vmatrix} x & y & x+y \\ y & x+y & x \\ x+y & x & y \end{vmatrix}$;   ⑥ $\begin{vmatrix} a & b & c \\ b & c & a \\ c & a & b \end{vmatrix}$.

(3) 计算下列行列式.

① $\begin{vmatrix} 1 & 1 & 1 & 1 \\ -1 & 1 & 1 & 1 \\ -1 & -1 & 1 & 1 \\ -1 & -1 & -1 & 1 \end{vmatrix}$;   ② $\begin{vmatrix} 1 & 2 & 3 & 4 \\ 2 & 3 & 4 & 1 \\ 3 & 4 & 1 & 2 \\ 4 & 1 & 2 & 3 \end{vmatrix}$;

③ $\begin{vmatrix} 4 & 1 & 1 & 1 \\ 1 & 4 & 1 & 1 \\ 1 & 1 & 4 & 1 \\ 1 & 1 & 1 & 4 \end{vmatrix}$;   ④ $\begin{vmatrix} 5 & 3 & -1 & 2 & 0 \\ 1 & 7 & 2 & 5 & 2 \\ 0 & -2 & 3 & 1 & 0 \\ 0 & -4 & -1 & 4 & 0 \\ 0 & 2 & 3 & 5 & 0 \end{vmatrix}$.

(4) 计算下列 n 阶行列式.

① $\begin{vmatrix} 0 & 1 & 1 & \cdots & 1 \\ 1 & 0 & 1 & \cdots & 1 \\ 1 & 1 & 0 & \cdots & 1 \\ \vdots & \vdots & \vdots & & \vdots \\ 1 & 1 & 1 & \cdots & 0 \end{vmatrix}$;

② $\begin{vmatrix} x & y & 0 & \cdots & 0 & 0 \\ 0 & x & y & \cdots & 0 & 0 \\ \vdots & \vdots & \vdots & & \vdots & \vdots \\ 0 & 0 & 0 & \cdots & x & y \\ y & 0 & 0 & \cdots & 0 & x \end{vmatrix}$;

③ $\begin{vmatrix} -a_1 & a_1 & 0 & \cdots & 0 & 0 \\ 0 & -a_2 & a_2 & \cdots & 0 & 0 \\ \vdots & \vdots & \vdots & & \vdots & \vdots \\ 0 & 0 & 0 & \cdots & -a_n & a_n \\ 1 & 1 & 1 & \cdots & 1 & 1 \end{vmatrix}$.

(5) 解方程.

① $\begin{vmatrix} 1 & 1 & 1 \\ 1 & 2 & x \\ 1 & x & 6 \end{vmatrix} = 1$;   ② $\begin{vmatrix} 1 & 1 & 2 & 3 \\ 1 & 2-x^2 & 2 & 3 \\ 2 & 3 & 1 & 5 \\ 2 & 3 & 1 & 9-x^2 \end{vmatrix} = 0$.

第 9 章

矩阵

矩阵实质是一张长方形数表，它是解决数学问题的一种特殊的"数形结合"的方法．矩阵被广泛应用于科学研究与日常生活中，诸如课表、成绩统计表；生产进度表、销售统计表；列车时刻表、价目表；科研领域的数据分析表等．矩阵的初等变换是研究线性方程组的一个非常有力的工具．本章主要介绍矩阵的定义、运算及矩阵的初等变换．

数学文化扩展阅读 17
矩阵发展简史

9.1 矩阵的定义

核心内容讲解 42
矩阵的定义

本节首先通过引例展示数学问题或实际问题与一张数表——矩阵的联系，从而给出矩阵的概念．

9.1.1 引例

例 1 线性方程组

$$\begin{cases} a_{11}x_1+a_{12}x_2+\cdots+a_{1n}x_n=0, \\ a_{21}x_1+a_{22}x_2+\cdots+a_{2n}x_n=0, \\ \quad\vdots \\ a_{m1}x_1+a_{m2}x_2+\cdots+a_{mn}x_n=0 \end{cases}$$

的系数可排列成一个 m 行 n 列的矩形数表

$$\begin{pmatrix} a_{11} & \cdots & a_{1n} \\ \vdots & & \vdots \\ a_{m1} & \cdots & a_{mn} \end{pmatrix},$$

这样的表叫作 $m\times n$ 矩阵．

例 2 某企业生产 4 种产品，各种产品的季度产值（单位：万元）如表 9-1 所示：

表 9-1 （单位：万元）

产值＼产品＼季度	A	B	C	D
1	80	75	75	78
2	98	70	85	84
3	90	75	90	90
4	88	70	82	80

数表 $\begin{pmatrix} 80 & 75 & 75 & 78 \\ 98 & 70 & 85 & 84 \\ 90 & 75 & 90 & 90 \\ 88 & 70 & 82 & 80 \end{pmatrix}$ 具体直观描述了这家企业各种产品的季度产值，同时也揭示了产值随季度变化的规律、季增长率和年产量等情况.

例 3 某航空公司在 A，B，C，D 四座城市之间开辟了若干航线，图 9-1 表示了四城市间的航班情况.

若从 A 到 B 有航班，则用带箭头的线连接 A 与 B，四城市间的航班图还可用表格表示（行标表示出发站，列标表示到达站）.

	A	B	C	D
A		✓	✓	
B	✓		✓	✓
C	✓	✓		✓
D		✓		

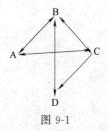

图 9-1

其中 ✓ 表示有航班，为了便于研究，记表中 ✓ 为 1，空白处为 0，则得一数表，该数表反映了四城市间的航班来往情况，即

$$\begin{pmatrix} 0 & 1 & 1 & 0 \\ 1 & 0 & 1 & 1 \\ 1 & 1 & 0 & 1 \\ 0 & 1 & 0 & 0 \end{pmatrix}.$$

9.1.2 矩阵的概念

定义 9.1 给出 $m \times n$ 个数，按一定顺序排成一个 m 行 n 列的矩形数表

$$\begin{pmatrix} a_{11} & a_{12} & \cdots & a_{1n} \\ a_{21} & a_{22} & \cdots & a_{2n} \\ \vdots & \vdots & & \vdots \\ a_{m1} & a_{m2} & \cdots & a_{mn} \end{pmatrix},$$

此数表叫作 m 行 n 列矩阵，简称 $m \times n$ 矩阵. 矩阵一般用大写黑体字母 $\boldsymbol{A}, \boldsymbol{B}, \boldsymbol{C}, \cdots$ 表示，有时亦记为 $\boldsymbol{A} = (a_{ij})_{m \times n}$ 或 $\boldsymbol{A} = (a_{ij})$ 或 $\boldsymbol{A}_{m \times n}$，$a_{ij}$ 叫作矩阵 $\boldsymbol{A}$ 的元素，它位于矩阵 $\boldsymbol{A}$ 的第 i 行、第 j 列的交叉处.

在 $m \times n$ 矩阵 $\boldsymbol{A}$ 中，如果 $m = n$，就称 $\boldsymbol{A}$ 为 n 阶方阵.

本教材只研究矩阵 $\boldsymbol{A}$ 的所有元素为实数的矩阵.

9.1.3 几种特殊矩阵

(1) 只有一行的矩阵 $\boldsymbol{A} = (a_1 \quad a_2 \quad \cdots \quad a_n)$ 叫作行矩阵.

(2) 只有一列的矩阵

$$B = \begin{pmatrix} b_1 \\ b_2 \\ \vdots \\ b_n \end{pmatrix}$$

叫作列矩阵.

(3) 当两个矩阵的行数相等、列数也相等时,就称它们是同型矩阵.

(4) 元素都是零的矩阵称为零矩阵,记作 O,注意不同型的零矩阵是不同的.

(5) 方阵

$$\begin{pmatrix} 1 & 0 & \cdots & 0 \\ 0 & 1 & \cdots & 0 \\ \vdots & \vdots & & \vdots \\ 0 & 0 & \cdots & 1 \end{pmatrix}$$

叫作 n 阶单位阵,简记作 E_n 或 E. E_n 的特点是:从左上角到右下角的直线(主对角线)上的元素都是 1,其他元素都是 0.

(6) n 阶方阵 $\begin{pmatrix} a_1 & 0 & \cdots & 0 \\ 0 & a_2 & \cdots & 0 \\ \vdots & \vdots & & \vdots \\ 0 & 0 & \cdots & a_n \end{pmatrix}$ 称为 n 阶对角矩阵,当它的

对角元素全部相等时,即 $\begin{pmatrix} a & 0 & \cdots & 0 \\ 0 & a & \cdots & 0 \\ \vdots & \vdots & & \vdots \\ 0 & 0 & \cdots & a \end{pmatrix}$ 称为 n 阶数量矩阵.

此外,上(下)三角形矩阵的定义与上(下)三角形行列式的定义类似.

9.2 矩阵的运算

核心内容讲解 43
矩阵的运算(1)

9.2.1 矩阵的加法运算

首先,我们来定义矩阵相等. 如果两同型矩阵的对应元素都相等,则称这两个矩阵相等.

定义 9.2 设有两个 $m \times n$ 矩阵 $A = (a_{ij})$ 和 $B = (b_{ij})$,那么 A 与 B 的和记为 $A + B$,规定:

$$A + B = \begin{pmatrix} a_{11}+b_{11} & a_{12}+b_{12} & \cdots & a_{1n}+b_{1n} \\ a_{21}+b_{21} & a_{22}+b_{22} & \cdots & a_{2n}+b_{2n} \\ \vdots & \vdots & & \vdots \\ a_{m1}+b_{m1} & a_{m2}+b_{m2} & \cdots & a_{mn}+b_{mn} \end{pmatrix}.$$

注：只有当两个矩阵同型时，才能进行加法运算.

由于矩阵的加法可以归结为它们对应位置元素的加法，所以，不难验证矩阵加法满足以下运算规律：

(1) $A+B=B+A$（交换律）；

(2) $(A+B)+C=A+(B+C)$（结合律）.

9.2.2 矩阵的数乘运算

定义 9.3 数 λ 与矩阵 A 的乘积记作 λA，规定：

$$\lambda A = \begin{pmatrix} \lambda a_{11} & \lambda a_{12} & \cdots & \lambda a_{1n} \\ \lambda a_{21} & \lambda a_{22} & \cdots & \lambda a_{2n} \\ \vdots & \vdots & & \vdots \\ \lambda a_{m1} & \lambda a_{m2} & \cdots & \lambda a_{mn} \end{pmatrix}$$

数与矩阵的乘积运算称为数乘运算.

数乘矩阵满足下列运算规律：

(1) $(\lambda\mu)A=\lambda(\mu A)$；

(2) $(\lambda+\mu)A=\lambda A+\mu A$；

(3) $\lambda(A+B)=\lambda A+\lambda B$.

设矩阵 $A=(a_{ij})$，记 $-A=(-1)\cdot A=(-1\cdot a_{ij})=(-a_{ij})$，$-A$ 称为的 A 负矩阵，显然有

$$A+(-A)=O,$$

其中 O 为各元素均为 0 的同型矩阵. 由此规定

$$A-B=A+(-B).$$

9.2.3 矩阵的乘法运算

定义 9.4 设 $A=(a_{ij})_{m\times s}$，$B=(b_{ij})_{s\times n}$，那么规定矩阵 A 与 B 的乘积是

$$C=(c_{ij})_{m\times n},$$

其中 $c_{ij}=a_{i1}b_{1j}+a_{i2}b_{2j}+\cdots+a_{is}b_{sj}=\sum_{k=1}^{s}a_{ik}b_{kj}$

$(i=1,2,\cdots,m;j=1,2,\cdots,n),$

并把此乘积记作 $C=AB$.

▶核心内容讲解 44
矩阵的运算（2）

特别地，当行矩阵 $(a_{i1} \quad a_{i2} \quad \cdots \quad a_{is})$ 与列矩阵 $\begin{pmatrix} b_{1j} \\ b_{2j} \\ \vdots \\ b_{sj} \end{pmatrix}$ 相乘时，即

$$(a_{i1} \quad a_{i2} \quad \cdots \quad a_{is}) \begin{pmatrix} b_{1j} \\ b_{2j} \\ \vdots \\ b_{sj} \end{pmatrix} = a_{i1}b_{1j}+a_{i2}b_{2j}+\cdots+a_{is}b_{sj}$$

就是一个数 c_{ij}，这表明 c_{ij} 就是 A 的第 i 行与 B 的第 j 列对应元素乘积之和.

注：只有当第一个矩阵（左矩阵）的列数与第二个矩阵（右矩阵）的行数相等时，两个矩阵才能相乘.

例4 对线性方程组

$$\begin{cases} a_{11}x_1+a_{12}x_2+\cdots+a_{1n}x_n=b_1, \\ a_{21}x_1+a_{22}x_2+\cdots+a_{2n}x_n=b_2, \\ \vdots \\ a_{m1}x_1+a_{m2}x_2+\cdots+a_{mn}x_n=b_m, \end{cases}$$

若记 $A=\begin{pmatrix} a_{11} & a_{12} & \cdots & a_{1n} \\ a_{21} & a_{22} & \cdots & a_{2n} \\ \vdots & \vdots & & \vdots \\ a_{m1} & a_{m2} & \cdots & a_{mn} \end{pmatrix}$, $x=\begin{pmatrix} x_1 \\ x_2 \\ \vdots \\ x_n \end{pmatrix}$, $b=\begin{pmatrix} b_1 \\ b_2 \\ \vdots \\ b_m \end{pmatrix}$，则利用矩阵的乘法，线性方程组可表示为矩阵形式 $Ax=b$.

例5 设 A 和 B 分别是 $n\times 1$ 和 $1\times n$ 矩阵，且

$$A=\begin{pmatrix} a_1 \\ a_2 \\ \vdots \\ a_n \end{pmatrix}, B=(b_1 \quad b_2 \quad \cdots \quad b_n),$$

计算 AB 和 BA.

解

$$AB=\begin{pmatrix} a_1 \\ a_2 \\ \vdots \\ a_n \end{pmatrix}(b_1 \quad b_2 \quad \cdots \quad b_n)=\begin{pmatrix} a_1b_1 & a_1b_2 & \cdots & a_1b_n \\ a_2b_1 & a_2b_2 & \cdots & a_2b_n \\ \vdots & \vdots & & \vdots \\ a_nb_1 & a_nb_2 & \cdots & a_nb_n \end{pmatrix},$$

$$BA=(b_1 \quad b_2 \quad \cdots \quad b_n)\begin{pmatrix} a_1 \\ a_2 \\ \vdots \\ a_n \end{pmatrix}=a_1b_1+a_2b_2+\cdots+a_nb_n.$$

AB 是 n 阶矩阵，BA 是一阶矩阵，运算的最后结果为一阶矩阵时，可以把它与数等同看待.

例6 设 $A=\begin{pmatrix} 1 & 2 \\ 1 & 3 \end{pmatrix}$, $B=\begin{pmatrix} 1 & 0 \\ 1 & 2 \end{pmatrix}$，讨论以下等式是否成立？

(1) $AB=BA$；

(2) $(A+B)^2 = A^2 + 2AB + B^2$.

解 （1）因为 $AB = \begin{pmatrix} 1 & 2 \\ 1 & 3 \end{pmatrix} \begin{pmatrix} 1 & 0 \\ 1 & 2 \end{pmatrix} = \begin{pmatrix} 3 & 4 \\ 4 & 6 \end{pmatrix}$，$BA = \begin{pmatrix} 1 & 0 \\ 1 & 2 \end{pmatrix} \begin{pmatrix} 1 & 2 \\ 1 & 3 \end{pmatrix} = \begin{pmatrix} 1 & 2 \\ 3 & 8 \end{pmatrix}$，所以 $AB \neq BA$.

（2）因为 $(A+B)^2 = \left(\begin{pmatrix} 1 & 2 \\ 1 & 3 \end{pmatrix} + \begin{pmatrix} 1 & 0 \\ 1 & 2 \end{pmatrix}\right)^2 = \begin{pmatrix} 2 & 2 \\ 2 & 5 \end{pmatrix}^2 = \begin{pmatrix} 8 & 14 \\ 14 & 29 \end{pmatrix}$，

$A^2 + 2AB + B^2 = \begin{pmatrix} 1 & 2 \\ 1 & 3 \end{pmatrix}^2 + 2 \begin{pmatrix} 1 & 2 \\ 1 & 3 \end{pmatrix} \begin{pmatrix} 1 & 0 \\ 1 & 2 \end{pmatrix} + \begin{pmatrix} 1 & 0 \\ 1 & 2 \end{pmatrix}^2 = \begin{pmatrix} 10 & 16 \\ 15 & 27 \end{pmatrix}$，

所以 $(A+B)^2 \neq A^2 + 2AB + B^2$.

由例5、例6可知，矩阵乘法不满足交换律.

此外，矩阵乘法一般也不满足消去律，即不能从 $AC = BC$ 推出 $A = B$. 例如，设

$$A = \begin{pmatrix} 1 & 2 \\ 0 & 3 \end{pmatrix}, B = \begin{pmatrix} 1 & 0 \\ 0 & 4 \end{pmatrix}, C = \begin{pmatrix} 1 & 1 \\ 0 & 0 \end{pmatrix},$$

则 $AC = \begin{pmatrix} 1 & 2 \\ 0 & 3 \end{pmatrix} \begin{pmatrix} 1 & 1 \\ 0 & 0 \end{pmatrix} = \begin{pmatrix} 1 & 1 \\ 0 & 0 \end{pmatrix} = \begin{pmatrix} 1 & 0 \\ 0 & 4 \end{pmatrix} \begin{pmatrix} 1 & 1 \\ 0 & 0 \end{pmatrix} = BC$，

但 $A \neq B$.

然而，在假设运算都可行的情况下，矩阵的乘法满足下列运算规律：

(1) $(AB)C = A(BC)$ （结合律）；

(2) $A(B+C) = AB + AC$ （左分配律）；

$(B+C)A = BA + CA$ （右分配律）；

(3) $\lambda(AB) = (\lambda A)B$ （其中 λ 为数）.

对于单位矩阵 E，容易验证

$$E_m A_{m \times n} = A_{m \times n}, A_{m \times n} E_n = A_{m \times n}.$$

运算规律 (1) 中令 $A = B = C$ 为方阵，则 $A(A \cdot A) = A^3$ 称为方阵 E 的 3 次幂. 一般地，称 $A^n = \underbrace{A \cdot A \cdot \cdots \cdot A}_{n\text{个}}$ 为方阵 A 的 n 次幂，规定 $A^0 = E$.

例7 设矩阵 $A = \begin{pmatrix} 1 & -3 & 2 \\ -2 & 1 & -1 \\ 1 & 2 & -1 \end{pmatrix}$, $B = \begin{pmatrix} 2 & 5 & 4 \\ 4 & -2 & 2 \\ 1 & 4 & 1 \end{pmatrix}$，求 $A^2 - 4B^2 - 2BA + 2AB$.

解 $A^2 - 4B^2 - 2BA + 2AB$

$= (A^2 + 2AB) - (4B^2 + 2BA)$

$= A(A + 2B) - 2B(2B + A)$

$= (A - 2B)(A + 2B)$

$= \left(\begin{pmatrix} 1 & -3 & 2 \\ -2 & 1 & -1 \\ 1 & 2 & -1 \end{pmatrix} - 2 \begin{pmatrix} 2 & 5 & 4 \\ 4 & -2 & 2 \\ 1 & 4 & 1 \end{pmatrix}\right)$

$$\times \left(\begin{pmatrix} 1 & -3 & 2 \\ -2 & 1 & -1 \\ 1 & 2 & -1 \end{pmatrix} + 2 \begin{pmatrix} 2 & 5 & 4 \\ 4 & -2 & 2 \\ 1 & 4 & 1 \end{pmatrix} \right)$$

$$= \begin{pmatrix} -3 & -13 & -6 \\ -10 & 5 & -5 \\ -1 & -6 & -3 \end{pmatrix} \begin{pmatrix} 5 & 7 & 10 \\ 6 & -3 & 3 \\ 3 & 10 & 1 \end{pmatrix}$$

$$= \begin{pmatrix} -111 & -42 & -75 \\ -35 & -135 & -90 \\ -50 & -19 & -31 \end{pmatrix}.$$

9.2.4 矩阵的逆

定义 9.5 对于 n 阶方阵 A，如果存在一个 n 阶方阵 B，使得

$$AB = BA = E,$$

则称方阵 A 可逆，方阵 B 称为 A 的逆矩阵.

如果 A 可逆，则 A 的逆矩阵是唯一的. 如果 A 的逆矩阵为 B，则 B 的逆矩阵为 A.

事实上，设 B 和 C 都是 A 的逆矩阵，则有

$$B = BE = B(AC) = (BA)C = EC = C.$$

A 的逆矩阵记作 A^{-1}，即 $AB = BA = E$，则 $B = A^{-1}$.

定义 9.6 设 A 为 n 阶方阵，若 A 的行列式 $|A| \neq 0$，则称 A 为非奇异矩阵；否则称 A 为奇异矩阵.

定理 9.1 设 A 是 n 阶方阵，A 可逆的充分必要条件为 A 是非奇异矩阵.

例 8 如果 $A = \begin{pmatrix} a_1 & 0 & \cdots & 0 \\ 0 & a_2 & \cdots & 0 \\ \vdots & \vdots & & \vdots \\ 0 & 0 & \cdots & a_n \end{pmatrix}$，其中 $a_i \neq 0$ ($i = 1, 2, \cdots, n$)，试求 A^{-1}.

解 因为

$$\begin{pmatrix} a_1 & 0 & \cdots & 0 \\ 0 & a_2 & \cdots & 0 \\ \vdots & \vdots & & \vdots \\ 0 & 0 & \cdots & a_n \end{pmatrix} \begin{pmatrix} a_1^{-1} & 0 & \cdots & 0 \\ 0 & a_2^{-1} & \cdots & 0 \\ \vdots & \vdots & & \vdots \\ 0 & 0 & \cdots & a_n^{-1} \end{pmatrix}$$

$$= \begin{pmatrix} a_1^{-1} & 0 & \cdots & 0 \\ 0 & a_2^{-1} & \cdots & 0 \\ \vdots & \vdots & & \vdots \\ 0 & 0 & \cdots & a_n^{-1} \end{pmatrix} \begin{pmatrix} a_1 & 0 & \cdots & 0 \\ 0 & a_2 & \cdots & 0 \\ \vdots & \vdots & & \vdots \\ 0 & 0 & \cdots & a_n \end{pmatrix} = E_n,$$

所以 $$A^{-1} = \begin{pmatrix} a_1^{-1} & 0 & \cdots & 0 \\ 0 & a_2^{-1} & \cdots & 0 \\ \vdots & \vdots & & \vdots \\ 0 & 0 & \cdots & a_n^{-1} \end{pmatrix}.$$

例 9 设矩阵 $A = \begin{pmatrix} 1 & 2 \\ 2 & 5 \end{pmatrix}$，求 A^{-1}.

解 由 $|A| = \begin{vmatrix} 1 & 2 \\ 2 & 5 \end{vmatrix} = 1 \neq 0$，故矩阵 A 可逆.

设 $B = \begin{pmatrix} x_{11} & x_{12} \\ x_{21} & x_{22} \end{pmatrix}$，根据逆矩阵定义 $AB = E$，有

$$AB = \begin{pmatrix} 1 & 2 \\ 2 & 5 \end{pmatrix}\begin{pmatrix} x_{11} & x_{12} \\ x_{21} & x_{22} \end{pmatrix} = \begin{pmatrix} 1 & 0 \\ 0 & 1 \end{pmatrix} = E,$$

建立两个二元一次方程组可求得：

$$x_{11} = 5, \quad x_{12} = -2, \quad x_{21} = -2, \quad x_{22} = 1.$$

所以 $$B = \begin{pmatrix} 5 & -2 \\ -2 & 1 \end{pmatrix}.$$

根据定义求高阶方阵的逆矩阵，但计算量会非常大，今后可以利用后面介绍的矩阵初等变换方法来求逆矩阵.

数学文化扩展阅读 18
矩阵的早期发展

9.3 矩阵的初等变换

在计算行列式时，利用行列式的性质可以将给定的行列式化为上（下）三角形行列式，从而简化行列式的计算．把行列式的某些性质应用到矩阵上，会给我们研究矩阵带来很大的方便，这些性质反映到矩阵上就是矩阵的初等变换．矩阵的初等变换在解线性方程组、求逆矩阵及矩阵理论的探讨中都具有十分重要的作用．

核心内容讲解 45
矩阵的初等变换

9.3.1 矩阵的初等行变换

定义 9.7 下面的三种变换称为矩阵的初等行变换：

(1) 交换矩阵的两行［交换第 i 行和第 j 行，记为 $r(i,j)$］；

(2) 矩阵的某行乘以一个非零常数 k［第 i 行乘以 k，记为 $r(i(k))$］；

(3) 把矩阵的某一行的 k 倍加到另一行［第 i 行的 k 倍加到第 j 行，记为 $r(j+i(k))$］.

若矩阵 A 经过有限次初等行变换变成矩阵 B，则矩阵 A 与 B 等价，记为 $A \to B$.

例 10 已知矩阵 $A = \begin{pmatrix} 1 & -2 & -1 & 0 & 2 \\ -2 & 4 & 2 & 6 & -6 \\ 2 & -1 & 0 & 2 & 3 \\ 3 & 3 & 3 & 3 & 4 \end{pmatrix}$，对其进行如下初等行变换：

$$A = \begin{pmatrix} 1 & -2 & -1 & 0 & 2 \\ -2 & 4 & 2 & 6 & -6 \\ 2 & -1 & 0 & 2 & 3 \\ 3 & 3 & 3 & 3 & 4 \end{pmatrix} \xrightarrow[r(4+1(-3))]{\substack{r(2+1(2)) \\ r(3+1(-2))}}$$

$$\begin{pmatrix} 1 & -2 & -1 & 0 & 2 \\ 0 & 0 & 0 & 6 & -2 \\ 0 & 3 & 2 & 2 & -1 \\ 0 & 9 & 6 & 3 & -2 \end{pmatrix} \xrightarrow[r(3,4)]{r(2,3)} \begin{pmatrix} 1 & -2 & -1 & 0 & 2 \\ 0 & 3 & 2 & 2 & -1 \\ 0 & 9 & 6 & 3 & -2 \\ 0 & 0 & 0 & 6 & -2 \end{pmatrix}$$

$$\xrightarrow{r(3+2(-3))} \begin{pmatrix} 1 & -2 & -1 & 0 & 2 \\ 0 & 3 & 2 & 2 & -1 \\ 0 & 0 & 0 & -3 & 1 \\ 0 & 0 & 0 & 6 & -2 \end{pmatrix}$$

$$\xrightarrow{r(4+3(2))} \begin{pmatrix} 1 & -2 & -1 & 0 & 2 \\ 0 & 3 & 2 & 2 & -1 \\ 0 & 0 & 0 & -3 & 1 \\ 0 & 0 & 0 & 0 & 0 \end{pmatrix} = B.$$

这里的矩阵 B 依其形状的特征称为行阶梯形矩阵.

一般地，满足下列条件的矩阵称为行阶梯形矩阵：

(1) 零行（元素全为零的行）位于矩阵的下方；

(2) 各非零行的首非零元（从左至右第一个不为零的元素）的列标随行标的增大而严格增大.

对例 10 中的矩阵 $B = \begin{pmatrix} 1 & -2 & -1 & 0 & 2 \\ 0 & 3 & 2 & 2 & -1 \\ 0 & 0 & 0 & -3 & 1 \\ 0 & 0 & 0 & 0 & 0 \end{pmatrix}$ 再进行初等行变换：

$$B = \begin{pmatrix} 1 & -2 & -1 & 0 & 2 \\ 0 & 3 & 2 & 2 & -1 \\ 0 & 0 & 0 & -3 & 1 \\ 0 & 0 & 0 & 0 & 0 \end{pmatrix} \xrightarrow[r(3(-\frac{1}{3}))]{r(2(\frac{1}{3}))}$$

$$\begin{pmatrix} 1 & -2 & -1 & 0 & 2 \\ 0 & 1 & \frac{2}{3} & \frac{2}{3} & -\frac{1}{3} \\ 0 & 0 & 0 & 1 & -\frac{1}{3} \\ 0 & 0 & 0 & 0 & 0 \end{pmatrix} \xrightarrow[\substack{r(1+2(2)) \\ r(1+3(-\frac{4}{3}))}]{r(2+3(-\frac{2}{3}))}$$

$$\begin{pmatrix} 1 & 0 & \dfrac{1}{3} & 0 & \dfrac{16}{9} \\ 0 & 1 & \dfrac{2}{3} & 0 & -\dfrac{1}{9} \\ 0 & 0 & 0 & 1 & -\dfrac{1}{3} \\ 0 & 0 & 0 & 0 & 0 \end{pmatrix} = C,$$

这种特殊形状的阶梯形矩阵 C 称为行最简形矩阵.

一般地,满足下列条件的阶梯形矩阵为行最简形矩阵:
(1) 各非零行的首非零元都是 1;
(2) 每个首非零元所在列的其余元素都是零.

9.3.2 求逆矩阵的初等变换法

求可逆矩阵 A 的逆矩阵 A^{-1} 的方法:构造 $n \times 2n$ 矩阵 $(A \mid E)$,对其实施初等行变换将 A 化为单位矩阵 E,同时就将其中的单位矩阵 E 化为 A^{-1},即

$$(A \mid E) \xrightarrow{\text{初等行变换}} (E \mid A^{-1}).$$

例 11 设 $A = \begin{pmatrix} 0 & 1 & 2 \\ 1 & 1 & 4 \\ 2 & -1 & 0 \end{pmatrix}$,求 A^{-1}.

解 对 $(A \mid E)$ 实施初等行变换

$$(A \mid E) = \begin{pmatrix} 0 & 1 & 2 & 1 & 0 & 0 \\ 1 & 1 & 4 & 0 & 1 & 0 \\ 2 & -1 & 0 & 0 & 0 & 1 \end{pmatrix} \xrightarrow{r(1,2)} \begin{pmatrix} 1 & 1 & 4 & 0 & 1 & 0 \\ 0 & 1 & 2 & 1 & 0 & 0 \\ 2 & -1 & 0 & 0 & 0 & 1 \end{pmatrix}$$

$$\xrightarrow{r(3+1(-2))} \begin{pmatrix} 1 & 1 & 4 & 0 & 1 & 0 \\ 0 & 1 & 2 & 1 & 0 & 0 \\ 0 & -3 & -8 & 0 & -2 & 1 \end{pmatrix} \xrightarrow{r(3+2(3))}$$

$$\begin{pmatrix} 1 & 1 & 4 & 0 & 1 & 0 \\ 0 & 1 & 2 & 1 & 0 & 0 \\ 0 & 0 & -2 & 3 & -2 & 1 \end{pmatrix} \xrightarrow[r(1+3(2))]{\substack{r(2+3(1)) \\ r(1+2(-1))}} \begin{pmatrix} 1 & 0 & 0 & 2 & -1 & 1 \\ 0 & 1 & 0 & 4 & -2 & 1 \\ 0 & 0 & -2 & 3 & -2 & 1 \end{pmatrix}$$

$$\xrightarrow{r\left(3\left(-\dfrac{1}{2}\right)\right)} \begin{pmatrix} 1 & 0 & 0 & 2 & -1 & 1 \\ 0 & 1 & 0 & 4 & -2 & 1 \\ 0 & 0 & 1 & -\dfrac{3}{2} & 1 & -\dfrac{1}{2} \end{pmatrix}.$$

于是 $A^{-1} = \begin{pmatrix} 2 & -1 & 1 \\ 4 & -2 & 1 \\ -\dfrac{3}{2} & 1 & -\dfrac{1}{2} \end{pmatrix}$.

若 A 可逆，对于矩阵方程 $AX=B$，$XA=B$，$AXB=C$，利用矩阵乘法的运算规律和逆矩阵的运算，则矩阵方程的解分别为 $X=A^{-1}B$，$X=BA^{-1}$，$X=A^{-1}CB^{-1}$.

例 12 设 $A = \begin{pmatrix} 1 & 2 & 3 \\ 2 & 2 & 1 \\ 3 & 4 & 3 \end{pmatrix}$，$B = \begin{pmatrix} 2 & 1 \\ 5 & 3 \end{pmatrix}$，$C = \begin{pmatrix} 1 & 3 \\ 2 & 0 \\ 3 & 1 \end{pmatrix}$，求矩阵 X，使其满足 $AXB=C$.

解 由 $|A| = \begin{vmatrix} 1 & 2 & 3 \\ 2 & 2 & 1 \\ 3 & 4 & 3 \end{vmatrix} = 2 \neq 0$，$|B| = \begin{vmatrix} 2 & 1 \\ 5 & 3 \end{vmatrix} = 1 \neq 0$，故 A^{-1} 和 B^{-1} 都存在，且由求逆矩阵的初等变换法，得

$$A^{-1} = \begin{pmatrix} 1 & 3 & -2 \\ -\dfrac{3}{2} & -3 & \dfrac{5}{2} \\ 1 & 1 & -1 \end{pmatrix}, B^{-1} = \begin{pmatrix} 3 & -1 \\ -5 & 2 \end{pmatrix},$$

从而有 $X = A^{-1}CB^{-1} = \begin{pmatrix} 1 & 3 & -2 \\ -\dfrac{3}{2} & -3 & \dfrac{5}{2} \\ 1 & 1 & -1 \end{pmatrix} \begin{pmatrix} 1 & 3 \\ 2 & 0 \\ 3 & 1 \end{pmatrix}$

$\times \begin{pmatrix} 3 & -1 \\ -5 & 2 \end{pmatrix} = \begin{pmatrix} -2 & 1 \\ 10 & -4 \\ -10 & 4 \end{pmatrix}$.

9.4 案例

案例 1 生产成本问题

现有三个工厂生产 A，B，C，D 四种产品，其单位成本（单位：百元）如表 9-2 所示。如果生产 A，B，C，D 四种产品的数量分别为 200、300、400、500 件，问哪个工厂生产的成本最低？

表 9-2 （单位：百元）

产品 工厂	A	B	C	D
甲	3.5	4.2	2.9	3.3
乙	3.4	4.3	3.1	3.0
丙	3.6	4.1	3.0	3.2

解 设矩阵 X 表示各工厂生产四种产品的单位成本,矩阵 Y 表示生产四种产品的产量,则有

$$X=\begin{pmatrix} 3.5 & 4.2 & 2.9 & 3.3 \\ 3.4 & 4.3 & 3.1 & 3.0 \\ 3.6 & 4.1 & 3.0 & 3.2 \end{pmatrix}, Y=\begin{pmatrix} 200 \\ 300 \\ 400 \\ 500 \end{pmatrix},$$

各工厂生产四种产品的总成本为

$$XY=\begin{pmatrix} 3.5 & 4.2 & 2.9 & 3.3 \\ 3.4 & 4.3 & 3.1 & 3.0 \\ 3.6 & 4.1 & 3.0 & 3.2 \end{pmatrix}\begin{pmatrix} 200 \\ 300 \\ 400 \\ 500 \end{pmatrix}=\begin{pmatrix} 4770 \\ 4710 \\ 4750 \end{pmatrix},$$

因此,由乙工厂生产所需成本最低为 4710(百元).

案例 2 学生评奖问题

某班有 m 个学生,分别记为 1 号,2 号,…,m 号,该班某学年开设有 n 门课程,第 i 号学生第 j 门课程得分为 a_{ij},政治表现得分为 b_i,体育得分为 c_i(见表 9-3),嘉奖得分为 d_i.a_{ij},b_i,c_i 均采用百分制,若学校规定三好考评与奖学金考评办法如下:

三好考评按"德、智、体"分别占 25%,60%,15% 进行计算,"德"为政治表现,"智"为 n 门课程得分均值,"体"为体育得分,再加上嘉奖分;奖学金考评按课程得分 a_{ij} 乘以该课程的学分 k_j 计算.

试利用矩阵给出每位学生的两类综合考评的得分表.

表 9-3 学生得分表

学生	课程				政治表现	体育	嘉奖
	1	2	…	n			
1	a_{11}	a_{12}	…	a_{1n}	b_1	c_1	d_1
2	a_{21}	a_{22}	…	a_{2n}	b_2	c_2	d_2
⋮	⋮	⋮	⋮	⋮	⋮	⋮	⋮
m	a_{m1}	a_{m2}	…	a_{mn}	b_m	c_m	d_m

解 设

$$A=\begin{pmatrix} a_{11} & a_{12} & \cdots & a_{1n} \\ a_{21} & a_{22} & \cdots & a_{2n} \\ \vdots & \vdots & & \vdots \\ a_{m1} & a_{m2} & \cdots & a_{mn} \end{pmatrix}, B=\begin{pmatrix} b_1 \\ b_2 \\ \vdots \\ b_m \end{pmatrix}, C=\begin{pmatrix} c_1 \\ c_2 \\ \vdots \\ c_m \end{pmatrix}, D=\begin{pmatrix} d_1 \\ d_2 \\ \vdots \\ d_m \end{pmatrix},$$

$$K=\begin{pmatrix} k_1 \\ k_2 \\ \vdots \\ k_n \end{pmatrix}, X=\begin{pmatrix} x_1 \\ x_2 \\ \vdots \\ x_m \end{pmatrix}, Y=\begin{pmatrix} y_1 \\ y_2 \\ \vdots \\ y_m \end{pmatrix},$$

其中,x_i,y_i 分别表示 i 号学生三好考评与奖学金考评得分.

由于 $x_i = \left(\dfrac{1}{n}\sum\limits_{j=1}^{n} a_{ij}\right) \times 60\% + b_i \times 25\% + c_i \times 15\% + d_i$ $(i=1,2,\cdots,m)$,

$$y_i = \dfrac{1}{n}\sum_{j=1}^{n} k_j a_{ij} \quad (i=1,2,\cdots,m).$$

记 $\bar{A} = \begin{pmatrix} a_{11} & a_{12} & \cdots & a_{1n} & b_1 & c_1 & d_1 \\ a_{21} & a_{22} & \cdots & a_{2n} & b_2 & c_2 & d_2 \\ \cdots & \cdots & & \vdots & \vdots & \vdots & \vdots \\ a_{m1} & a_{m2} & \cdots & a_{mn} & b_m & c_m & d_m \end{pmatrix}$, $P = \begin{pmatrix} 0.6 \\ \vdots \\ 0.6 \\ 0.25 \\ 0.15 \\ 1 \end{pmatrix} \} n$

则 $X = \bar{A}P$, $Y = \dfrac{1}{n}AK$.

案例 3　择业问题

某大学生毕业时面临 3 种工作选择，C_1 为国家机关，C_2 为国有企业，C_3 为外资企业. 而其考虑最多的因素如下：收入 G、发展 I 及声誉 S. C_1、C_2、C_3 对 G、I、S 的作用程度情况，以及 G、I、S 对个人的重要程度情况，且 G、I、S 对大学生的重要程度的判断矩阵为

$$A(M) = \begin{pmatrix} 1 & 4 & 2 \\ \dfrac{1}{4} & 1 & \dfrac{1}{2} \\ \dfrac{1}{2} & 2 & 1 \end{pmatrix},$$

由此来决定 C_1、C_2、C_3 三种选择的份额情况.

可求出 $A(M)$ 的权重向量为

$(0.571, 0.143, 0.286)^T$.

假设 C_1、C_2、C_3 对 G、I、S 重要程度的判断矩阵是 $A(G)$、$A(I)$、$A(S)$，得到 $A(G)$、$A(I)$、$A(S)$ 三者的权重向量分别如下：

$(0.333, 0.167, 0.500)^T$, $(0.631, 0.158, 0.211)^T$, $(0.588, 0.294, 0.118)^T$，从而可得出 C_1、C_2、C_3 三者的权重分别如下：

$C_1 = 0.333 \times 0.571 + 0.631 \times 0.143 + 0.588 \times 0.286 = 0.449$,

$C_2 = 0.167 \times 0.571 + 0.158 \times 0.143 + 0.294 \times 0.286 = 0.202$,

$C_3 = 0.500 \times 0.571 + 0.211 \times 0.143 + 0.118 \times 0.286 = 0.349$,

也就是说，大学生对于此三种选择的份额情况如下：国家机关为 44.9%，国有企业为 20.2%，而外资企业则为 34.9%.

案例 4　解密问题

小李的男朋友给小李发来一封密信，这是一个三阶方阵 A,

两人约定：消息的每一个英文字母用一个整数来表示：$a \to 1$，$b \to 2$，$\cdots$，$y \to 25$，$z \to 26$，约定好的加密矩阵是 B，求小李的男朋友发来的密信的内容．其中：

$$A = \begin{pmatrix} 207 & 210 & 135 \\ 231 & 318 & 135 \\ 244 & 161 & 175 \end{pmatrix}, B = \begin{pmatrix} 4 & 3 & 7 \\ 9 & 0 & 10 \\ 0 & 7 & 6 \end{pmatrix}.$$

解 先假设内容矩阵为 X，则 $A = BX$（或 $A = XB$），即 $X = B^{-1}A$（或 $X = AB^{-1}$）．求解得到满足题意的只有一个矩阵：

$$X = \begin{pmatrix} 9 & 12 & 15 \\ 22 & 5 & 25 \\ 15 & 21 & 0 \end{pmatrix}.$$

由英文字母与整数之间的对应关系，即得密信内容为"i love you"．

案例 5 人口迁移问题

设初始年份城市和农村人口分别为 σ_0 和 τ_0，X_0 为初始人口矩阵，即 $X_0 = \begin{pmatrix} \sigma_0 \\ \tau_0 \end{pmatrix}$，则此后的年份我们用矩阵

$$X_1 = \begin{pmatrix} \sigma_1 \\ \tau_1 \end{pmatrix}, X_2 = \begin{pmatrix} \sigma_2 \\ \tau_2 \end{pmatrix}, \cdots$$

依次表示第一年，第二年，$\cdots$ 的城市和农村人口．假设每年大约有 $a\%$ 的城市人口迁移到郊区农村（$1-a\%$ 仍然留在城市），有 $b\%$ 的郊区农村人口迁移到城市（$1-b\%$ 仍然留在郊区农村）．忽略其他因素对人口规模的影响，则一年之后，城市与郊区人口的分布分别为

$$\begin{pmatrix} \sigma_1 \\ \tau_1 \end{pmatrix} = \begin{pmatrix} 1-a\% & b\% \\ a\% & 1-b\% \end{pmatrix} \begin{pmatrix} \sigma_0 \\ \tau_0 \end{pmatrix},$$

即 $X_1 = AX_0$，其中 $A = \begin{pmatrix} 1-a\% & b\% \\ a\% & 1-b\% \end{pmatrix}$ 称为迁移矩阵．

如果人口迁移的百分比保持不变，则可以继续得到第二年，第三年，$\cdots$ 的人口分布公式：$X_2 = AX_1$，$X_3 = AX_2$，$\cdots$．

一般地，有 $X_n = AX_{n-1}$（$n = 1, 2, \cdots$）．其中，矩阵序列 $\{X_0, X_1, X_2, \cdots\}$ 描述了城市与郊区农村人口在若干年内的分布变化．

例如，已知某城市每年大约有 5% 的城市人口迁移到农村（95% 仍然留在城市），有 12% 的郊区人口迁移到城市（88% 仍然留在郊区），2014 年的城市人口为 500000 人，农村人口为 780000 人．计算该城市 2016 年的人口分布．

因 2014 年的初始人口为 $X_0 = \begin{pmatrix} 500000 \\ 780000 \end{pmatrix}$，故对于 2015 年，有

$$X_1 = \begin{pmatrix} 0.95 & 0.12 \\ 0.05 & 0.88 \end{pmatrix} \begin{pmatrix} 500000 \\ 780000 \end{pmatrix} = \begin{pmatrix} 568600 \\ 711400 \end{pmatrix},$$

对于 2016 年, 有

$$X_2 = \begin{pmatrix} 0.95 & 0.12 \\ 0.05 & 0.88 \end{pmatrix} \begin{pmatrix} 568600 \\ 711400 \end{pmatrix} = \begin{pmatrix} 625538 \\ 654462 \end{pmatrix},$$

即 2016 年该城市的人口分布为城市人口为 625538 人, 农村人口为 654462 人.

第 9 章 习 题

1. 单项选择题:

(1) 设 A 是 $m \times n$ 阶矩阵, B 是 $n \times m$ 阶矩阵 ($m \neq n$), 则下列运算结果为 n 阶矩阵的是 ( ).

A. $A \times B$ B. $A - B$ C. $B - A$ D. $B \times A$

(2) 设 A 是 $m \times l$ 阶矩阵, B 是 $n \times m$ 阶矩阵 ($m \neq n$), 如果 $A \times C \times B$ 有意义, 则 $A \times C \times B$ 是 ( ) 阶矩阵.

A. $m \times n$ B. $n \times m$ C. $n \times n$ D. $m \times m$

(3) 设 A 和 B 都是 n 阶矩阵, 则 $(A+B)(A-B) = A^2 - B^2$ 成立的充要条件是 ( ).

A. $A = E$ B. $B = O$ C. $AB = BA$ D. $A = B$

(4) 设方阵 A 满足 $A^2 - 2A - 3E = O$, 且 A 可逆, 则 $A^{-1} = $ ( ).

A. $A - 2E$ B. $A + E$

C. $\dfrac{1}{2}(A - 2E)$ D. $\dfrac{1}{3}(A - 2E)$

2. 填空题:

(1) $\begin{pmatrix} 1 & 5 \\ 7 & 0 \end{pmatrix} + \begin{pmatrix} -2 & 1 \\ 10 & -3 \end{pmatrix} = $ _____.

(2) $2\begin{pmatrix} 1 & 2 & 0 & -3 & 1 \\ 2 & 0 & -1 & 4 & 0 \end{pmatrix} - 5\begin{pmatrix} -3 & 1 & 2 & 0 & 7 \\ 3 & 0 & -1 & 2 & 1 \end{pmatrix} = $ _____.

(3) $\begin{pmatrix} 1 & 1 \\ 0 & 1 \end{pmatrix}^n = $ _____.

(4) 设矩阵 A 的阶数为偶数, 则恒有 $|-A| = $ _____.

3. 设 $A = \begin{pmatrix} 1 & 1 & 1 \\ -1 & 1 & 1 \\ 1 & -1 & 1 \end{pmatrix}$, $B = \begin{pmatrix} 1 & 2 & 1 \\ 1 & 3 & -1 \\ 2 & 1 & 4 \end{pmatrix}$. 求:

(1) $AB-2A$； (2) $AB-BA$； (3) $(A+B)(A-B)=A^2-B^2$ 吗？

4. 计算下列矩阵的乘积：

(1) $\begin{pmatrix} 1 \\ -1 \\ 2 \\ 3 \end{pmatrix} (3 \quad 2 \quad -1 \quad 0)$； (2) $\begin{pmatrix} 5 & 0 & 0 \\ 0 & 3 & 1 \\ 0 & 2 & 1 \end{pmatrix} \begin{pmatrix} 1 \\ -2 \\ 3 \end{pmatrix}$；

(3) $(1 \quad 2 \quad 3 \quad 4) \begin{pmatrix} 3 \\ 2 \\ 1 \\ 0 \end{pmatrix}$；

(4) $(x_1 \quad x_2 \quad x_3) \begin{pmatrix} a_{11} & a_{12} & a_{13} \\ a_{21} & a_{22} & a_{23} \\ a_{31} & a_{32} & a_{33} \end{pmatrix} \begin{pmatrix} x_1 \\ x_2 \\ x_3 \end{pmatrix}$；

(5) $\begin{pmatrix} a_{11} & a_{12} & a_{13} \\ a_{21} & a_{22} & a_{23} \\ a_{31} & a_{32} & a_{33} \end{pmatrix} \begin{pmatrix} 1 & 0 & 0 \\ 0 & 1 & 1 \\ 0 & 0 & 1 \end{pmatrix}$；

(6) $\begin{pmatrix} 1 & 2 & 1 & 0 \\ 0 & 1 & 0 & 1 \\ 0 & 0 & 2 & 1 \\ 0 & 0 & 0 & 3 \end{pmatrix} \begin{pmatrix} 1 & 0 & 3 & 1 \\ 0 & 1 & 2 & -1 \\ 0 & 0 & -2 & 3 \\ 0 & 0 & 0 & -3 \end{pmatrix}$.

5. 设 $A = \begin{pmatrix} 1 & \lambda \\ 0 & 1 \end{pmatrix}$，求 A^2，A^3.

6. 求下列矩阵的逆矩阵：

(1) $\begin{pmatrix} 1 & 2 \\ 3 & 1 \end{pmatrix}$； (2) $\begin{pmatrix} 1 & 2 & 3 \\ 0 & 1 & 2 \\ 0 & 0 & 1 \end{pmatrix}$；

(3) $\begin{pmatrix} 1 & 2 & -1 \\ 3 & 4 & -2 \\ 5 & -4 & -1 \end{pmatrix}$； (4) $\begin{pmatrix} 1 & 0 & 0 & 0 \\ 1 & 2 & 0 & 0 \\ 2 & 1 & 3 & 0 \\ 1 & 2 & 1 & 4 \end{pmatrix}$；

(5) $\begin{pmatrix} 5 & 2 & 0 & 0 \\ 2 & 1 & 0 & 0 \\ 0 & 0 & 8 & 3 \\ 0 & 0 & 5 & 2 \end{pmatrix}$；

(6) $\begin{pmatrix} a_1 & & & \\ & a_2 & & \\ & & \ddots & \\ & & & a_n \end{pmatrix}$, $(a_1, a_2, \cdots, a_n \neq 0)$.

注：未写出的元素都是 0（以下均同，不另注）.

7. 解下列矩阵方程：

(1) $\begin{pmatrix} 1 & 2 \\ 1 & 3 \end{pmatrix} X = \begin{pmatrix} 4 & -6 \\ 2 & 1 \end{pmatrix}$;

(2) $X \begin{pmatrix} 2 & 1 & -1 \\ 2 & 1 & 0 \\ 1 & -1 & 1 \end{pmatrix} = \begin{pmatrix} 2 & 1 & -1 \\ 2 & 1 & 0 \\ 1 & -1 & 1 \end{pmatrix}$;

(3) $\begin{pmatrix} 1 & 4 \\ -1 & 2 \end{pmatrix} X \begin{pmatrix} 2 & 0 \\ -1 & 1 \end{pmatrix} = \begin{pmatrix} 3 & 1 \\ 0 & -1 \end{pmatrix}$;

(4) $\begin{pmatrix} 0 & 1 & 0 \\ 1 & 0 & 0 \\ 0 & 0 & 1 \end{pmatrix} X \begin{pmatrix} 1 & 0 & 0 \\ 0 & 0 & 1 \\ 0 & 1 & 0 \end{pmatrix} = \begin{pmatrix} 0 & -4 & 3 \\ 2 & 0 & -1 \\ 1 & -2 & 0 \end{pmatrix}$.

8. 设 $A = \begin{pmatrix} 4 & 2 & 3 \\ 1 & 1 & 0 \\ -1 & 2 & 3 \end{pmatrix}$, $AB = A + 2B$, 求 B.

第 10 章
线性方程组

线性方程组是线性代数的重要内容,本章主要介绍 n 元线性方程组的两种解法,一种是克拉默法则,另一种是消元法.

m 个方程的 n 元线性方程组的一般形式为

$$\begin{cases} a_{11}x_1+a_{12}x_2+\cdots+a_{1n}x_n=b_1, \\ a_{21}x_1+a_{22}x_2+\cdots+a_{2n}x_n=b_2, \\ \vdots \\ a_{m1}x_1+a_{m2}x_2+\cdots+a_{mn}x_n=b_m, \end{cases} \tag{10.1}$$

其中 a_{ij} 称为未知量 x_j 的系数,当右端的常数项 b_i ($i=1,2,\cdots,m$;$j=1,2,\cdots,n$) 不全为零时,线性方程组(10.1)称为非齐次线性方程组.

如果将常数 $c_1,c_2,\cdots,c_n$ 代入线性方程组(10.1)中相应的 $x_1,x_2,\cdots,x_n$,使得方程组两边恒等,即

$$\begin{cases} a_{11}c_1+a_{12}c_2+\cdots+a_{1n}c_n=b_1, \\ a_{21}c_1+a_{22}c_2+\cdots+a_{2n}c_n=b_2, \\ \vdots \\ a_{m1}c_1+a_{m2}c_2+\cdots+a_{mn}c_n=b_m, \end{cases}$$

则称 $x_1=c_1$,$x_2=c_2$,$\cdots$,$x_n=c_n$ 为线性方程组(10.1)的一个解,寻求这样的常数 $c_1,c_2,\cdots,c_n$ 的过程称为解线性方程组.

如果线性方程组(10.1)右端的常数项都是零,即

$$\begin{cases} a_{11}x_1+a_{12}x_2+\cdots+a_{1n}x_n=0, \\ a_{21}x_1+a_{22}x_2+\cdots+a_{2n}x_n=0, \\ \vdots \\ a_{m1}x_1+a_{m2}x_2+\cdots+a_{mn}x_n=0, \end{cases} \tag{10.2}$$

则称方程组(10.2)为齐次线性方程组.

对方程组(10.2)观察后发现,齐次线性方程组一定有解,$x_1=0$,$x_2=0$,$\cdots$,$x_n=0$ 就是它的一个解. 因此,对齐次线性方程组而言,寻求其非零解是主要任务.

10.1 克拉默法则解线性方程组

我们在第 8 章中,已经研究了二元、三元线性方程组的解法,本节研究的克拉默法则是其推广,用类比的方法就可得到求解 n 个方程的 n 元线性方程组的克拉默法则.

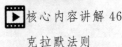

核心内容讲解 46
克拉默法则

定理 10.1 （克拉默法则）n 个方程的 n 元线性方程组

$$\begin{cases} a_{11}x_1+a_{12}x_2+\cdots+a_{1n}x_n=b_1, \\ a_{21}x_1+a_{22}x_2+\cdots+a_{2n}x_n=b_2, \\ \vdots \\ a_{n1}x_1+a_{n2}x_2+\cdots+a_{nn}x_n=b_n, \end{cases} \quad (10.3)$$

有唯一解的充分必要条件是：它的系数行列式

$$D=\begin{vmatrix} a_{11} & a_{12} & \cdots & a_{1n} \\ a_{21} & a_{22} & \cdots & a_{2n} \\ \vdots & \vdots & & \vdots \\ a_{n1} & a_{n2} & \cdots & a_{nn} \end{vmatrix} \neq 0,$$

这时它的唯一解是

$$x_1=\frac{D_1}{D}, x_2=\frac{D_2}{D}, \cdots, x_n=\frac{D_n}{D},$$

其中 $D_j(j=1,2,\cdots,n)$ 是将系数行列式 D 的第 j 列换成常数项而得到的行列式.

定理 10.2 n 个方程的 n 元齐次线性方程组

$$\begin{cases} a_{11}x_1+a_{12}x_2+\cdots+a_{1n}x_n=0, \\ a_{21}x_1+a_{22}x_2+\cdots+a_{2n}x_n=0, \\ \vdots \\ a_{n1}x_1+a_{n2}x_2+\cdots+a_{nn}x_n=0, \end{cases} \quad (10.4)$$

有且只有零解的充分必要条件是：它的系数行列式

$$D=\begin{vmatrix} a_{11} & a_{12} & \cdots & a_{1n} \\ a_{21} & a_{22} & \cdots & a_{2n} \\ \vdots & \vdots & & \vdots \\ a_{n1} & a_{n2} & \cdots & a_{nn} \end{vmatrix} \neq 0.$$

推论 1 n 个方程的齐次 n 元线性方程组(10.4)有非零解的充分必要条件是：它的系数行列式

$$D=\begin{vmatrix} a_{11} & a_{12} & \cdots & a_{1n} \\ a_{21} & a_{22} & \cdots & a_{2n} \\ \vdots & \vdots & & \vdots \\ a_{n1} & a_{n2} & \cdots & a_{nn} \end{vmatrix} = 0.$$

例 1 解线性方程组

$$\begin{cases} 2x_1+x_2-5x_3+x_4=8, \\ x_1-3x_2-6x_4=9, \\ 2x_2-x_3+2x_4=-5, \\ x_1+4x_2-7x_3+6x_4=0. \end{cases}$$

解 方程组的系数行列式

$$D=\begin{vmatrix} 2 & 1 & -5 & 1 \\ 1 & -3 & 0 & -6 \\ 0 & 2 & -1 & 2 \\ 1 & 4 & -7 & 6 \end{vmatrix}=27\neq 0,$$

所以线性方程组有唯一解.

$$D_1 = \begin{vmatrix} 8 & 1 & -5 & 1 \\ 9 & -3 & 0 & -6 \\ -5 & 2 & -1 & 2 \\ 0 & 4 & -7 & 6 \end{vmatrix} = 81, D_2 = \begin{vmatrix} 2 & 8 & -5 & 1 \\ 1 & 9 & 0 & -6 \\ 0 & -5 & -1 & 2 \\ 1 & 0 & -7 & 6 \end{vmatrix}$$
$$= -108,$$
$$D_3 = \begin{vmatrix} 2 & 1 & 8 & 1 \\ 1 & -3 & 9 & -6 \\ 0 & 2 & -5 & 2 \\ 1 & 4 & 0 & 6 \end{vmatrix} = -27, D_4 = \begin{vmatrix} 2 & 1 & -5 & 8 \\ 1 & -3 & 0 & 9 \\ 0 & 2 & -1 & -5 \\ 1 & 4 & -7 & 0 \end{vmatrix} = 27,$$

由克拉默法则，得线性方程组的唯一解

$$x_1 = \frac{D_1}{D} = 3, x_2 = \frac{D_2}{D} = -4, x_3 = \frac{D_3}{D} = -1, x_4 = \frac{D_4}{D} = 1.$$

例 2 当 λ 取什么值时，齐次线性方程组

$$\begin{cases} (1-\lambda)x_1 - 2x_2 + 4x_3 = 0, \\ 2x_1 + (3-\lambda)x_2 + x_3 = 0, \\ x_1 + x_2 + (1-\lambda)x_3 = 0 \end{cases}$$

有非零解？

解 方程组的系数行列式为

$$D = \begin{vmatrix} 1-\lambda & -2 & 4 \\ 2 & 3-\lambda & 1 \\ 1 & 1 & 1-\lambda \end{vmatrix} = \lambda(\lambda-2)(3-\lambda),$$

当 $\lambda = 0$ 或 $\lambda = 2$ 或 $\lambda = 3$ 时，$D = 0$，这时齐次线性方程组有非零解.

一般来说，用克拉默法则求解线性方程组时，计算量较大，对具体数字的线性方程组，当未知数较多时，可采用计算机求解. 克拉默法则在一定条件下给出了线性方程组解的存在性、唯一性，具有更重要的理论价值. 撇开求解公式，克拉默法则可叙述如下定理.

定理 10.3 如果线性方程组(10.3)的系数行列式 $D \neq 0$，则线性方程组(10.3)一定有解，且解是唯一的.

定理 10.4 如果齐次线性方程组(10.4)的系数行列式 $D \neq 0$，则线性方程组(10.4)只有零解.

10.2 消元法解线性方程组

我们在中学阶段学过用消元法求解二元、三元线性方程组.

引例 用消元法求解三元线性方程组：

$$\begin{cases} 2x_1 + 2x_2 - x_3 = 6, \\ x_1 - 2x_2 + 4x_3 = 3, \\ 5x_1 + 7x_2 + x_3 = 28. \end{cases} \quad (10.5)$$

核心内容讲解 47
消元法

解 第一步. 将方程组(10.5)中第一、二个方程互换位置，得

$$\begin{cases} x_1 - 2x_2 + 4x_3 = 3, \\ 2x_1 + 2x_2 - x_3 = 6, \\ 5x_1 + 7x_2 + x_3 = 28. \end{cases} \quad (10.6)$$

第二步. 将方程组(10.6)中第一个方程乘以-2加到第二个方程，第一个方程乘以-5加到第三个方程，得

$$\begin{cases} x_1 - 2x_2 + 4x_3 = 3, \\ 6x_2 - 9x_3 = 0, \\ 17x_2 - 19x_3 = 13. \end{cases} \quad (10.7)$$

第三步. 用常数$\frac{1}{6}$乘以方程组(10.7)中的第二个方程，得

$$\begin{cases} x_1 - 2x_2 + 4x_3 = 3, \\ x_2 - \frac{3}{2}x_3 = 0, \\ 17x_2 - 19x_3 = 13. \end{cases} \quad (10.8)$$

第四步. 将方程组(10.8)中第二个方程乘以-17加到第三个方程，得

$$\begin{cases} x_1 - 2x_2 + 4x_3 = 3, \\ x_2 - \frac{3}{2}x_3 = 0, \\ \frac{13}{2}x_3 = 13. \end{cases} \quad (10.9)$$

方程组(10.9)与原方程组(10.5)同解. 由方程组(10.9)的第三个方程得$x_3 = 2$，回代第二个方程得$x_2 = 3$，再回代第一个方程得$x_1 = 1$. 所以原方程组的解为$\boldsymbol{x} = (1, 3, 2)^\mathrm{T}$.

形如方程组(10.9)的方程组称为阶梯形方程组.

从上述解题过程可以看出，用消元法求解线性方程组的具体做法就是对方程组反复实施以下三种变换：

(1) 互换方程组中某两个方程的位置；

(2) 用一个非零常数k乘以方程组中的一个方程；

(3) 用方程组中一个方程乘以常数k后加到另一个方程上去.

以上这三种变换称为线性方程组的初等变换. 对方程组进行消元变换时，实际上是对原方程组实施一系列的初等变换将其化为阶梯形方程组，然后通过回代求出原方程组的解.

现把消元法推广到m个方程n个未知量的一般情形的线性方程组，这就是高斯消元法. 高斯消元法的基本思想是通过消元变形把线性方程组化为容易求解的同解方程组. 此方法的消元步骤规范而又简便，易在计算机上实现. 同时可以发现，对方程组进行初等变换消元时，只是对未知量的系数和常数项进行运算.

因此，如果将方程组(10.1)的系数项与常数项合在一起构成一个矩阵（称为增广矩阵），记为

$$\overline{A} = \begin{pmatrix} a_{11} & a_{12} & \cdots & a_{1n} & b_1 \\ a_{21} & a_{22} & \cdots & a_{2n} & b_2 \\ \vdots & \vdots & & \vdots & \vdots \\ a_{m1} & a_{m2} & \cdots & a_{mn} & b_m \end{pmatrix},$$

这样，用消元法解线性方程组就可以在增广矩阵 $\overline{A}$ 上实现，即将增广矩阵 $\overline{A}$ 经矩阵的初等行变换后化为阶梯形矩阵，且阶梯形矩阵对应的方程组与原方程组同解.

下面通过例子来说明高斯消元法原理.

例 3 解线性方程组

$$\begin{cases} x_1 + 5x_2 - x_3 - x_4 = -1, \\ x_1 - 2x_2 + x_3 + 3x_4 = 3, \\ 3x_1 + 8x_2 - x_3 + x_4 = 1, \\ x_1 - 9x_2 + 3x_3 + 7x_4 = 7. \end{cases}$$

解 对方程组的增广矩阵 $\overline{A}$ 实施初等行变换，并将其化为阶梯形矩阵

$$\overline{A} = \begin{pmatrix} 1 & 5 & -1 & -1 & -1 \\ 1 & -2 & 1 & 3 & 3 \\ 3 & 8 & -1 & 1 & 1 \\ 1 & -9 & 3 & 7 & 7 \end{pmatrix} \xrightarrow[r(3+1(-3))]{r(2+1(-1))} \xrightarrow{r(4+1(-1))} \begin{pmatrix} 1 & 5 & -1 & -1 & -1 \\ 0 & -7 & 2 & 4 & 4 \\ 0 & -7 & 2 & 4 & 4 \\ 0 & -14 & 4 & 8 & 8 \end{pmatrix}$$

$$\xrightarrow[r(4+2(-2))]{r(3+2(-1))} \begin{pmatrix} 1 & 5 & -1 & -1 & -1 \\ 0 & -7 & 2 & 4 & 4 \\ 0 & 0 & 0 & 0 & 0 \\ 0 & 0 & 0 & 0 & 0 \end{pmatrix}$$

$$\xrightarrow{r(2(-\frac{1}{7}))} \begin{pmatrix} 1 & 5 & -1 & -1 & -1 \\ 0 & 1 & -\frac{2}{7} & -\frac{4}{7} & -\frac{4}{7} \\ 0 & 0 & 0 & 0 & 0 \\ 0 & 0 & 0 & 0 & 0 \end{pmatrix},$$

原方程组与下列方程组同解

$$\begin{cases} x_1 + 5x_2 - x_3 - x_4 = -1, \\ x_2 - \frac{2}{7}x_3 - \frac{4}{7}x_4 = -\frac{4}{7}, \end{cases}$$

即

$$\begin{cases} x_1 = \frac{13}{7} - \frac{3}{7}x_3 - \frac{13}{7}x_4, \\ x_2 = -\frac{4}{7} + \frac{2}{7}x_3 + \frac{4}{7}x_4, \end{cases}$$

由于 x_3 和 x_4 可取任意常数（称为自由未知量），所以方程组有无穷多个解. 取 $x_3=c_1$, $x_4=c_2$（其中 c_1, c_2 为任意常数），则方程组的全部解为

$$\begin{cases} x_1 = \dfrac{13}{7} - \dfrac{3}{7}c_1 - \dfrac{13}{7}c_2, \\ x_2 = -\dfrac{4}{7} + \dfrac{2}{7}c_1 + \dfrac{4}{7}c_2, \\ x_3 = c_1, \\ x_4 = c_2. \end{cases}$$

例 4 解线性方程组

$$\begin{cases} 2x_1 - x_2 + 3x_3 = 1, \\ 4x_1 - 2x_2 + 5x_3 = 4, \\ 2x_1 - x_2 + 4x_3 = 0. \end{cases}$$

解 对方程组的增广矩阵 $\overline{A}$ 施行初等行变换，化为阶梯形矩阵

$$\overline{A} = \begin{pmatrix} 2 & -1 & 3 & 1 \\ 4 & -2 & 5 & 4 \\ 2 & -1 & 4 & 0 \end{pmatrix} \xrightarrow[r(3+1(-1))]{r(2+1(-2))} \begin{pmatrix} 2 & -1 & 3 & 1 \\ 0 & 0 & -1 & 2 \\ 0 & 0 & 1 & -1 \end{pmatrix}$$

$$\xrightarrow{r(3+2(1))} \begin{pmatrix} 2 & -1 & 3 & 1 \\ 0 & 0 & -1 & 2 \\ 0 & 0 & 0 & 1 \end{pmatrix},$$

原方程组与下列方程组同解

$$\begin{cases} 2x_1 - x_2 + 3x_3 = 1, \\ -x_3 = 2, \\ 0 = 1, \end{cases}$$

第三个方程为矛盾方程，所以原方程组无解.

例 5 解线性方程组

$$\begin{cases} x_1 + x_3 = -2, \\ 2x_1 + x_2 = 1, \\ -3x_1 + 2x_2 - 5x_3 = 0. \end{cases}$$

解 对方程组的增广矩阵 $\overline{A}$ 施行初等行变换，化为阶梯形矩阵，得

$$\overline{A} = \begin{pmatrix} 1 & 0 & 1 & -2 \\ 2 & 1 & 0 & 1 \\ -3 & 2 & -5 & 0 \end{pmatrix} \xrightarrow[r(3+1(3))]{r(2+1(-2))} \begin{pmatrix} 1 & 0 & 1 & -2 \\ 0 & 1 & -2 & 5 \\ 0 & 2 & -2 & -6 \end{pmatrix}$$

$$\xrightarrow{r(3+2(-2))} \begin{pmatrix} 1 & 0 & 1 & -2 \\ 0 & 1 & -2 & 5 \\ 0 & 0 & 2 & -16 \end{pmatrix}$$

原方程组与下列方程组同解

$$\begin{cases} x_1 + x_3 = -2, \\ x_2 - 2x_3 = 5, \\ 2x_3 = -16, \end{cases}$$

所以方程组的唯一解为
$$\begin{cases} x_1 = 6, \\ x_2 = -11, \\ x_3 = -8. \end{cases}$$

由前面的例题可见,一个非齐次线性方程组可能有唯一解,也可能有无穷多解,也可能无解.

用消元法求解线性方程组的一般步骤如下:

(1) 写出线性方程组的增广矩阵 $\overline{A}$;

(2) 对 $\overline{A}$ 施行矩阵的初等行变换化为阶梯形矩阵或行最简形矩阵;

(3) 判断线性方程组是否有解,若有解,给出相应的解(有无穷多解时,给出一般解).

例6 解线性方程组
$$\begin{cases} 2x_1 + 4x_2 - x_3 + x_4 = 0, \\ x_1 - 3x_2 + 2x_3 + 3x_4 = 0, \\ 3x_1 + x_2 + x_3 + 4x_4 = 0. \end{cases}$$

解 这是一个齐次线性方程组,方程个数小于未知量个数,故此方程组必有非零解.

对方程组的增广矩阵实施初等行变换,得

$$\overline{A} = \begin{pmatrix} 2 & 4 & -1 & 1 & 0 \\ 1 & -3 & 2 & 3 & 0 \\ 3 & 1 & 1 & 4 & 0 \end{pmatrix}$$

$$\xrightarrow{r(1,2)} \begin{pmatrix} 1 & -3 & 2 & 3 & 0 \\ 2 & 4 & -1 & 1 & 0 \\ 3 & 1 & 1 & 4 & 0 \end{pmatrix}$$

$$\xrightarrow[r(3+1(-3))]{r(2+1(-2))} \begin{pmatrix} 1 & -3 & 2 & 3 & 0 \\ 0 & 10 & -5 & -5 & 0 \\ 0 & 10 & -5 & -5 & 0 \end{pmatrix} \xrightarrow[r(2\frac{1}{10})]{r(3+2(-1))}$$

$$\begin{pmatrix} 1 & -3 & 2 & 3 & 0 \\ 0 & 1 & -\frac{1}{2} & -\frac{1}{2} & 0 \\ 0 & 0 & 0 & 0 & 0 \end{pmatrix} \xrightarrow{r(1+2(3))} \begin{pmatrix} 1 & 0 & \frac{1}{2} & \frac{3}{2} & 0 \\ 0 & 1 & -\frac{1}{2} & -\frac{1}{2} & 0 \\ 0 & 0 & 0 & 0 & 0 \end{pmatrix},$$

由此可得同解方程组
$$\begin{cases} x_1 = -\frac{1}{2}x_3 - \frac{3}{2}x_4, \\ x_2 = \frac{1}{2}x_3 + \frac{1}{2}x_4, \end{cases}$$

取自由未知量 $x_3 = c_1$，$x_4 = c_2$，得原方程组的一般解为

$$\begin{cases} x_1 = -\dfrac{1}{2}c_1 - \dfrac{3}{2}c_2, \\ x_2 = \dfrac{1}{2}c_1 + \dfrac{1}{2}c_2, \\ x_3 = c_1, \\ x_4 = c_2. \end{cases}$$

10.3 案例

案例 1　商品利润率问题

某商场甲、乙、丙、丁四种商品 1~4 月的总利润（单位：万元），如表 10-1 所示，试求出每种商品的利润率.

表 10-1　　　　　　　　　（单位：万元）

商品月份	销售额				总利润
	甲	乙	丙	丁	
1	4	6	8	10	2.74
2	4	6	9	9	2.76
3	5	6	8	10	2.89
4	5	5	9	9	2.79

解　要求出每种商品的利润率，不妨假设甲、乙、丙、丁四种商品的利润率分别为 x_1，x_2，x_3，x_4，则很容易建立如下关于 x_1，x_2，x_3，x_4 的一个线性方程组：

$$\begin{cases} 4x_1 + 6x_2 + 8x_3 + 10x_4 = 2.74, \\ 4x_1 + 6x_2 + 9x_3 + 9x_4 = 2.76, \\ 5x_1 + 6x_2 + 8x_3 + 10x_4 = 2.89, \\ 5x_1 + 5x_2 + 9x_3 + 9x_4 = 2.79, \end{cases}$$

对该方程组的增广矩阵实施初等行变换，得

$$\bar{A} = \begin{bmatrix} 4 & 6 & 8 & 10 & 2.74 \\ 4 & 6 & 9 & 9 & 2.76 \\ 5 & 6 & 8 & 10 & 2.89 \\ 5 & 5 & 9 & 9 & 2.79 \end{bmatrix} \to \cdots \to \begin{bmatrix} 1 & 0 & 0 & 0 & 0.15 \\ 0 & 1 & 0 & 0 & 0.12 \\ 0 & 0 & 1 & 0 & 0.09 \\ 0 & 0 & 0 & 1 & 0.07 \end{bmatrix},$$

可解得 $x_1 = 0.15$，$x_2 = 0.12$，$x_3 = 0.09$，$x_4 = 0.07$，即甲、乙、丙、丁四种商品的利润率分别为 15%，12%，9%，7%.

案例 2　交通问题

某城市有两组单行道，构成了一个包含四个节点 A、B、C、

D 的十字路口，如图 10-1 所示，汽车进出十字路口的流量（每小时的车辆数）标在图上，试求每两个节点之间路段上的交通流量.

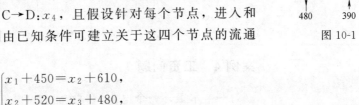

图 10-1

解 设每两个节点之间路段上的交通流量分别为 D→A：x_1，A→B：x_2，B→C：x_3，C→D：x_4，且假设针对每个节点，进入和离开的车辆数相等，则由已知条件可建立关于这四个节点的流通线性方程组：

$$\begin{cases} x_1+450=x_2+610, \\ x_2+520=x_3+480, \\ x_3+390=x_4+600, \\ x_4+640=x_1+310, \end{cases}$$

整理得等价线性方程组：

$$\begin{cases} x_1-x_2=160, \\ x_2-x_3=-40, \\ x_3-x_4=210, \\ -x_1+x_4=-330, \end{cases}$$

该线性方程组有无穷多个解：

$$\begin{cases} x_1=x_4+330, \\ x_2=x_4+170, \\ x_3=x_4+210, \end{cases}$$

（x_4 为自由未知量）. 因此，方程组有无穷多解. 这表明：如果有一些车围绕十字路 D→A→B→C 绕行，流量 x_1,x_2,x_3,x_4 都会增加，但并不影响出入十字路口的流量，仍然满足方程组.

案例 3   减肥食谱问题

一位营养学家计划设计出一种减肥食谱，这种食谱能够供给一定量的蛋白质、碳水化合物和脂肪，食谱中包含三种食物：脱脂奶粉、大豆粉和乳清，它们的量用适当的单位计算，这些食物所供给的营养素和该食谱要求的营养素如表 10-2 所示.

表 10-2   （单位：g）

营养素	每单位成分所含营养素			需要的总营养素
	脱脂奶粉	大豆粉	乳清	
蛋白质	36	51	13	33
碳水化合物	52	34	74	45
脂肪	0	7	1.1	3

求出三种食物的某种组合，使该食谱符合表 10-2 中所规定的蛋白质、碳水化合物和脂肪的含量.

解 设 x_1, x_2, x_3 分别表示三种食物的数量，则有

$$\begin{cases} 36x_1+51x_2+13x_3=33, \\ 52x_1+34x_2+74x_3=45, \\ 7x_2+1.1x_3=3, \end{cases}$$

可解得 $x_1=0.277$，$x_2=0.392$，$x_3=0.233$，所以该食谱需要脱脂奶粉、大豆粉和乳清分别为 0.277 单位、0.392 单位和 0.233 单位.

案例 4　工资问题

一个木工，一个电工，一个油漆工，三人相互同意彼此装修他们自己的房子．在装修之前，他们达成了如下协议：(1) 每人总共工作 10 天（包括给自己家干活在内）；(2) 每人的日工资根据一般的市价在 60 元～80 元；(3) 每人的日工资数应使得每人的总收入与总支出相等，表 10-3 是他们协商后制订出的工作天数的分配方案，试确定他们每人的日工资.

表 10-3

	木工	电工	油漆工
在木工家的工作天数	2	1	6
在电工家的工作天数	4	5	1
在油漆工家的工作天数	4	4	3

解 设木工、电工和油漆工的日工资分别为 x_1, x_2, x_3，根据协议中每人总支出与总收入相等的原则，建立收支平衡的方程组为

$$\begin{cases} 2x_1+x_2+6x_3=10x_1, \\ 4x_1+5x_2+x_3=10x_2, \\ 4x_1+4x_2+3x_3=10x_3, \end{cases} \text{即} \begin{cases} -8x_1+x_2+6x_3=0, \\ 4x_1-5x_2+x_3=0, \\ 4x_1+4x_2-7x_3=0, \end{cases}$$

原方程组的等价方程组为 $\begin{cases} x_1=\dfrac{31}{36}x_3, \\ x_2=\dfrac{8}{9}x_3, \end{cases}$ （x_3 为自由未知量）

为了确定满足条件 $60 \leqslant x_1 \leqslant 80$，$60 \leqslant x_2 \leqslant 80$，$60 \leqslant x_3 \leqslant 80$ 的方程组的解，取一种情况 $x_3=72$，得 $x_1=62$，$x_2=64$，满足题意，即木工、电工和油漆工的日工资分别为 62 元、64 元和 72 元.

案例 5　生产计划的安排问题

一制造商生产三种不同的化学产品 A、B、C，每一种产品必须经过两部机器 M、N 的制作，而生产每一吨不同的产品需要使用两部机器的时间也是不同的，机器 M 每星期最多可使用 80h，而机器 N 每星期最多可使用 60h，假设制造商可以卖出每周所制造出来的所有产品．经营者不希望使昂贵的机器有空闲时间，因

此想知道在一周内每一产品需制造多少才能使机器被充分地利用.生产每吨产品需要两部机器工作的时间如表 10-4 所示.

表 10-4 （单位：h）

	产品 A	产品 B	产品 C
机器 M	2	3	4
机器 N	2	2	3

解 设 x_1，x_2，x_3 分别表示每周内制造产品 A、B、C 的吨数. 于是机器 M 一周内被使用的实际时间为 $2x_1+3x_2+4x_3$，为了充分利用机器，可以令 $2x_1+3x_2+4x_3=80$. 同理，可得 $2x_1+2x_2+3x_3=60$.

于是，这一生产规划问题即转化为求方程组

$$\begin{cases} 2x_1+3x_2+4x_3=80, \\ 2x_1+2x_2+3x_3=60 \end{cases}$$

的非负解.

原方程组的等价方程组为 $\begin{cases} x_1=10-0.5x_3, \\ x_2=20-x_3, \end{cases}$ （x_3 为自由未知量）.

为了使变量为正数，取 $x_3=10$，得 $x_1=5$，$x_2=10$，由此得出一生产计划安排方案：一周内产品 A 生产 5t，产品 B 生产 10t，产品 C 生产 10t. 其实，方程组的所有非负解都是一样的好. 除非有特别的限制，否则没有所谓的最好的解.

第 10 章 习 题

1. 用克拉默法则解线性方程组：

(1) 求解线性方程组.

① $\begin{cases} x_1+x_2+x_3+x_4=5, \\ x_1+2x_2-x_3+4x_4=-2, \\ 2x_1-3x_2-x_3-5x_4=-2, \\ 3x_1+x_2+2x_3+11x_4=0; \end{cases}$

② $\begin{cases} 5x_1+6x_2=1, \\ x_1+5x_2+6x_3=0, \\ x_2+5x_3+6x_4=-2, \\ x_3+5x_4=1. \end{cases}$

(2) 当 λ，μ 为何值时，齐次线性方程组

$$\begin{cases} \lambda x_1+x_2+x_3=0, \\ x_1+\mu x_2+x_3=0, \\ x_1+2\mu x_2+x_3=0 \end{cases}$$

有非零解？

(3) 当 λ 为何值时，齐次线性方程组

$$\begin{cases} (1-\lambda)x_1 - 2x_2 + 4x_3 = 0, \\ 2x_1 + (3-\lambda)x_2 + x_3 = 0, \\ x_1 + x_2 + (1-\lambda)x_3 = 0 \end{cases}$$

有非零解？

2. 用消元法解线性方程组：

(1) 求齐次线性方程组的全部解.

① $\begin{cases} x_1 + 2x_3 - x_4 = 0, \\ -x_1 + x_2 - 3x_3 + 2x_4 = 0, \\ 2x_1 - x_2 + 5x_3 - 3x_4 = 0; \end{cases}$

② $\begin{cases} x_1 + 2x_2 + x_3 - x_4 = 0, \\ 3x_1 + 6x_2 - x_3 - 3x_4 = 0, \\ 5x_1 + 10x_2 + x_3 - 5x_4 = 0; \end{cases}$

③ $\begin{cases} 2x_1 + 3x_2 - x_3 + 5x_4 = 0, \\ 3x_1 + x_2 + 2x_3 - 7x_4 = 0, \\ 4x_1 + x_2 - 3x_3 + 6x_4 = 0, \\ x_1 - 2x_2 + 4x_3 - 7x_4 = 0; \end{cases}$

④ $\begin{cases} x_1 + 2x_2 + x_3 + x_4 + x_5 = 0, \\ 2x_1 + 4x_2 + 3x_3 + x_4 + x_5 = 0, \\ 3x_1 + 6x_2 + 4x_3 + 2x_4 + 2x_5 = 0, \\ 5x_1 + 10x_2 + 7x_3 + 3x_4 + 3x_5 = 0. \end{cases}$

(2) 下列非齐次线性方程组是否有解？若有解，求其全部解.

① $\begin{cases} 4x_1 + 2x_2 - x_3 = 2, \\ 3x_1 - x_2 + 2x_3 = 10, \\ 11x_1 + 3x_2 = 8; \end{cases}$ ② $\begin{cases} 2x + 3y + z = 4, \\ x - 2y + 4z = -5, \\ 3x + 8y - 2z = 13, \\ 4x - y + 9z = -6; \end{cases}$

③ $\begin{cases} 2x + y - z + w = 1, \\ 4x + 2y - 2z + w = 2, \\ 2x + y - z - w = 1; \end{cases}$

④ $\begin{cases} x_1 + 3x_2 - x_3 + 2x_4 - x_5 = -4, \\ -3x_1 + x_2 + 2x_3 - 5x_4 - 4x_5 = -1, \\ 2x_1 - 3x_2 - x_3 - x_4 + x_5 = 4, \\ -4x_1 + 16x_2 + x_3 + 3x_4 - 9x_5 = -21. \end{cases}$

第三篇

概率论与数理统计

数学文化扩展阅读 19
概率论的起源和发展

第 11 章
随机事件及概率

在现实生活中人们越来越多地使用"概率"这一专有名词，那什么是概率呢？说来并不陌生，我们日常说话，如也许、大概、可能……就具备概率意义．概率就是用来刻画随机事件发生可能性大小的数量指标．

概率论与数理统计是研究随机现象及其统计规律性的一门数学学科，它已被广泛地应用于工业、国防、国民经济及工程技术等领域．

11.1 随机事件

▶核心内容讲解 48
随机事件及其概率（1）

11.1.1 随机现象

在自然界和人类社会活动中普遍存在着两类现象：在一定的条件下必然会发生的现象，称为确定性现象．另一类则是在一定的条件下具有多种可能结果，预先不能断定哪种结果出现的这类现象，称为随机现象．例如："抛掷一枚硬币，可能出现正面也可能出现反面"，"抽样检查某产品质量时，可能抽到合格品也可能抽到次品"，等等．

人们在长期的实践中发现，随机现象就每次试验来说具有不确定性，然而进行大量的重复观测后其结果却呈现出一种完全确定的规律性．例如，抛一次硬币，到底会出现正面还是反面我们事先不能预知，但进行了大量重复抛掷后，出现正面的可能性就会接近于 50%．

人们把对随机现象进行大量重复观测时所呈现出的规律性称为随机现象的统计规律性．概率论就是研究随机现象统计规律性的一门数学学科．

11.1.2 随机试验

要对随机现象的统计规律性进行研究，就需要对随机现象进行重复观测，我们把对随机现象进行观测的过程称为试验．例如：

（1）掷一枚硬币，观察出现正反面的情况；

（2）记录射击弹着点到目标中心的距离；

(3) 从一批产品中进行有放回地抽取，观察直到取得次品为止共取出的产品件数．

上述试验具有以下共同特征：

(1) 可重复性：在相同条件下试验可以重复进行；

(2) 可观察性：可以明确每次试验中可能出现的各种不同结果；

(3) 不确定性：每次试验最终有且只有一种结果会出现，且在试验之前无法预知到底哪个结果会出现．

在概率论中，我们将具有上述三种特征的试验称为随机试验，简称为试验，记作 E.

11.1.3 样本空间

我们把随机试验的每一个可能结果称为一个样本点，记作 ω. 由所有样本点构成的集合称为该试验的样本空间，记作 Ω.

例如：

(1) 在抛掷一枚硬币观察其出现正面还是反面的试验中，用两个样本点代表会出现的两种结果：$\omega_1 =$ 正面，$\omega_2 =$ 反面，则样本空间 $\Omega = \{\omega_1, \omega_2\}$.

(2) 记录射击弹着点到目标中心的距离．其出现结果（即样本点）有无穷多个且不可列：$x(x \geqslant 0, x \in \mathbf{R})$，则样本空间 $\Omega = \{x \mid x \geqslant 0, x \in \mathbf{R}\}$.

(3) 从一批产品中进行有放回地抽取，观察直到取得次品为止共取出的产品件数．其样本点有无限可列个：$1, 2, 3, \cdots$，则样本空间 $\Omega = \{1, 2, 3, \cdots\}$.

11.1.4 随机事件

在随机试验中，人们除了关心试验的结果外，往往还关心试验的结果是否具备某一指定的可观察的特征．在概率论中，把具有某一可观察特征的随机试验的结果称为事件．事件可分为三类：

(1) 随机事件：在试验中可能发生也可能不发生的事件．通常用字母 A, B, C 等表示．

例如：在抛一枚骰子的试验中，用 A 表示"出现的点数不少于 3"，则 A 是一个随机事件．

(2) 必然事件：在每次试验中都必然会发生的事件．通常用字母 Ω 表示．

例如：在抛一枚骰子的试验中，"点数小于 7"是一个必然事件．

(3) 不可能事件：在每次试验中都不会发生的事件。通常用符号 $\varnothing$ 表示．

例如：在抛一枚骰子的试验中，"点数为 7"是一个不可能事件.

显然,必然事件与不可能事件都是确定性事件,为了讨论方便,可将它们看作特殊的随机事件,并将随机事件简称为事件.

11.1.5 事件的集合表示

样本空间是由随机试验的所有可能结果(样本点)构成的集合,所以我们可用一个事件所对应的样本点构成的集合来表示该事件.

例如,在抛骰子的试验中,样本空间 $\Omega=\{1,2,3,4,5,6\}$,则

事件 A:"出现的点数为 1"可表示为 $A=\{1\}$;

事件 B:"出现的点数为奇数"可表示为 $B=\{1,3,5\}$;

事件 C:"出现的点数为 8"可表示为 $C=\varnothing$;

事件 D:"出现的点数为 $1,2,\cdots,6$ 点之一"可表示为 $D=\{1,2,\cdots,6\}$.

我们把仅包含一个样本点的事件称为基本事件,例如事件 A.所以基本事件是一个单点集,它与样本点是一一对应的关系.把含有两个或两个以上样本点的事件称为复合事件,例如事件 B、D.显然,事件 D 是必然事件,它与样本空间是同一个集合,这就是为什么样本空间和必然事件用同一个字母 Ω 表示的原因.样本空间作为事件而言是一个必然事件.事件 C 显然是一个不可能事件,作为集合它是一个不包含任何样本点的空集,所以我们用空集的符号 $\varnothing$ 来表示不可能事件.

11.1.6 事件的关系及其运算

因为事件是样本空间的一个子集,所以事件之间的关系和运算可比照集合的关系和运算来处理,在概率论的研究中,亦有其专用的术语和含义.

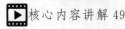

核心内容讲解 49
随机事件及其概率(2)

1. 事件的包含

若事件 A 发生必然导致事件 B 发生,则称事件 A 包含于 B 或事件 B 包含 A,记为 $A\subset B$ 或 $B\supset A$.其关系可用维恩图形象表示(见图 11-1).

例如:抛一枚骰子的试验中,令 $A=$"出现 1 点",$B=$"出现奇数点",则 $A\subset B$.

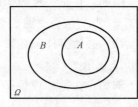

图 11-1

2. 事件的相等

若事件 $A\subset B$ 且 $B\subset A$,则称 A 等于 B,记作 $A=B$.显然,若 $A=B$,则 A 与 B 具有完全相同的样本点.

3. 事件的并(或和)

"事件 A 与 B 中至少有一个发生"的事件,称为 A 与 B 的并(或和),记作 $A \cup B$ 或 $A+B$. 其运算可用维恩图形象表示(见图 11-2).

例如:抛一枚骰子的试验中,令 $A=$ "出现点数小于 5", $B=$ "出现奇数点",则 $A \cup B=$ "出现点数小于 5 或出现奇数点",即 $A \cup B=\{1,2,3,4,5\}$.

4. **事件的交**(或积)

"事件 A 与 B 同时发生"的事件称为 A 与 B 的交(或积),记作 $A \cap B$ 或 AB. 其运算可用维恩图形象表示(见图 11-3).

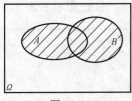
图 11-2

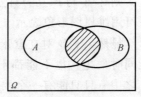
图 11-3

例如:抛一枚骰子的试验中,令 $A=$ "出现点数小于 5", $B=$ "出现奇数点",则 $A \cap B=$ "出现点数小于 5 且是奇数点",即 $A \cap B=\{1,3\}$.

5. **事件的差**

"事件 A 发生而 B 不发生"的事件称为 A 与 B 的差,记作 $A-B$. 其运算可用维恩图形象表示(见图 11-4).

例如:抛一枚骰子的试验中,令 $A=$ "出现点数小于 5", $B=$ "出现奇数点",则 $A-B=$ "出现点数小于 5 且不是奇数点",即 $A-B=\{2,4\}$.

对于事件的差,我们有结论:$A-B=A-AB$.

6. **互斥**(互不相容)

若事件 A 与 B 不能同时发生,即 $AB=\varnothing$,则称为 A 与 B 互斥或互不相容. 其关系可用维恩图形象表示(见图 11-5).

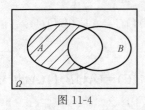
图 11-4

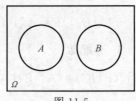
图 11-5

例如:抛一枚骰子的试验中,令 $A=$ "出现奇数点", $B=$ "出现偶数点",则 A、B 互斥.

7. **对立事件**

表示"事件 A 不发生"的事件称为 A 的对立事件或 A 的逆事件,记作 $\bar{A}$.

显然，$\bar{A}$ 是由 Ω 中不属于 A 的样本点构成的集合，故 $\bar{A} = \Omega - A$．从而

$$\bar{A}B = (\Omega - A)B = B - AB.$$

对立也是事件 A 与 B 之间的一种关系，其定义如下：

若事件 A、B 满足：

(1) $A \cup B = \Omega$，即 A 与 B 至少有一个发生；

(2) $AB = \varnothing$，即 A 与 B 不能同时发生．

则称 A 与 B 互为对立事件或（逆事件），且记作 $B = \bar{A}$．其关系可用维恩图形象表示（见图 11-6）．

显然 A、B 对立意味着 A、B 既不能同时发生，也不能都不发生，即 A、B 之中有且只能有一个发生．

注：两个互为对立的事件一定是互斥事件；反之，互斥事件不一定是对立事件．

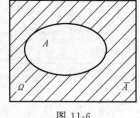

图 11-6

8. 完备事件组

若事件 $A_1, A_2, \cdots, A_n$ 满足：

(1) 两两互不相容：$A_i A_j = \varnothing$ $(i \neq j, i, j = 1, 2, \cdots, n)$，

(2) 合并构成必然事件：$\sum_{i=1}^{n} A_i = \Omega$，

则称 $A_1, A_2, \cdots, A_n$ 构成一个完备事件组．

11.1.7 事件的运算律

类似于集合的运算律，事件的运算有如下法则．

1. 交换律

$$A \cup B = B \cup A, \quad A \cap B = B \cap A.$$

2. 结合律

$$(A \cup B) \cup C = A \cup (B \cup C), \quad (A \cap B) \cap C = A \cap (B \cap C).$$

3. 分配律

$$A \cap (B \cup C) = (A \cap B) \cup (A \cap C), \quad A \cup (B \cap C) = (A \cup B) \cap (A \cup C).$$

4. 对偶律

$$\overline{A \cup B} = \bar{A} \cap \bar{B}, \quad \overline{A \cap B} = \bar{A} \cup \bar{B}.$$

5. 自反律

$$\bar{\bar{A}} = A.$$

注：除自反律外，上述运算律 1～4 均可推广到有限个或无限可列个事件的情形．

例 1 设 A、B、C 是三个随机事件，请用 A、B、C 的运

算表示下列事件：

(1) A、B、C 中只有 A 发生. $\quad A\bar{B}\bar{C}$；

(2) A、B、C 至少有一个发生. $\quad A+B+C$；

(3) A、B、C 都发生. $\quad ABC$；

(4) A、B 发生而 C 不发生. $\quad AB\bar{C}$；

(5) A、B、C 至少有两个发生. $\quad AB+BC+AC$；

(6) A、B、C 都不发生. $\quad \bar{A}\bar{B}\bar{C}$；

(7) A、B、C 至多有一个发生. $\quad \bar{A}\bar{B}+\bar{B}\bar{C}+\bar{A}\bar{C}$；

(8) A、B、C 至多两个发生. $\quad \bar{A}+\bar{B}+\bar{C}$；

(9) A、B、C 恰有两个发生. $\quad \bar{A}BC+A\bar{B}C+AB\bar{C}$.

例 2 某人看管甲、乙、丙三台机床，A、B、C 分别表示甲、乙、丙三台机床运转正常，试用 A、B、C 的运算表述下列事件：

(1) 仅甲机床运转正常；

(2) 三台机床中恰有一台发生故障；

(3) 至少有一台发生故障；

(4) 恰好有两台正常运转；

(5) 至少有两台正常运转；

(6) 不多于两台正常.

解 (1) {仅甲运转正常} = {甲正常, 乙、丙均出故障} = $A\bar{B}\bar{C}$；

(2) {三台机床中恰有一台发生故障} = {仅甲出故障或仅乙出故障或仅丙出故障}

$$=\bar{A}BC+A\bar{B}C+AB\bar{C}；$$

(3) {至少有一台发生故障} = {甲、乙、丙不可能同时正常运转} = $\overline{ABC}$ 或 $\bar{A}+\bar{B}+\bar{C}$；

(4) {恰好有两台正常运转} = {恰有一台发生故障} = $\bar{A}BC+A\bar{B}C+AB\bar{C}$；

(5) {至少有两台正常} = {恰好有两台正常或三台均正常}

$$=AB\bar{C}+A\bar{B}C+\bar{A}BC+ABC$$
$$=AB+BC+AC；$$

(6) {不多于两台正常} = {至少有一台出故障} = {三台不能同时正常} = $\bar{A}BC+A\bar{B}C+A B\bar{C}+\bar{A}\bar{B}C+\bar{A}B\bar{C}+A\bar{B}\bar{C}+\bar{A}\bar{B}\bar{C}=$

$$\overline{A}+\overline{B}+\overline{C}=\overline{ABC}.$$

11.2 随机事件的概率

核心内容讲解 50

随机事件及其概率（3）

对于一个随机事件 A，在一次试验中既可能发生也可能不发生，我们关注的是它发生的可能性有多大．为了刻画出事件发生的可能性大小，我们要引入概率的概念．

11.2.1 概率的统计定义

认识自实践开始，人们在长期的实践中发现：设在 n 次重复试验中，事件 A 发生了 m 次，则随着试验次数 n 的增加，带有随机性的频率 $f_n(A)=\dfrac{m}{n}$ 就越来越稳定地在某一常数 p 的附近摆动．n 越大，频率 $f_n(A)$ 与这个常数 p 出现偏差的情况就越少，呈现出一种稳定性，而且这个常数 p 客观存在，不依赖于任何主观意愿．由于频率的大小在一定的程度上能反映事件发生可能性的大小，但是频率的值带有随机性，因此就用频率的稳定值 p 来刻画事件 A 发生的可能性大小．概率的统计定义就是根据频率的稳定性提出来的．

定义 11.1 如果在大量重复试验中，事件 A 出现的频率 $f_n(A)=\dfrac{m}{n}$ 随着试验次数 n 的增大而稳定地在某个常数 p 的附近摆动，则称 p 为 A 的概率，记作 $P(A)=p$.

例 3 我国某地区 2001 年所生婴儿的统计数如表 11-1 所示：

表 11-1

婴儿总数	男婴数	女婴数	男婴频率
54434	28181	26253	0.5177

则有 P（生男婴）≈ 0.5177.

例 4 在一定条件下将一枚均匀硬币重复抛掷几次，几位试验者的试验结果如表 11-2 所示：

表 11-2

试验者	掷币次数 n	正面向上次数 m	频率 m/n
Buffon	4040	2048	0.5069
K. Pearson	12000	6019	0.5016
K. Pearson	24000	12012	0.5005

从表 11-2 中可以看出，频率的稳定值为 0.5，则 P（正面向

上) = 0.5.

日常生活中提到的"某疾病的死亡率""某校的升学率"等都是通过统计定义得到的概率. 概率的统计定义仅仅指出了事件的概率是客观存在的, 但并不能用它来计算具体事件的概率值.

11.2.2 概率的古典定义

我们称具有下列两个特征的随机试验为古典概型:

(1) 有限性: 随机试验只有有限个可能结果, 即样本空间由有限个样本点构成;

(2) 等可能性: 每个结果发生的可能性相同, 即每个样本点出现的可能性相同.

在概率论的产生和发展过程中, 古典概型是最早被人们研究的对象, 而且在实际应用中也是最常见的一种概率模型. 根据古典概型的特征, 我们给出以下定义.

定义 11.2 在古典概型中, 设样本空间 Ω 中的样本点数为 n, 事件 A 中的样本点数为 m, 那么 $P(A) = \dfrac{m}{n}$.

例 5 掷一枚骰子一次, 求出现奇数点的概率.

解 显然, $\Omega = \{1,2,3,4,5,6\}$, 设 $A = \{1,3,5\}$, 则由于 $m = 3$, $n = 6$, 所以 $P(A) = \dfrac{m}{n} = \dfrac{3}{6} = \dfrac{1}{2}$.

例 6 将一枚硬币抛两次, 观察出现正反面的情况, 求事件 $A = $ "出现一次正面", $B = $ "两次都是正面" 的概率.

解 易知 $\Omega = \{(正,正),(正,反),(反,正),(反,反)\}$,
$A = \{(正,反),(反,正)\}, B = \{(正,正)\}$,

所以 $P(A) = \dfrac{1}{2}, P(B) = \dfrac{1}{4}$.

例 7 把一只白球和一只黑球先后随机地放入编号分别为 1, 2, 3 的三只盒子中, 设 A 表示盒 1 中没有球, B 表示盒 3 中恰有一球, C 表示盒 2 中至少有一个球, D 表示两个球均在同一个盒子里. 求事件 A、B、C、D 的概率.

解 (1) $P(A) = \dfrac{C_2^1 C_2^1}{C_3^1 C_3^1} = \dfrac{2 \times 2}{3 \times 3} = \dfrac{4}{9}$;

(2) $P(B) = \dfrac{2 \times 2}{3 \times 3} = \dfrac{4}{9}$;

(3) $P(C) = \dfrac{2 \times 2 + 1 \times 1}{3 \times 3} = \dfrac{5}{9}$ 或令 $F = $ "盒 2 中无球", 则
$P(C) = P(\overline{F}) = 1 - P(F) = 1 - \dfrac{2 \times 2}{3 \times 3} = \dfrac{5}{9}$;

(4) $P(D) = \dfrac{3}{9} = \dfrac{1}{3}$.

例8 一个袋子中装有 10 个大小相同的球，其中 3 个黑球，7 个白球，求：(1) 从袋子中任取一个球，这个球是黑球的概率；(2) 从袋子中任取两球，刚好取到一个白球一个黑球的概率.

解 (1) $p = \dfrac{C_3^1}{C_{10}^1} = \dfrac{3}{10}$；

(2) $p = \dfrac{C_3^1 C_7^1}{C_{10}^2} = \dfrac{7}{15}$.

古典定义虽然直观、具体、容易理解，但它在使用时必须要求试验满足有限性和等可能性，从而限制了它的适用范围.

11.2.3 概率的公理化定义

我们从不同角度给出了概率的统计定义和古典定义，在运用中我们发现了它们在使用上的局限性及理论上的不充分性，因此它们都不能作为概率的严格数学定义. 经过漫长探索，1933 年，前苏联著名的数学家柯尔莫哥洛夫在他的《概率论的基本概念》一书中给出了现在已被广泛接受的概率公理化体系，第一次将概率论建立在了严密的逻辑基础上.

定义 11.3 设 E 是随机试验，Ω 是它的样本空间，对于 E 的每个事件 A，都赋予一个实数 $P(A)$ 与之对应. 若 $P(A)$ 满足下列条件：

(1) 非负性：对于任意事件 A，都有 $P(A) \geqslant 0$，

(2) 完备性：$P(\Omega) = 1$，

(3) 可列可加性：设 $A_1, A_2, \cdots, A_n, \cdots$ 是可列个两两互斥的事件，则有 $P\left(\bigcup\limits_{i=1}^{\infty} A_i\right) = \sum\limits_{i=1}^{\infty} P(A_i)$，则称 $P(A)$ 为事件 A 的概率.

由概率的公理化定义容易推出概率的以下性质（可作图体会）：

性质 1 设 $A_1, A_2, \cdots, A_n$ 两两互斥，则有 $P\left(\bigcup\limits_{i=1}^{n} A_i\right) = \sum\limits_{i=1}^{n} P(A_i)$.

性质 2 $P(\varnothing) = 0$.

性质 3 $P(\overline{A}) = 1 - P(A)$.

性质 4 若 $B \subset A$，则 $P(A - B) = P(A) - P(B)$.

推论 1 若 $B \subset A$，则 $P(B) \leqslant P(A)$.

推论 2 $P(A - B) = P(A) - P(AB)$.

性质 5 $P(A + B) = P(A) + P(B) - P(AB)$.

推广 $P(A+B+C)=P(A)+P(B)+P(C)-P(AB)-P(AC)-P(BC)+P(ABC)$.

例 9 已知 $P(\bar{A})=0.5$，$P(\bar{A}B)=0.2$，$P(B)=0.4$，求：
(1) $P(AB)$；(2) $P(A-B)$；(3) $P(A\cup B)$；(4) $P(\bar{A}\bar{B})$.

解 (1) 因为 $P(\bar{A}B)=P(B-AB)=P(B)-P(AB)=0.2$，所以 $P(AB)=0.2$；

(2) $P(A-B)=P(A)-P(AB)=(1-0.5)-0.2=0.3$；

(3) $P(A\cup B)=P(A)+P(B)-P(AB)=0.5+0.4-0.2=0.7$；

(4) $P(\bar{A}\bar{B})=P(\overline{A+B})=1-P(A+B)=1-0.7=0.3$.

思考：袋内装有两个 5 分，三个 2 分，五个 1 分的硬币，任意取出 5 个，求总数超过 1 角的概率.

11.3 条件概率

11.3.1 条件概率

在实际应用中，有时会在事件 B 已经发生了的条件下求事件 A 的概率，这样的概率称为条件概率，记作 $P(A|B)$.

例 10 假设有 10 个灯泡，其中 6 个合格品，4 个次品；已知属于甲厂生产的 7 个中有 5 个合格品. 现从这 10 个灯泡中任取一个，已知它是甲厂产品，求它是合格品的概率.

解 令 $A=$ "取到合格品"，$B=$ "取到甲厂产品"，要计算的是在 B 发生的条件下 A 的概率即 $P(A|B)$.

因为附加了条件 "已知取到的是甲厂产品"，所以相当于从属于甲厂生产的 7 个灯泡中任取一个，求取得合格品的概率. 故

$$P(A|B)=\frac{5}{7}=\frac{C_5^1}{C_7^1}=\frac{5}{7}.$$

显然 $P(A|B)\neq P(A)\neq P(AB)$，产生这种差异的原因是求 $P(A|B)$ 时的样本空间改变了，由于附加了条件 "B 已经发生"，故样本空间缩小了，即由 Ω 缩减为 B，那么能否在原样本空间 Ω 中求 $P(A|B)$ 呢？如上例中

$$P(A|B)=\frac{5}{7}=\frac{5/10}{7/10}=\frac{P(AB)}{P(B)}.$$

下面我们在一般的概率模型中引入条件概率的数学定义.

定义 11.4 在事件 B 已经发生的条件下，事件 A 发生的概率，称为事件 A 在给定 B 下的条件概率，记作 $P(A|B)$，

$P(A|B) = \dfrac{P(AB)}{P(B)}$ 简称为 A 对 B 的条件概率.

例 11 由长期统计资料得知，某一地区在 4 月份下雨（记作事件 A）的概率为 $\dfrac{4}{15}$，刮风（记作事件 B）的概率为 $\dfrac{7}{15}$，既刮风又下雨的概率为 $\dfrac{1}{10}$，求：$P(A|B)$，$P(B|A)$，$P(A+B)$.

解 依题意知：$P(A) = \dfrac{4}{15}$，$P(B) = \dfrac{7}{15}$，$P(AB) = \dfrac{1}{10}$，从而

$$P(A|B) = \dfrac{P(AB)}{P(B)} = \dfrac{1/10}{7/15} = \dfrac{3}{14},$$

$$P(B|A) = \dfrac{P(AB)}{P(A)} = \dfrac{1/10}{4/15} = \dfrac{3}{8},$$

$$P(A+B) = P(A) + P(B) - P(AB) = \dfrac{4}{15} + \dfrac{7}{15} - \dfrac{1}{10} = \dfrac{19}{30}.$$

例 12 已知某动物从出生活到 10 岁的概率为 0.8，从出生活到 15 岁的概率为 0.5. 已知有一只这种动物已经 10 岁了，问它能活到 15 岁的概率为多大？

解 设事件 $A=$ "从出生活到 10 岁"，$B=$ "从出生活到 15 岁"，显然 $B \subset A$，所求的概率为 $P(B|A) = \dfrac{P(AB)}{P(A)} = \dfrac{P(B)}{P(A)} = \dfrac{0.5}{0.8} = \dfrac{5}{8}.$

11.3.2 乘法公式

由条件概率的定义，立即得到乘法公式：

(1) 若 $P(B) > 0$，则 $P(AB) = P(B)P(A|B)$；

(2) 若 $P(A) > 0$，则 $P(AB) = P(A)P(B|A)$.

推广 若 $P(A_1) > 0$ 且 $P(A_1 A_2) > 0$，则 $P(A_1 A_2 A_3) = P(A_1)P(A_2|A_1)P(A_3|A_1 A_2)$.

例 13 有一批产品，其中甲厂生产的占 80%，乙厂生产的占 20%，甲厂的次品率为 0.05，乙厂的次品率为 0.1. 现从这批产品中任取一件，求它是甲厂生产的次品的概率.

解 设 $A=$ "任取一件是甲厂产品"，$B=$ "任取一件是次品"，则

$$P(AB) = P(A)P(B|A) = 0.8 \times 0.05 = 0.04.$$

例 14 某工厂有一批零件共 100 个，其中有 10 个次品，从中无放回地取两次，求两次都取得正品的概率.

解 设 $A_i =$ "第 i 次取到正品" $(i=1,2)$，则

$$P(A_1 A_2) = P(A_1) P(A_2 | A_1) = \frac{90}{100} \times \frac{89}{99} = 0.809.$$

11.4 事件的独立性

我们来看一个例子. 若袋中有 a 只黑球, b 只白球, 现每次从中取出一球, 观察后放回. 令 $A = \{$第一次取出白球$\}$, $B = \{$第二次取出白球$\}$, 则 $P(B) = \frac{b}{a+b}, P(B|A) = \frac{b}{a+b}$.

显然, $P(B) = P(B|A)$, 这表明事件 A 是否发生对事件 B 发生的概率是没有影响的, 即事件 A 与 B 呈现出某种独立性. 事实上, 由于是有放回取球, 因此在第二次取球时, 袋中球的总数未变, 并且袋中的黑球与白球的比例也未变, 故第二次取出白球的概率自然也未改变.

由此, 我们引出事件独立性的定义.

定义 11.5 若 $P(A|B) = P(A)$, 其中 $P(B) > 0$, 则称 A 对 B 独立.

若 A 对 B 独立, 则 B 对 A 也独立, 故一般称 A、B 为相互独立.

性质 1 事件 A、B 相互独立的充分必要条件为 $P(AB) = P(A)P(B)$.

性质 2 若事件 A、B 相互独立, 则 $\bar{A}$ 与 B, A 与 $\bar{B}$, $\bar{A}$ 与 $\bar{B}$ 各对事件也相互独立.

定义 11.6 若事件 A、B、C 满足下列三个条件:
(1) $P(AB) = P(A)P(B)$,
(2) $P(BC) = P(B)P(C)$,
(3) $P(AC) = P(A)P(C)$,
则称事件 A、B、C 两两相互独立.

定义 11.7 若事件 A、B、C 两两独立, 且 $P(ABC) = P(A)P(B)P(C)$, 则称事件 A、B、C 相互独立.

性质 3 若事件 $A_1, A_2, \cdots, A_n$ 相互独立, 则
$$P(A_1 A_2 \cdots A_n) = P(A_1) P(A_2) \cdots P(A_n).$$

性质 4 若事件 $A_1, A_2, \cdots, A_n$ 相互独立, 则
$$P(A_1 + A_2 + \cdots + A_n) = 1 - P(\bar{A}_1) P(\bar{A}_2) \cdots P(\bar{A}_n).$$

例 15 有三个人独立地破译某个密码, 若他们译出密码的概率分别为 $0.9, 0.8, 0.7$, 求该密码被译出的概率.

解 令 $A_i = $ "第 i 个人译出密码" ($i = 1, 2, 3$). 显然 A_1, A_2, A_3 相互独立, 则

$$P(A_1+A_2+A_3)=1-P(\overline{A_1+A_2+A_3})$$
$$=1-P(\overline{A}_1\overline{A}_2\overline{A}_3)$$
$$=1-P(\overline{A}_1)P(\overline{A}_2)P(\overline{A}_3)$$
$$=1-0.1\times0.2\times0.3=0.994.$$

例 16 甲、乙、丙三部机床独立工作,并由一个工人照管,某段时间内它们不需要工人照管的概率分别为 0.9、0.8 及 0.85. 求在这段时间内有机床需要工人照管的概率.

解 用事件 A、B、C 分别表示在这段时间内机床甲、乙、丙需工人照管. 由题意,事件 A、B、C 相互独立,并且 $P(\overline{A})=0.9$,$P(\overline{B})=0.8$,$P(\overline{C})=0.85$. 故所求的概率为

$$P(A+B+C)=1-P(\overline{A+B+C})=1-P(\overline{A})P(\overline{B})P(\overline{C})$$
$$=1-0.9\times0.8\times0.85=0.388.$$

第 11 章 习 题

1. 多项选择题:

(1) 某工厂每天分 3 个班生产,事件 A_i 表示第 i 班超额完成生产任务 ($i=1,2,3$),则至少有两个班超额完成任务可以表示为 (   ).

A. $A_1A_2\overline{A}_3+\overline{A}_1A_2A_3+A_1\overline{A}_2A_3$

B. $A_1A_2+A_1A_3+A_2A_3$

C. $A_1A_2\overline{A}_3+\overline{A}_1A_2A_3+A_1\overline{A}_2A_3+A_1A_2A_3$

D. $\overline{A}_1\overline{A}_2+\overline{A}_1\overline{A}_3+\overline{A}_2\overline{A}_3$

(2) 如果(   )成立,则事件 A 与 B 为对立事件.

A. $AB=\varnothing$ B. $A+B=\Omega$

C. $AB=\varnothing$ 且 $A+B=\Omega$ D. $\overline{A}$ 与 $\overline{B}$ 为对立事件

(3) 同时抛掷 3 枚匀称的硬币,则恰好有两枚正面向上的概率为 (   ).

A. 0.5   B. 0.25   C. 0.125   D. 0.375

(4) 已知 $P(B)>0$,$A_1A_2=\varnothing$,则(   )成立.

A. $P(A_1|B)\geqslant 0$

B. $P[(A_1+A_2)|B]=P(A_1|B)+P(A_2|B)$

C. $P(A_1A_2|B)=0$

D. $P(\overline{A}_1\overline{A}_2|B)=1$

(5) 事件 A 与 B 为任意两个事件,则(   )成立.

A. $(A+B)-B=A$

B. $(A+B)-B\subset A$

C. $(A-B)+B=A$
D. $(A-B)+B=A+B$

2. 填空题：

(1) 射击 3 次，事件 A_i 表示第 i 次命中目标($i=1,2,3$)，则事件 $A_1+A_2+A_3$ 表示_____.

(2) 事件 A、B，如果 A、B 独立，那么 $\bar{A}$、$\bar{B}$ _____，如果 A、B 对立，那么 $\bar{A}$、$\bar{B}$ _____.

(3) 事件 A、B 为对立事件，则 $P(\bar{A}\bar{B})=$ _____，$P(A+B)=$ _____.

(4) 加工一个产品要经过三道工序，第一、二、三道工序不出废品的概率分别为 0.9，0.95，0.8，若假定各工序是否出废品是独立的，则经过三道工序而不出废品的概率为_____.

(5) 已知 A_1、A_2、A_3 为一完备事件组，且 $P(A_1)=0.1$，$P(A_2)=0.5$，$P(B|A_1)=0.2$，$P(B|A_2)=0.6$，$P(B|A_3)=0.1$，则 $P(A_1|B)$ _____.

3. 计算题

(1) 100 个产品中有 3 个次品，任取 5 个，求其中次品数分别为 0、1、2、3 的概率.

(2) 一个袋内有 5 个红球，3 个白球，2 个黑球，计算任意取出的三个球恰为一红、一白、一黑的概率.

(3) 将两封信随机地投入四个邮筒，求前两个邮筒内没有信的概率及第一个邮筒内只有一封信的概率.

(4) 用 3 个机床加工同一种零件，零件由各机床加工的概率分别为 0.5, 0.3, 0.2，各机床加工的零件为合格品的概率分别等于 0.94, 0.9, 0.95，求全部产品的合格率.

(5) 一个机床有 $\frac{1}{3}$ 的时间加工零件 A，其余时间加工零件 B，加工零件 A 时，停机的概率是 0.3，加工零件 B 时，停机的概率是 0.4，求这个机床停机的概率.

第 12 章
随机变量及其分布

为了全面地研究随机现象的结果，揭示随机现象的统计规律，本章我们引入随机变量的概念及随机变量的分布，并介绍一些常用分布．

12.1 随机变量

核心内容讲解 51
随机变量及其分布（1）

在上一章中，我们讨论的随机事件有些是可以直接用数量来表示的，例如，记录射击弹着点到目标中心的距离；而有些则是不能直接用数量来表示的，如抛掷一枚硬币观察其出现正面还是反面的试验．为了更深入地研究各种与随机现象有关的理论和应用问题，我们有必要将样本空间中的元素与实数对应起来．即将随机试验的每个可能的结果 ω 都用一个实数 X 来表示．例如，在抛掷硬币试验中，用实数"1"表示"出现正面"，用"0"表示"出现反面"．显然，此处的实数 X 值将随 ω 的不同而变化，它的值因 ω 的随机性而具有随机性，我们称这种取值具有随机性的变量为随机变量．

定义 12.1 设随机试验的样本空间为 Ω，如果对 Ω 中的每一个元素 ω，都有一个实数 $X(\omega)$ 与之对应，这样就得到一个定义在 Ω 上的实值单值函数 $X=X(\omega)$，称之为随机变量．

随机变量的取值随试验结果而定，在试验之前不能预知它取什么值，只有在试验之后才能知道它的确切值；而试验的各个结果出现有一定的概率，故随机变量取各值有一定的概率．这些性质显示了随机变量与普通函数之间有着本质的差异．再者，普通函数是定义在实数集或实数集的一个子集上的，而随机变量则是定义在样本空间上的（样本空间的元素不一定是实数），这也是二者的差别．

随机变量的引入，使随机试验中的各事件可通过随机变量的关系式表达出来．例如，掷骰子一次，出现的点数 X 是一随机变量．

事件$\{$出现点数$1\}$可表为$\{X=1\}$；

事件$\{$出现点数不小于$3\}$可表为$\{X\geqslant 3\}$；

事件$\{$出现点数不大于$4\}$可表为$\{X\leqslant 4\}$．

随机变量因取值方式不同,通常分为离散型和非离散型两类. 而非离散型随机变量中最重要的是连续型随机变量. 今后,我们只讨论离散型随机变量和连续型随机变量.

12.2 离散型随机变量及其分布

如果随机变量所有可能的取值为有限个或可列无穷多个,则称这种随机变量为离散型随机变量.

要掌握一个离散型随机变量 X 的统计规律,必须知道 X 的所有可能取值以及取每一个可能取值的概率.

定义 12.2 设离散型随机变量 X 所有可能的取值为 $x_i(i=1,2,3,\cdots)$,X 取各个可能值的概率,即事件 $\{X=x_i\}$ 的概率

$$P\{X=x_i\}=p_i\,(i=1,2,3,\cdots)$$

称为离散型随机变量 X 的概率分布或分布律. 分布律也常用以下的形式来表示:

X	x_1	x_2	x_3	$\cdots$	x_i	$\cdots$
P	p_1	p_2	p_3	$\cdots$	p_i	$\cdots$

由概率的性质容易推得,任一离散型随机变量的分布律,都具有下述两个基本性质:

性质 1 (非负性) $p_i \geqslant 0 \ (i=0,1,2,\cdots)$.

性质 2 (规范性) $\sum_{i=1}^{\infty} p_i = 1$.

例 1 用随机变量 X 来描述掷一枚硬币的试验结果,并求 X 的分布律.

解 由于 $P(X=0)=P(X=1)=\dfrac{1}{2}$,所以随机变量 X 的概率分布为 $P(X=k)=\dfrac{1}{2}(k=0,1)$,其分布律如下:

X	0	1
P	$\dfrac{1}{2}$	$\dfrac{1}{2}$

下面介绍几种常见的离散型随机变量的概率分布:

1. 两点分布

一个随机变量只有两个可能取值,设其分布律为

$$P\{X=x_1\}=p, P\{X=x_2\}=1-p, 0<p<1,$$

则称 X 服从 x_1、x_2 处参数为 p 的两点分布.

特别地,如果取 $x_1=1$,$x_2=0$,则分布律为

$$P\{X=1\}=p, P\{X=0\}=1-p, 0<p<1,$$

这时称 X 服从 $(0-1)$ 分布,记作 $X \sim (0-1)$ 分布. 写成分布律形

式如下：

X	0	1
P	$1-p$	p

2. 二项分布

若随机变量 X 的分布律为

$$P\{X=k\}=C_n^k p^k (1-p)^{n-k}, \quad k=0,1,2,\cdots,n, \quad (12.1)$$

则称 X 服从参数为 n、p 的二项分布，记作 $X \sim B(n,p)$.

若随机试验 E 只有两个可能的结果：A 及 $\bar{A}$，且 $P(A)=p$，$P(\bar{A})=1-p=q(0<p<1)$，那么称 E 为一个伯努利试验，且常称 A 为 "成功" 事件.

我们把进行一次伯努利试验或独立重复地进行若干次伯努利试验的概率模型称作伯努利概型. 特别地，将一个伯努利试验 E 独立重复地进行 n 次所构成的概率模型称为 n 重伯努利概型或 n 重伯努利试验.

如果用 X 来表示 n 重伯努利试验中事件 A 出现的次数，则 X 的分布律就是二项分布. 因此，二项分布可以作为描述 n 重伯努利试验中事件 A 出现次数的数学模型. 比如，射手射击 n 次中，"射中" 次数的概率分布；随机抛掷硬币 n 次，落地时出现 "正面" 次数的概率分布；从一批足够多的产品中任意抽取 n 件，其中 "废品" 件数的概率分布，等等.

不难看出，$(0-1)$ 分布就是二项分布在 $n=1$ 时的特殊情形，故 $(0-1)$ 分布的分布律也可写成

$$P\{X=k\}=(1-p)^{1-k}p^k, \quad k=0,1.$$

3. 泊松分布

若随机变量 X 的分布律为

$$P(X=k)=\frac{\lambda^k}{k!}e^{-\lambda}, \quad k=0,1,2,\cdots. \quad (12.2)$$

则称 X 服从参数为 $\lambda(>0)$ 的泊松分布，记作 $X \sim P(\lambda)$.

在实践中，单位时间内放射性物质放射出的粒子数 X，单位时间内某电话交换台接到的呼唤次数 X，单位时间内走进商店的顾客数 X，等等，均可认为它们服从泊松分布.

例 2 一批产品分一、二、三级，其中一级品是二级品的两倍，三级品是二级品的一半. 从这批产品中随机地抽取一件检查质量，用随机变量描述检验的可能结果，并写出它的分布律.

解 设二级品的件数为 m，依题意知，一级品的件数为 $2m$，三级品的件数为 $\frac{1}{2}m$，从而这批产品的总件数为 $2m+m+\frac{1}{2}m=\frac{7}{2}m$.

用随机变量 X 表示抽取的这件产品的级数,则 X 的概率分布律为

$$P\{X=1\}=\frac{2m}{\frac{7}{2}m}=\frac{4}{7}, P\{X=2\}=\frac{m}{\frac{7}{2}m}=\frac{2}{7}, P\{X=3\}=\frac{\frac{1}{2}m}{\frac{7}{2}m}=\frac{1}{7},$$

写成分布律形式如下:

X	1	2	3
P	$\frac{4}{7}$	$\frac{2}{7}$	$\frac{1}{7}$

12.3 随机变量的分布函数

在研究随机变量的统计规律时,由于随机变量 X 的可能取值不一定能逐个列出,因此我们在一般情况下需研究随机变量落在某区间 $(x_1, x_2]$ 上的概率,即求 $P\{x_1 < X \leqslant x_2\}$,但由于 $P\{x_1 < X \leqslant x_2\} = P\{X \leqslant x_2\} - P\{X \leqslant x_1\}$,由此可见要研究 $P\{x_1 < X \leqslant x_2\}$ 就归结为研究形如 $P\{X \leqslant x\}$ 的概率问题了. 不难看出,$P\{X \leqslant x\}$ 的值随不同的 x 而变化,它是 x 的函数,我们称该函数为分布函数.

数学文化扩展阅读 20
随机变量及其分布

12.3.1 随机变量的分布函数

定义 12.3 设 X 是一随机变量,则称函数

$$F(x) = P\{X \leqslant x\}, x \in (-\infty, +\infty) \quad (12.3)$$

为随机变量 X 的分布函数,记作 $X \sim F(x)$.

对于任意实数 x_1、$x_2 (x_1 < x_2)$,有

$$P\{x_1 < X \leqslant x_2\} = P\{X \leqslant x_2\} - P\{X \leqslant x_1\} = F(x_2) - F(x_1). \quad (12.4)$$

因此,若已知 X 的分布函数,我们就知道 X 落在任意区间 $(x_1, x_2]$ 上的概率,从这个意义上来讲,分布函数完整地描述了随机变量的统计规律性.

随机变量的分布函数的性质:

(1) $0 \leqslant F(x) \leqslant 1$;

(2) 非降性: 若 $x_1 < x_2$, 则 $F(x_1) \leqslant F(x_2)$;

(3) 极限性: $F(-\infty) = \lim\limits_{x \to -\infty} F(x) = 0$, $F(+\infty) = \lim\limits_{x \to +\infty} F(x) = 1$;

(4) 右连续性: $F(x+0) = F(x)$.

如果一个函数 $F(x)$ 满足上述 (2)、(3)、(4) 这三条性质,则它一定可以作为某一随机变量 X 的分布函数.

例3 设随机变量 X 的分布函数为 $F(x) = A + B\arctan x$ $(-\infty < x < +\infty)$，试求常数 A、B.

解 由分布函数的性质及 $\lim\limits_{x \to -\infty} \arctan x = -\dfrac{\pi}{2}$，$\lim\limits_{x \to +\infty} \arctan x = \dfrac{\pi}{2}$，得

$$0 = \lim_{x \to -\infty} F(x) = \lim_{x \to -\infty}(A + B\arctan x) = A - \frac{\pi}{2}B,$$

$$1 = \lim_{x \to +\infty} F(x) = \lim_{x \to +\infty}(A + B\arctan x) = A + \frac{\pi}{2}B,$$

解方程组得 $A = \dfrac{1}{2}$，$B = \dfrac{1}{\pi}$.

12.3.2 离散型随机变量的分布函数

设离散型随机变量 X 的概率分布如下

X	x_1	x_2	$\cdots$	x_n	$\cdots$
P	p_1	p_2	$\cdots$	p_n	$\cdots$

则 X 的分布函数为

$$F(x) = P(X \leqslant x) = \sum_{x_i \leqslant x} P(X = x_i) = \sum_{x_i \leqslant x} p_i. \quad (12.5)$$

例4 设随机变量 X 的概率分布如下：

X	-1	2	3
P	$1/4$	$1/2$	$1/4$

求 X 的分布函数，$P\left\{X \leqslant \dfrac{1}{2}\right\}$，$P\left\{\dfrac{3}{2} < X \leqslant \dfrac{5}{2}\right\}$，$P\{2 \leqslant X \leqslant 3\}$.

解 X 的分布函数为 $F(x) = \begin{cases} 0, & x < -1, \\ \dfrac{1}{4}, & -1 \leqslant x < 2, \\ \dfrac{3}{4}, & 2 \leqslant x < 3, \\ 1, & x \geqslant 3. \end{cases}$

从而

$$P\left\{X \leqslant \frac{1}{2}\right\} = F\left(\frac{1}{2}\right) = \frac{1}{4}, P\left\{\frac{3}{2} < X \leqslant \frac{5}{2}\right\}$$

$$= F\left(\frac{5}{2}\right) - F\left(\frac{3}{2}\right) = \frac{3}{4} - \frac{1}{4} = \frac{1}{2},$$

$$P\{2 \leqslant X \leqslant 3\} = F(3) - F(2) + P\{X = 2\} = 1 - \frac{3}{4} + \frac{1}{2} = \frac{3}{4}.$$

由例4可知，$F(x)$ 是一个阶梯形的函数，它在 X 的可能取值点处发生跳跃，跳跃高度等于相应点处的概率，而在两个相邻

跳跃点之间分布函数的值保持不变. 这一特征实际上是所有离散型随机变量的共同特征. 反之, 如果一个随机变量 X 的分布函数 $F(x)$ 是阶梯形函数, 且每一个分支都是常数, 则 X 一定是一个离散型随机变量, 其概率分布可由分布函数唯一确定: $F(x)$ 的跳跃点全体构成 X 的所有可能取值, 每一跳跃点处的跳跃高度则是 X 在相应点处的概率.

例 5 设随机变量 X 的分布函数为 $F(x) = \begin{cases} 0, & x < 1, \\ \dfrac{9}{19}, & 1 \leqslant x < 2, \\ \dfrac{15}{19}, & 2 \leqslant x < 3, \\ 1, & x \geqslant 3. \end{cases}$

求 X 的概率分布.

解 由于 $F(x)$ 是一个阶梯形函数, 故知 X 是一个离散型随机变量, $F(x)$ 的跳跃点分别为 $1, 2, 3$, 而与之对应的跳跃高度分别为 $9/19, 6/19, 4/19$, 如图 12-1 所示.

故 X 的概率分布律为

X	1	2	3
P	9/19	6/19	4/19

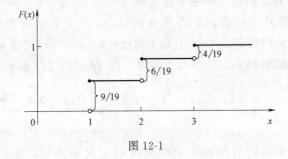

图 12-1

12.4 连续型随机变量及其分布

上一节我们研究了离散型随机变量, 这类随机变量的特点是它的可能取值及其相对应的概率能被逐个地列出. 而连续型随机变量的特点是它的可能取值连续地充满某个区间甚至整个数轴. 例如, 测量一个工件的长度时, 从理论上说这个长度的值 X 可以取某个区间上的任何一个值. 此外, 连续型随机变量取某特定值的概率总是零. 例如, 抽检一个工件时, 其长度 X 丝毫不差刚好是其固定值 (如 1.824cm) 的事件 $\{X = 1.824\}$ 几乎是不可能的, 可以认为 $P(X = 1.824) = 0$. 因此讨论连续型随机变量在某点的概率是毫无意义的. 于是, 对于连续型随机变量就不能用对离散型

▶核心内容讲解 52
随机变量及其分布
(2)

随机变量那样的方法进行研究了.

定义 12.4　对于随机变量 X 的分布函数 $F(x)$，若存在非负可积函数 $f(x)$，使得对于任意实数 x，有

$$F(x) = \int_{-\infty}^{x} f(t) dt, \qquad (12.6)$$

则称 X 为连续型随机变量，其中 $f(x)$ 称为 X 的概率密度函数，简称概率密度函数或密度函数.

连续型随机变量 X 的分布函数 $F(x)$ 是连续函数. 由分布函数的性质 $F(-\infty)=0$，$F(+\infty)=1$ 及 $F(x)$ 单调不减知，$F(x)$ 是一条位于直线 $y=0$ 与 $y=1$ 之间的单调不减的连续（但不一定光滑）曲线.

由定义 12.4 知 $f(x)$ 具有以下性质：

性质 1　（非负性）　$f(x) \geqslant 0$；

性质 2　（规范性）　$\int_{-\infty}^{+\infty} f(x) dx = 1$；

性质 3　$P\{x_1 < X \leqslant x_2\} = F(x_2) - F(x_1) = \int_{x_1}^{x_2} f(x) dx$ ($x_1 \leqslant x_2$)；

性质 4　若 $f(x)$ 在点 x 处连续，则有 $F'(x) = f(x)$.

由性质 2 知道，概率密度曲线 $y = f(x)$ 与 $y = 0$ 围成的面积为 1. 由性质 3 知道，X 落在区间 $(x_1, x_2]$ 上的概率 $P\{x_1 < X \leqslant x_2\}$ 等于区间 $(x_1, x_2]$ 上概率密度曲线 $y = f(x)$ 之下 $y = 0$ 之上的曲边梯形的面积. 由性质 4 知道，在 $f(x)$ 的连续点 x 处有

$$f(x) = \lim_{\Delta x \to 0^+} \frac{F(x + \Delta x) - F(x)}{\Delta x} = \lim_{\Delta x \to 0^+} \frac{P\{x < X \leqslant x + \Delta x\}}{\Delta x}.$$

这种形式恰与物理学中线密度的定义相类似，这也正是称 $f(x)$ 为概率密度的原因. 同样我们也指出，反过来，任一满足以上性质 1、2 两个性质的函数 $f(x)$，一定可以作为某个连续型随机变量的密度函数.

前面我们曾指出对连续型随机变量 X 而言它取任一特定值 a 的概率为零，即 $P\{X = a\} = 0$. 由此很容易推导出

$$P\{a < X \leqslant b\} = P\{a \leqslant X < b\} = P\{a < X < b\} = P\{a \leqslant X \leqslant b\},$$

即在计算连续型随机变量落在某区间上的概率时，可不必区分该区间端点的情况. 此外还要说明的是，事件 $\{X = a\}$ "几乎不可能发生"，但并不保证它绝不会发生，它是"零概率事件"，而不是不可能事件.

例 6　设 X 的概率密度为 $f(x) = \begin{cases} \dfrac{Ax}{(1+x)^4}, & x > 0, \\ 0, & x \leqslant 0, \end{cases}$ 求 A.

解 由规范性

$$1 = \int_{-\infty}^{+\infty} f(x)\,dx = \int_0^{+\infty} \frac{A(1+x-1)}{(1+x)^4}\,dx$$

$$= \frac{1}{2}\int_0^{+\infty} \frac{A}{(1+x)^4}\,d(1+x)^2 - A\int_0^{+\infty}\frac{1}{(1+x)^4}d(1+x) = \frac{A}{6},$$

解得 $A = 6$.

例 7 设连续型随机变量 X 的分布函数为

$$F(x) = \begin{cases} 0, & x < 0, \\ Ax^2, & 0 \leqslant x < 1, \\ 1, & x \geqslant 1. \end{cases}$$

试求：

(1) 系数 A；

(2) X 落在区间 $(0.3, 0.7)$ 内的概率；

(3) X 的密度函数.

解 (1) 由于 X 为连续型随机变量，故 $F(x)$ 是连续函数，因此有

$$1 = F(1) = \lim_{x \to 1^-} F(x) = \lim_{x \to 1^-} Ax^2 = A,$$

即 $A = 1$，于是有

$$F(x) = \begin{cases} 0, & x < 0, \\ x^2, & 0 \leqslant x < 1, \\ 1, & x \geqslant 1. \end{cases}$$

(2) $P\{0.3 < X < 0.7\} = F(0.7) - F(0.3) = (0.7)^2 - (0.3)^2 = 0.4$.

(3) X 的密度函数为 $f(x) = F'(x) = \begin{cases} 2x, & 0 \leqslant x < 1, \\ 0, & \text{其他}. \end{cases}$

例 8 设随机变量 X 的概率密度为

$$f(x) = \begin{cases} 4x^3, & 0 < x < 1, \\ 0, & \text{其他}. \end{cases}$$

(1) 求常数 a 使得 $P\{X > a\} = P\{X < a\}$；(2) 求常数 b 使得 $P\{X > b\} = 0.05$.

解 (1) 由于 X 是连续型随机变量，因此 $P\{X = a\} = 0$，故

$$1 = P\{X < a\} + P\{X = a\} + P\{X > a\} = 2P\{X < a\},$$

从而有

$$\frac{1}{2} = P\{X < a\} = \int_0^a 4x^3\,dx = a^4,$$

解得 $a = \sqrt[4]{\dfrac{1}{2}}$.

(2) $0.05 = P\{X > b\} = \int_b^1 4x^3 \,\mathrm{d}x = 1 - b^4$，解得 $b = \sqrt[4]{0.95}$.

下面介绍几种常见的连续型随机变量的分布.

1. 均匀分布

若连续型随机变量 X 具有概率密度

$$f(x) = \begin{cases} \dfrac{1}{b-a}, & a < x < b, \\ 0, & 其他, \end{cases} \tag{12.7}$$

则称 X 在区间 (a,b) 上服从均匀分布，记为 $X \sim U(a,b)$. 随机变量 X 的分布函数为

$$F(x) = \begin{cases} 0, & x < a, \\ \dfrac{x-a}{b-a}, & a \leqslant x < b, \\ 1, & x \geqslant b. \end{cases} \tag{12.8}$$

密度函数 $f(x)$ 和分布函数 $F(x)$ 的图形分别如图 12-2 和图 12-3 所示.

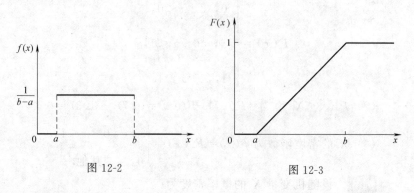

图 12-2　　　　　　　图 12-3

例9 设公共汽车站从上午 7:00 起每隔 15min 来一班车，如果某乘客到达此站的时间是 7:00 到 7:30 之间的均匀随机变量. 试求该乘客候车时间不超过 5min 的概率.

解 设该乘客于时刻 X 到达此站，则 $X \sim U[0,30]$，密度函数为 $f(x) = \begin{cases} 1/30, & 0 \leqslant x \leqslant 30, \\ 0, & 其他 \end{cases}$ 令 $B = \{候车时间不超过5\min\}$，则

$$P(B) = P\{10 \leqslant X \leqslant 15\} + P\{25 \leqslant X \leqslant 30\}$$
$$= \int_{10}^{15} \dfrac{1}{30} \,\mathrm{d}x + \int_{25}^{30} \dfrac{1}{30} \,\mathrm{d}x = \dfrac{1}{3}.$$

例 10 设随机变量 X 在区间 $[2,5]$ 上服从均匀分布. 现对 X 进行三次独立观察, 试求至少有两次观察值大于 3 的概率. (均匀分布与二项分布的结合)

解 已知 $X \sim U[2,5]$, 对 X 进行三次独立观察, 相当于三次独立重复试验. "观察值大于 3", 即事件 $A=\{X>3\}$, 求事件 A 至少发生两次的概率. 设 Y 为三次独立观察中事件 A 发生的次数. 显然 $Y \sim B(3,P(A))$. 因 $P(A)=P\{X>3\}=2/3$, 于是所求概率为

$$P\{Y \geqslant 2\} = P\{Y=2\} + P\{Y=3\} = C_3^2 \left(\frac{2}{3}\right)^2 \cdot \frac{1}{3} + C_3^3 \left(\frac{2}{3}\right)^3 = \frac{20}{27}.$$

2. 指数分布

一个随机变量 X, 如果其密度函数为

$$f(x) = \begin{cases} \lambda e^{-\lambda x}, & x \geqslant 0, \\ 0, & x<0, \end{cases} \qquad (12.9)$$

其中 $\lambda>0$ 为参数, 则称 X 服从参数为 λ 的指数分布, 记作 $X \sim E(\lambda)$.

指数分布 X 的分布函数为

$$F(x) = \begin{cases} 1-e^{-\lambda x}, & x \geqslant 0 \\ 0, & x<0. \end{cases} \qquad (12.10)$$

在实践中, 如果随机变量 X 表示某一随机事件发生所需等待的时间, 则一般 $X \sim E(\lambda)$. 例如, 某电子元件直到损坏所需的时间 (即寿命), 随机服务系统中的服务时间, 顾客在某邮局等候服务的等候时间, 等等, 均可认为是服从指数分布.

例 11 设某种热水器首次发生故障的时间 X (单位: h) 服从指数分布 $E(0.002)$. 求: (1) 该热水器在 $100\mathrm{h}$ 内需要维修的概率是多少? (2) 该热水器能正常使用 $600\mathrm{h}$ 以上的概率是多少?

解 随机变量 X 的密度函数为

$$f(x) = \begin{cases} 0.002 e^{-0.002x}, & x \geqslant 0 \\ 0, & x<0. \end{cases}$$

(1) $P\{在 100\mathrm{h}\ 内需要维修\} = P\{X \leqslant 100\} = \int_{-\infty}^{100} f(x) \mathrm{d}x$
$= \int_0^{100} 0.002 e^{-0.002x} \mathrm{d}x = 1-e^{-0.2} \approx 0.1813.$

(2) $P\{能无故障使用 600\mathrm{h} 以上\} = P\{X>600\}$
$= \int_{600}^{+\infty} 0.002 e^{-0.002x} \mathrm{d}x = e^{-1.2} \approx 0.3012.$

3. 正态分布

若连续型随机变量 X 的概率密度为

$$f(x) = \frac{1}{\sqrt{2\pi}\sigma} e^{-\frac{(x-\mu)^2}{2\sigma^2}}, \qquad -\infty<x<+\infty, \qquad (12.11)$$

其中 μ 和 $\sigma(\sigma>0)$ 为常数，则称 X 服从参数为 μ、σ^2 的正态分布，记为 $X \sim N(\mu,\sigma^2)$。

正态分布是概率论和数理统计中最重要的分布之一。在实际问题中有大量的随机现象服从或近似服从正态分布，它体现了中间大、两头小的特征。只要某一个随机变量受到许多相互独立的随机因素的影响，而每个个别因素的影响又都不能起决定性作用，那么就可以断定随机变量服从或近似服从正态分布。例如，人的身高、体重会受到种族、饮食习惯、地域、运动等因素影响，但这些因素又不能对身高、体重会起决定性作用，所以我们可以认为身高、体重服从或近似服从正态分布。

正态分布的密度函数 $f(x)$ 的性质：

性质 1 曲线关于 $x=\mu$ 对称（见图 12-4）；

性质 2 曲线在 $x=\mu$ 处取到最大值，x 离 μ 越远，$f(x)$ 值越小。这表明对于同样长度的区间，区间离 μ 越远，X 落在这个区间上的概率越小；

性质 3 曲线的拐点在 $\mu \pm \sigma$ 处；

性质 4 曲线以 x 轴为渐近线；

性质 5 若固定 μ，当 σ 越小时图形越尖陡（见图 12-5），因而 X 落在 μ 附近的概率越大；若固定 σ，改变 μ 值，则图形沿 x 轴平移，而不改变其形状（见图 12-4）。通常称 σ 为形状参数，μ 为位置参数。

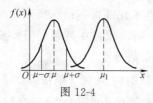

图 12-4

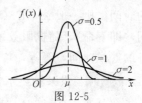

图 12-5

正态分布的分布函数为

$$F(x) = \frac{1}{\sqrt{2\pi}\sigma} \int_{-\infty}^{x} e^{-\frac{(t-\mu)^2}{2\sigma^2}} dt. \quad (12.12)$$

当 $\mu=0$，$\sigma^2=1$ 时，即 $X \sim N(0,1)$ 时，称 X 服从标准正态分布，其密度函数记作 $\varphi(x) = \frac{1}{\sqrt{2\pi}} e^{-\frac{x^2}{2}}$，分布函数记作 $\Phi(x) = \frac{1}{\sqrt{2\pi}} \int_{-\infty}^{x} e^{-\frac{t^2}{2}} dt$。

(1) 对于标准正态密度函数 $\varphi(x)$，有 $\varphi(-x)=\varphi(x)$，即 $\varphi(x)$ 的图形关于 y 轴对称；

(2) 对于标准正态分布函数 $\Phi(x)$，有 $\Phi(-x)=1-\Phi(x)$。

例 12 设随机变量 $X \sim N(0,1)$，求 $P\{X \leqslant 1.96\}$，$P\{X \leqslant 5.9\}$，$P\{X \leqslant -1.96\}$，$P\{1 \leqslant X \leqslant 2\}$，$P\{-1 \leqslant X \leqslant 2\}$，$P\{X > 1.96\}$。

解 $P\{X\leqslant 1.96\}=\Phi(1.96)=0.975, P\{X\leqslant 5.9\}=\Phi(5.9)=1,$
$P\{X\leqslant -1.96\}=\Phi(-1.96)=1-\Phi(1.96)=0.025,$
$P\{1\leqslant X<2\}=\Phi(2)-\Phi(1)=0.97725-0.84134=0.13591,$
$P\{-1\leqslant X<2\}=\Phi(2)-\Phi(-1)=\Phi(2)-[1-\Phi(1)]$
$=0.97725-1+0.84134,=0.81859,$
$P\{X>1.96\}=1-\Phi(1.96)=0.025.$

一般正态分布与标准正态分布的关系：

(1) 若 $X\sim N(\mu,\sigma^2)$，则有 $\dfrac{X-\mu}{\sigma}\sim N(0,1)$；

(2) $f(x)=\dfrac{1}{\sigma}\varphi\left(\dfrac{x-\mu}{\sigma}\right)$；

(3) $F(x)=\Phi\left(\dfrac{x-\mu}{\sigma}\right)$.

由一般正态分布与标准正态分布的关系有：若 $X\sim N(\mu,\sigma^2)$，则

(1) $P\{X\leqslant x\}=P\left\{\dfrac{X-\mu}{\sigma}\leqslant\dfrac{x-\mu}{\sigma}\right\}=\Phi\left(\dfrac{x-\mu}{\sigma}\right)$；

(2) $P\{X>x\}=1-\Phi\left(\dfrac{x-\mu}{\sigma}\right)$；

(3) 对于任意区间 $(x_1,x_2]$，有
$$P\{x_1<X\leqslant x_2\}=P\left\{\dfrac{x_1-\mu}{\sigma}<\dfrac{X-\mu}{\sigma}\leqslant\dfrac{x_2-\mu}{\sigma}\right\}$$
$$=\Phi\left(\dfrac{x_2-\mu}{\sigma}\right)-\Phi\left(\dfrac{x_1-\mu}{\sigma}\right)$$

例 13 设随机变量 $X\sim N(2,9)$，试求 $P\{1\leqslant X<5\}$，$P\{|X-2|>6\}, P\{X>0\}$.

解 $P\{1\leqslant X<5\}=\Phi\left(\dfrac{5-2}{3}\right)-\Phi\left(\dfrac{1-2}{3}\right)$
$=\Phi(1)-\Phi\left(-\dfrac{1}{3}\right)$
$=\Phi(1)+\Phi\left(\dfrac{1}{3}\right)-1$
$=0.84134+0.62930-1=0.47064,$
$P\{|X-2|>6\}=1-P\{|X-2|\leqslant 6\}$
$=1-P\{-6\leqslant X-2\leqslant 6\}$
$=1-P\{-4\leqslant X\leqslant 8\}$
$=1-\left[\Phi\left(\dfrac{8-2}{3}\right)-\Phi\left(\dfrac{-4-2}{3}\right)\right]$
$=1-[\Phi(2)-\Phi(-2)]$
$=2\times[1-\Phi(2)]$
$=2\times(1-0.97725)=0.0455,$

$$P\{X>0\}=1-P\{X\leqslant 0\}=1-\Phi\left(\frac{0-2}{3}\right)$$
$$=1-\Phi\left(-\frac{2}{3}\right)=\Phi\left(\frac{2}{3}\right)=0.7486.$$

第 12 章 习 题

1. 多项选择题：

(1) 如果随机变量 X 的可能值充满区间（　　），那么 $\sin x$ 可以成为一个随机变量的概率密度.

　A. $[0, 0.5\pi]$　　　　　B. $[0.5\pi, \pi]$
　C. $[0, \pi]$　　　　　　D. $[\pi, 1.5\pi]$

(2) 如果常数 c 为（　　），则函数 $\varphi(x)$ 可以成为一个随机变量的概率密度，其中 $\varphi(x)=\begin{cases}c^{-1}x\mathrm{e}^{-\frac{x^2}{2c}}, & x>0,\\ 0, & \text{其他}.\end{cases}$

　A. 任何实数　　　　　B. 正数
　C. 1　　　　　　　　D. 任何非零实数

(3) 如果 $X\sim\varphi(x)$，而 $\varphi(x)=\begin{cases}x, & 0\leqslant x<1,\\ 2-x, & 1\leqslant x<2,\\ 0, & \text{其他},\end{cases}$ 则 $P\{X\leqslant 1.5\}=$（　　）.

　A. 0.875　　　　　　B. $\int_0^{1.5}(2-x)\mathrm{d}x$
　C. $\int_0^{1.5}\varphi(x)\mathrm{d}x$　　　D. $\int_{-\infty}^{1.5}(2-x)\mathrm{d}x$

(4) 设 $X\sim\varphi(x)$，则对于任何实数 x，有（　　）.

　A. $P\{X=x\}=0$　　　B. $F(x)=\varphi(x)$
　C. $\varphi(x)=0$　　　　D. $P\{X=x\}=\int_{-\infty}^x\varphi(t)\mathrm{d}t$

(5) 若 X 服从 $[0,1]$ 上的均匀分布，$Y=2X+1$，则（　　）.

　A. Y 也服从 $[0,1]$ 上的均匀分布
　B. Y 服从 $[1,3]$ 上的均匀分布
　C. $P\{0\leqslant Y\leqslant 1\}=1$
　D. $P\{0\leqslant Y\leqslant 1\}=0$

2. 填空题：

(1) 如果 X 服从 0—1 分布，又知 X 取 1 的概率为它取 0 的概率的两倍. 写出 X 的分布函数_____.

(2) 已知随机变量 X 只能取 $-1, 0, 1, 2$ 四个值，相应概率依次为 $\dfrac{1}{2c}, \dfrac{3}{4c}, \dfrac{5}{8c}, \dfrac{7}{16c}$，则可确定常数 $c=$_____.

(3) 已知 $X \sim \varphi(x) = \begin{cases} 2x, & 0 < x < 1, \\ 0, & \text{其他}, \end{cases}$ 则 $P\{X \leqslant 0.5\} = $ _____.

(4) 某型号电子管，其寿命（以 h 计）为一随机变量，概率密度为 $\varphi(x) = \begin{cases} \dfrac{100}{x^2}, & x \geqslant 100, \\ 0, & \text{其他}, \end{cases}$ 某一电子设备内配有三个这样的电子管，则电子管使用 150h 都不需要更换的概率为 _____.

(5) 已知 $X \sim \varphi(x) = \begin{cases} 12x^2 - 12x + 3, & 0 < x < 1, \\ 0, & \text{其他}, \end{cases}$ 则 $P\{X \leqslant 0.2 \mid 0.1 < X \leqslant 0.5\} = $ _____.

3. 计算题：

(1) 已知 $X \sim \varphi(x) = \begin{cases} c\lambda e^{-\lambda x}, & x > a, \\ 0, & \text{其他} \end{cases} (\lambda > 0)$，求常数 c 及 $P\{a-1 < X \leqslant a+1\}$.

(2) 用随机变量 X 来描述掷一枚硬币的试验结果，并写出它的概率函数和分布函数.

(3) 自动生产线在调整之后出现废品的概率为 p，当在生产过程中出现废品时立即重新进行调整，求在两次调整之间生产的合格品数 X 的分布律.

(4) 已知 $X \sim \varphi(x) = \begin{cases} \dfrac{1}{2\sqrt{x}}, & 0 \leqslant x < 1, \\ 0, & \text{其他}, \end{cases}$ 求 X 的分布函数 $F(x)$，并画出 $F(x)$ 的图形.

第 13 章
随机变量的数字特征

核心内容讲解 53

随机变量的数字特征（1）

由上一章知道，一个随机变量的分布包含了关于这个随机变量的全部信息，它是对随机变量最完整的刻画．但是，求出随机变量的分布函数有时并不容易，而有时在许多实际问题中，我们并不需要知道随机变量的完整概率分布．举例来说，要比较两个班级学生的学习情况，如果考察的是某次考试的成绩，若把各班成绩都描述出来，虽然全面，但却使人不得要领，难以看出哪个班的成绩更好一些．而如果我们观察两个班的平均成绩以及该班每个学生成绩与平均成绩的偏差程度，虽然不如全班成绩的信息全面，但从平均值的角度却更直观地给出了两个班的成绩情况，是简明高效的信息．

这样的例子还可以举出很多，比如比较两批钢材的好坏，只需考虑其平均抗拉强度；比较不同射手的水平，只需比较其平均射击环数．从中可看出，某些与随机变量有关的数值，虽不能完整描述随机变量，但能反映随机变量中我们所关心的某些性质，我们把描述随机变量某些特征的数字，称为随机变量的数字特征．本章将介绍随机变量的两个常用数字特征：数学期望与方差．

13.1 随机变量的数学期望

13.1.1 数学期望的定义

1. 离散型随机变量数学期望的定义

概率论产生于对机遇性游戏的分析，最早研究的问题就是数学期望．问题是这样提出的：甲、乙两人用投硬币进行赌博，约定谁先赢三次就得到全部赌本 100 元，当甲赢了两次，而乙只赢了一次时，赌博被迫中断，试问该如何分配赌本？

这个问题如果按已赢次数的比例来分，即甲得赌本的 $\frac{2}{3}$，乙得 $\frac{1}{3}$ 就完全没考虑甲、乙可能再赢的次数．实际上在甲已赢两次，乙只赢了一次时，最多只需再玩两次就可以结束这次赌博，而再玩两次可能出现如下四种结果（见表 13-1）：

表 13-1

次数＼结果	ω_1	ω_2	ω_3	ω_4
1	甲(赢)	甲	乙	乙
2	甲	乙	甲	乙

其中前三种结果 ω_1、ω_2、ω_3 任一种发生都能使甲得 100 元. 只有当 ω_4 发生时甲得 0 元(即乙得 100 元), 由于这四种结果是等可能的, 故甲赢得 100 元的概率为 $\frac{3}{4}$, 乙得 0 元的概率为 $\frac{1}{4}$.

令甲所赢数 X 是一个随机变量, 则它仅只取两个值 $x_1=100$, $x_2=0$, 且

$$p_1=P(X=x_1)=\frac{3}{4}, \quad p_2=P(X=x_2)=\frac{1}{4},$$

从而甲应期望得到

$$100\times\frac{3}{4}+0\times\frac{1}{4}=75(元).$$

这实际是一种加权平均, 即: 若再继续此种赌博多次, 甲每次平均可得 75 元. 在这里, 期望值即获胜机会的平均值, 数学期望也由此作为随机变量的平均值的名称而延续下来.

定义 13.1 设 X 是离散型随机变量, 它的分布律为 $P\{X=x_i\}=p_i(i=1,2,\cdots,\infty)$.

若级数 $\sum_{i=1}^{\infty}x_ip_i$ 绝对收敛, 则称级数 $\sum_{i=1}^{\infty}x_ip_i$ 为随机变量 X 的数学期望或简称为期望, 记为 $E(X)$, 即

$$E(X)=\sum_{i=1}^{\infty}x_ip_i, \tag{13.1}$$

若级数 $\sum_{i=1}^{\infty}x_ip_i$ 不绝对收敛, 则 X 的期望不存在.

例 1 有甲、乙两射手, 他们击中的环数分别记为 X 和 Y, 且其概率分布分别为

X	8	9	10
P	0.3	0.2	0.5

Y	8	9	10
P	0.4	0.3	0.3

试评价两人的射击水平?

解 要比较两人的射击水平, 从分布上很难看出, 因此我们利用期望来比较:

$$E(X)=8\times0.3+9\times0.2+10\times0.5=9.2,$$
$$E(Y)=8\times0.4+9\times0.3+10\times0.3=8.9,$$

因为 $E(X)>E(Y)$, 所以可以认为甲的射击水平高于乙.

例 2 一批产品分一等品、二等品、三等品、等外品和废品

5 种，相应的概率分别为 0.6, 0.2, 0.1, 0.07, 0.03. 其产值分别为 6 元、4 元、2 元、1 元、0 元. 试求其产品的平均产值.

解 设产品的产值是随机变量 X，它的分布为

X	6	4	2	1	0
P	0.6	0.2	0.1	0.07	0.03

故产品的平均产值为
$$E(X) = 6 \times 0.6 + 4 \times 0.2 + 2 \times 0.1 + 1 \times 0.07 + 0 \times 0.03 = 4.67 (\text{元}).$$

例 3 某商场为了增加销量，特设实物奖励的办法来提升人气，每 100 万购物者设奖如表 13-2 所示：

表 13-2

奖别	特等奖	头等奖	二等奖	三等奖	纪念奖
奖品价值(元)	1500	500	70	3	0.5
个数	1	10	100	1000	10000

每个购物者平均可望得到多少价值的奖品？

解 设每个购物者能得到的奖品价值为随机变量 X，其概率分布为

X	1500	500	70	3	0.5	0
P	10^{-6}	10^{-5}	10^{-4}	10^{-3}	10^{-2}	$1 - \sum_{i=2}^{6} 10^{-i}$

从而
$$\begin{aligned} E(X) &= 10^{-6} \times (1500 + 500 \times 10 + 70 \times 10^2 + 3 \times 10^3 + 0.5 \times 10^4) \\ &= 0.0215 (\text{元}), \end{aligned}$$

可见每个购物者从活动中能期望得到的还不到 3 分钱，不过对商家来说不失为一种有效的营销手段.

2. 连续型随机变量的数学期望的定义

定义 13.2 设连续型随机变量 X 的分布密度为 $f(x)$，若广义积分 $\int_{-\infty}^{+\infty} x f(x) \mathrm{d}x$ 绝对收敛，则称广义积分 $\int_{-\infty}^{+\infty} x f(x) \mathrm{d}x$ 为随机变量的数学期望，即

$$E(X) = \int_{-\infty}^{+\infty} x f(x) \mathrm{d}x, \tag{13.2}$$

即连续型随机变量 X 的数学期望是它的分布密度 $f(x)$ 与 x 的乘积在无穷区间 $(-\infty, +\infty)$ 上的广义积分，前提条件是这个积分是绝对收敛的.

例 4 设连续型随机变量 X 的分布密度为
$$f(x) = \begin{cases} 3x^2, & 0 < x < 1, \\ 0, & \text{其他}, \end{cases}$$

试求它的数学期望 $E(X)$.

解 $E(X) = \int_{-\infty}^{+\infty} x f(x) \mathrm{d}x = \int_0^1 x \cdot 3x^2 \mathrm{d}x = \left(\frac{3x^4}{4}\right)_0^1 = \frac{3}{4}.$

例 5 设随机变量 X 具有概率密度

$$f(x) = \begin{cases} 1+x, & -1 \leqslant x < 0, \\ 1-x, & 0 \leqslant x < 1, \\ 0, & \text{其他}, \end{cases}$$

试求其期望.

解 $E(X) = \int_{-\infty}^{+\infty} x f(x) \mathrm{d}x = \int_{-1}^0 x(1+x) \mathrm{d}x + \int_0^1 x(1-x) \mathrm{d}x$

$= \left(\frac{x^2}{2} + \frac{x^3}{3}\right)_{-1}^0 + \left(\frac{x^2}{2} - \frac{x^3}{3}\right)_0^1 = 0.$

例 6 设随机变量 X 服从区间 (a,b) 上的均匀分布,试求其数学期望.

解 $E(X) = \int_a^b x \cdot \frac{1}{b-a} \mathrm{d}x = \frac{1}{b-a} \int_a^b x \mathrm{d}x = \frac{1}{b-a} \left(\frac{x^2}{2}\right)_a^b$

$= \frac{a+b}{2},$

由此可见均匀分布的期望正好是该区间的中点.

13.1.2 随机变量函数的数学期望

定理 13.1 设 Y 是随机变量 X 的连续函数,且 $Y = g(X)$.

(1) 若 X 是离散型随机变量,分布为 $P\{X = x_i\} = p_i$ ($i = 1, 2, \cdots$),则函数 $Y = g(X)$ 的数学期望为

$$E(Y) = E(g(X)) = \sum_{i=1}^{\infty} g(x_i) p_i. \qquad (13.3)$$

(2) 若 X 是连续型随机变量,密度函数为 $f(x)$,则

$$E(Y) = E(g(X)) = \int_{-\infty}^{+\infty} g(x) f(x) \mathrm{d}x. \qquad (13.4)$$

根据这条定理,在求 $E(Y)$ 时,不需要知道 Y 的分布,只需要知道 X 的分布就可以了.

例 7 设 X 的概率分布为

X	-1	0	1
P	$\frac{1}{4}$	$\frac{1}{4}$	$\frac{1}{2}$

求 $2X+1$ 的数学期望.

解 $E(2X+1) = [2 \times (-1) + 1] \times \frac{1}{4} + [2 \times 0 + 1] \times \frac{1}{4} +$

$(2 \times 1 + 1) \times \frac{1}{2} = \frac{3}{2}.$

例8 设随机变量 X 的密度函数为

$$f(x) = \begin{cases} 2-2x, & 0<x<1, \\ 0, & \text{其他}, \end{cases}$$

求 $E(X^2)$.

解 $E(X^2) = \int_{-\infty}^{+\infty} x^2 f(x) \mathrm{d}x = \int_0^1 x^2 (2-2x) \mathrm{d}x$

$= \left(\dfrac{2}{3}x^3 - \dfrac{2}{4}x^4\right) \Big|_0^1 = \dfrac{1}{6}.$

例9 设某种商品每周的需求量 X 为随机变量,且 $X \sim U[10,30]$,而经销商的进货数量为区间 $[10,30]$ 中的某个整数,经销商每销售一单位商品可获利 500 元,若供大于求则降价处理,每处理一单位商品亏损 100 元;若供不应求,可以外部调货供应,此时每单位商品仅获利 300 元. 问要使销售利润平均为 9280 元,应如何确定进货量?

解 因为 $X \sim U[10,30]$,故其概率密度为

$$f(x) = \begin{cases} \dfrac{1}{20}, & 10 \leqslant x \leqslant 30, \\ 0, & \text{其他}. \end{cases}$$

设进货量为 a,则利润为 $g(x,a)$,由题意知

$$g(x,a) = \begin{cases} 500a + (x-a) \times 300, & a < x \leqslant 30, \\ 500x - (a-x) \times 100, & 10 \leqslant x \leqslant a, \end{cases}$$

$$= \begin{cases} 300x + 200a, & a < x \leqslant 30, \\ 600x - 100a, & 10 \leqslant x \leqslant a, \end{cases}$$

期望利润为 $E[g(x,a)] = \int_{10}^{30} \dfrac{1}{20} g(x,a) \mathrm{d}x$

$= \dfrac{1}{20} \int_{10}^{a} (600x - 100a) \mathrm{d}x +$

$\quad \dfrac{1}{20} \int_{a}^{30} (300x + 200a) \mathrm{d}x$

$= \dfrac{1}{20} \left[\left(600 \cdot \dfrac{x^2}{2} - 100ax\right) \Big|_{10}^{a} + \right.$

$\quad \left.\left(300 \cdot \dfrac{x^2}{2} + 200ax\right) \Big|_{a}^{30} \right]$

$= -7.5a^2 + 350a + 5250,$

根据题目要求,应有

$$-7.5a^2 + 350a + 5250 \geqslant 9280,$$

由此得 $\dfrac{62}{3} \leqslant a \leqslant 26$,故进货量应不少于 21 个单位.

13.1.3 随机变量的数学期望的性质

(以下均假定随机变量 X 的期望存在)

性质 1 设 $X=C$，其中 C 为常数，则 $E(C)=C$. (13.5)
性质 2 $E(CX)=CE(X)$. (13.6)
性质 3 $E(X+Y)=E(X)+E(Y)$. (13.7)
这一性质可推广到任意有限个随机变量的情况.
性质 4 若 X,Y 相互独立，则 $E(XY)=E(X)E(Y)$.
(13.8)
这一性质可推广到有限个相互独立的随机变量的情况.

例 10 已知 $E(X)=2$，$E(Y)=3$，且 X、Y 相互独立，求 $E(2XY-2X+5Y+3)$.

解 根据期望的性质
$$E(2XY-2X+5Y+3)=2E(X)E(Y)-2E(X)+5E(Y)+3$$
$$=2\times 2\times 3-2\times 2+5\times 3+3=26.$$

例 11 已知 X、Y 相互独立，且分别服从在区间 $(0,2)$ 和区间 $(4,5)$ 上的均匀分布，试求 $E(XY)$.

解 根据均匀分布的结论可知 $E(X)=\dfrac{2+0}{2}=1$，$E(Y)=\dfrac{4+5}{2}=\dfrac{9}{2}$，

又因为 X、Y 相互独立，所以根据期望的性质 4 可得
$$E(XY)=E(X)E(Y)=1\times\dfrac{9}{2}=\dfrac{9}{2}.$$

13.2 方差

13.2.1 方差的概念

为了刻画随机变量的分布特征，单凭一个数字——随机变量的数学期望，往往是不够的. 例如，我们考察甲、乙两种品牌的手表，它们的走时误差分别为随机变量 X、Y，其它们分别有如下分布：

X	-1	0	1
P	0.1	0.8	0.1

Y	-2	-1	0	1	2
P	0.1	0.2	0.4	0.2	0.1

核心内容讲解 54
随机变量的数字特征（2）

显然，它们的数学期望 $E(X)=E(Y)=0$，那是不是甲、乙两种手表的质量相当呢？我们仔细分析一下它们的分布，可以发现乙表的走时误差比较分散，相对而言甲表的走时则较稳定，即这两个随机变量期望没什么差别，但从取值的分散角度上看还是有区别的，为了描述这种区别，我们引入随机变量分布的另一重要特征——方差.

定义 13.3 设 X 是一随机变量，若 $E[X-E(X)]^2$ 存在，

则称它为随机变量 X 的方差，记作 $D(X)$，即

$$D(X)=E[X-E(X)]^2. \tag{13.9}$$

若 X 是离散型随机变量，其概率分布律为 $P\{X=x_i\}=p_i$ $(i=1,2,\cdots)$，则

$$D(X)=\sum_{i=1}^{\infty}[x_i-E(X)]^2 p_i. \tag{13.10}$$

若 X 为连续型随机变量，其密度函数为 $f(x)$，则

$$D(X)=\int_{-\infty}^{+\infty}[x-E(X)]^2 f(x)\mathrm{d}x. \tag{13.11}$$

由方差的定义可知，方差小，说明随机变量所取的值密集在数学期望左右；反之则说明随机变量取的值与其期望差异较大，比较分散，所以方差是描述随机变量取值分散程度的一个量.

在方差的计算中，常采用如下简化公式：

$$D(X)=E(X^2)-[E(X)]^2 \tag{13.12}$$

事实上，根据期望的性质

$$\begin{aligned}D(X)&=E[X-E(X)]^2=E\{X^2-2X\cdot E(X)+[E(X)]^2\}\\&=E(X^2)-2E(X)E(X)+[E(X)]^2\\&=E(X^2)-[E(X)]^2.\end{aligned}$$

现在我们回过来看上面的例子：

$$D(X)=E(X^2)-[E(X)]^2=(-1)^2\times 0.1+1^2\times 0.1-0=0.2,$$
$$D(Y)=E(Y^2)-[E(Y)]^2=(-2)^2\times 0.1+(-1)^2\times 0.2+1^2\times 0.2+2^2\times 0.1-0=1.2.$$

由此看出甲、乙平均误差值虽一样，但乙表的误差偏离平均值较大，故甲表质量较好.

例 12 设随机变量 X 服从 $(0-1)$ 分布，试求其方差.

解 $E(X)=1\times p+0\times q=p$（记 $1-p=q$），
$E(X^2)=1^2\times p+0^2\times q=p$，
$D(X)=E(X^2)-[E(X)]^2=p-p^2=p(1-p)=pq.$

例 13 某射手击中的环数为随机变量 X，该变量有如下分布

X	7	8	9	10
P	0.2	0.1	0.4	0.3

求其击中环数的方差.

解 $E(X)=7\times 0.2+8\times 0.1+9\times 0.4+10\times 0.3=8.8,$
$E(X^2)=7^2\times 0.2+8^2\times 0.1+9^2\times 0.4+10^2\times 0.3=78.6$
$D(X)=E(X^2)-[E(X)]^2=78.6-(8.8)^2=1.16.$

例 14 求例 5 中的 $D(X)$.

解 已知 $E(X)=\int_{-1}^{0}x(1+x)\mathrm{d}x+\int_{0}^{1}x(1-x)\mathrm{d}x=0$，且

$$E(X^2) = \int_{-1}^{0} x^2(1+x)dx + \int_{0}^{1} x^2(1-x)dx$$
$$= \left(\frac{x^3}{3} + \frac{x^4}{4}\right)\bigg|_{-1}^{0} + \left(\frac{x^3}{3} - \frac{x^4}{4}\right)\bigg|_{0}^{1} = \frac{1}{6},$$

所以
$$D(X) = E(X^2) - [E(X)]^2 = \frac{1}{6}.$$

例 15 设随机变量 X 服从区间 (a,b) 上的均匀分布，即

$$f(x) = \begin{cases} \dfrac{1}{b-a}, & a<x<b, \\ 0, & 其他. \end{cases}$$

求其方差.

解 已知 $E(X) = \dfrac{a+b}{2},$

$$E(X^2) = \int_a^b x^2 \frac{1}{b-a} dx = \frac{b^3-a^3}{3(b-a)} = \frac{b^2+ab+a^2}{3},$$

$$D(X) = E(X^2) - [E(X)]^2 = \frac{b^2+ab+a^2}{3} - \left(\frac{b+a}{2}\right)^2 = \frac{(b-a)^2}{12}.$$

13.2.2 随机变量的方差的性质

（以下均假定随机变量 X 的方差存在）

性质 1 $D(C) = 0$ （C 为常数）． (13.13)

性质 2 $D(aX+b) = a^2 D(X)$ （a、b 为常数）． (13.14)

性质 3 若 X 与 Y 相互独立，则 $D(X+Y) = D(X) + D(Y).$

(13.15)

注：性质 3 可以推广到有限个相互独立的随机变量的情形．

例 16 已知 $D(X) = 2$，$D(Y) = 3$，且 X 与 Y 相互独立，求 $D(3X-2Y)$.

解 由方差的性质 2 可知
$$D(3X-2Y) = 9D(X) + (-2)^2 D(Y) = 18 + 12 = 30.$$

13.2.3 常见分布的期望和方差

1. (0—1) 分布

设随机变量 $X \sim (0,1)$，则
$$E(X) = p, D(X) = pq.$$

2. 二项分布

设随机变量 $X \sim B(n,p)$，则
$$E(X) = np, D(X) = np(1-p).$$

由此可见，二项分布的数学期望等于参数 n 与 p 的乘积．

3. 泊松分布

设随机变量 $X \sim P(\lambda)$ 则
$$E(X) = \lambda, D(X) = \lambda,$$

即泊松分布的期望和方差等于 λ.

4. 均匀分布

设随机变量 $X \sim U[a,b]$ 则
$$E(X) = \frac{a+b}{2}, \quad D(X) = \frac{(b-a)^2}{12}.$$

由此可见均匀分布的期望正好是随机变量分布的中点,而其方差则与分布区间长度的平方成正比.

5. 指数分布

设随机变量 $X \sim E(\lambda)$,则
$$E(X) = \frac{1}{\lambda}, \quad D(X) = \frac{1}{\lambda^2}.$$

6. 正态分布

设随机变量 $X \sim N(\mu, \sigma^2)$,则
$$E(X) = \mu, \quad D(X) = \sigma^2.$$

即正态分布 $N(\mu, \sigma^2)$ 中的两个参数 μ、σ^2 分别是随机变量的数学期望和方差. 因此,正态随机变量的分布完全由它的数学期望和方差所决定.

例 17 设 X 表示 10 次独立重复射击命中目标的次数,每次击中目标的概率为 0.4,求 $E(X^2)$.

解 显然 $X \sim B(10, 0.4)$. 利用 $D(X) = E(X^2) - [E(X)]^2$,得
$$E(X^2) = D(X) + [E(X)]^2.$$

根据二项分布的期望和方差公式,得
$$E(X) = np = 10 \times 0.4 = 4, \quad D(X) = 10 \times 0.4 \times 0.6 = 2.4,$$
所以
$$E(X^2) = D(X) + [E(X)]^2 = 2.4 + 4^2 = 18.4.$$

表 13-3 是对几种重要分布的数字特征的总结:

表 13-3

名称	参数	概率分布律或概率密度函数	数学期望	方差
0—1 分布	$p(0<p<1)$	$P\{X=k\} = p^k(1-p)^{1-k}$	p	$p(1-p)$
二项分布	n, p	$P\{X=k\} = C_n^k p^k (1-p)^{n-k}$	np	$np(1-p)$
泊松分布	$\lambda(\lambda>0)$	$P\{X=k\} = \frac{\lambda^k}{k!} e^{-\lambda}$	λ	λ
均匀分布	$a, b(a<b)$	$f(x) = \begin{cases} \frac{1}{b-a}, & a<x<b \\ 0, & \text{其他} \end{cases}$	$\frac{a+b}{2}$	$\frac{(b-a)^2}{12}$
指数分布	$\lambda(\lambda>0)$	$f(x) = \begin{cases} \lambda e^{-\lambda x}, & x \geq 0 \\ 0, & x<0 \end{cases}$	$\frac{1}{\lambda}$	$\frac{1}{\lambda^2}$
一般正态分布	μ, σ	$\varphi(x) = \frac{1}{\sqrt{2\pi}\sigma} e^{-\frac{(x-\mu)^2}{2\sigma^2}}$	μ	σ^2
标准正态分布	$\mu=0, \sigma=1$	$\varphi_0(x) = \frac{1}{\sqrt{2\pi}} e^{-\frac{x^2}{2}}$	0	1

第 13 章 习 题

1. 多项选择题：

(1) 设 X 的分布函数为 $F(x)$，而 $F(x)=\begin{cases}0, & x<0,\\ x^3, & 0\leqslant x\leqslant 1,\\ 1, & x>1,\end{cases}$ 则 $E(X)=(\quad)$.

A. $\int_0^{+\infty} x^4 \mathrm{d}x$
B. $\int_0^1 x^4 \mathrm{d}x + \int_1^{+\infty} x \mathrm{d}x$
C. $\int_0^1 3x^2 \mathrm{d}x$
D. $\int_0^1 3x^3 \mathrm{d}x$

(2) 设随机变量 $X \sim B(100, 0.3)$，则 $E(X)=(\quad)$.

A. 3   B. 30   C. 300   D. 21

(3) 如果 X 与 Y 独立，则（　　）.

A. $\mathrm{Cov}(X,Y)=0$
B. $D(X\pm Y)=D(X)+D(Y)$
C. $D(XY)=D(X)\cdot D(Y)$
D. $D(\xi-\eta)=D(X)-D(Y)$

(4) 设 X 与 Y 独立，其方差分别为 6 和 3，则 $D(2X-Y)=(\quad)$.

A. 9   B. 15   C. 21   D. 27

(5) 人的体重 $X \sim \varphi(x)$，$E(X)=a$，$D(X)=b$，10 个人的平均体重记作 Y，则（　　）成立.

A. $E(Y)=a$
B. $E(Y)=0.1a$
C. $D(Y)=b$
D. $D(Y)=0.1b$

2. 填空题：

(1) 连续型随机变量 X 的概率密度为
$\varphi(x)=\begin{cases}kx^a, & 0<x<1,\\ 0, & \text{其他} \quad (k,a>0),\end{cases}$
又知 $E(X)=0.75$，则 $k=\underline{\quad\quad}$，$a=\underline{\quad\quad}$.

(2) 设 X 有分布函数 $F(x)=\begin{cases}1-\mathrm{e}^{-\lambda x}, & x>0,\\ 0, & \text{其他},\end{cases}$ 则 $E(X)=\underline{\quad\quad}$，$D(X)=\underline{\quad\quad}$.

(3) 假定每人生日在各个月份的机会是相等的，则三个人中生日在第一个季度的平均人数为 _____.

(4) 一个螺钉的重量是随机变量，期望值为 10g，标准差为 1g. 则一盒 100 个的同型号螺钉重量的期望值为 _____，标准差为 _____.（假设每个螺钉的重量都不受其他螺钉重量的影响）

(5) 如果 X 服从 $0-1$ 分布，又知 X 取 1 的概率为它取 0 的概率的两倍，则 $E(X)=$ _____ .

3. 计算题

(1) 已知 100 个产品中有 10 个次品，求任意取出的 5 个产品中次品数的期望值.

(2) 设 $X \sim \varphi(x) = \begin{cases} \dfrac{1}{\pi\sqrt{1-x^2}}, & |x|<1, \\ 0, & \text{其他}, \end{cases}$ 求 $E(X)$ 及 $D(X)$.

(3) 事件 A 在每次试验中出现的概率是 0.2，进行 5 次独立试验，求：① 出现次数的平均值和标准差；② 最可能出现的次数.

(4) 一批灯泡的"寿命" X 服从指数分布，如果它的平均寿命 $E(X)=100$，写出 X 的概率密度函数，计算 $P\{\xi \geqslant 1000\}$.

(5) 一批零件中有 9 个合格品与 3 个废品，在安装机器时，从这批零件中任取一个，如果取出的是废品就不再放回去. 求在取得合格品以前，已经取出的废品数的数学期望和方差.

第 14 章

数理统计初步

前面介绍的概率论基本内容为数理统计学奠定了重要的理论基础. 本章进入数理统计的初步学习, 数理统计研究的内容十分丰富, 其重要分支有参数估计、假设检验、试验设计、抽样调查、多元分析、回归分析、时间序列分析、贝叶斯统计、统计预测与决策等. 随着科学技术和计算机的发展, 数理统计已广泛渗透到许多学科中, 被大量应用于指导各领域的生产工作, 如生物统计、医学统计、气象统计、地质统计、大数据等. 本章主要介绍数理统计的基本概念、参数估计、假设检验等原理.

数学文化扩展阅读 21
数理统计学的发展历程

数理统计与概率论一样, 都是研究随机现象的统计规律性, 它以概率论为基础, 根据试验或观察得到的数据来研究随机现象, 以便对研究对象的客观规律性做出合理的估计和判断.

由于大量随机现象必然呈现它的规律性, 只要对随机现象进行足够多次观察, 所研究对象的规律性就一定能清楚地呈现出来. 但实际上, 有些时候我们往往无法对研究对象的全体进行观察, 只能抽取其中一部分进行观察以获得有限的数据来对研究对象的全体做出某种推断.

数理统计的任务就是研究怎样有效地收集、整理、分析所获得的有限数据, 对所研究的问题, 尽可能地做出精确而可靠的结论.

14.1 总体与样本

研究对象的全体称为总体, 构成总体的每个基本单位称为个体; 从总体中抽取出来的若干个体组成的集合, 称为样本, 样本中所含的个体数, 称为样本容量. 例如, 某高校共有 1500 名大学生, 为调查该校学生的每月消费情况, 现从 1500 名大学生中随机抽取出 150 名进行详细调查. 其中 1500 名大学生的月消费就是总体, 每一位大学生的月消费都是总体中的个体, 随机抽取出的 150 名大学生就是样本, 样本容量为 150.

总体的取值情况一般是未知的, 并且总体取值受每位个体的影响, 所以在数理统计中将总体视为一随机变量 X, 样本就是 n 个相互独立且与总体同分布的随机变量 $X_1, X_2, \cdots, X_n$, 每一次抽样所得到的数据均可视为随机变量 $X_1, X_2, \cdots, X_n$ 的一组观察值,记为 $x_1, x_2, \cdots, x_n$. 随机变量 X 的分布称为总体分布. 为了了解总体分布,可从总体中进行随机抽样,按抽样方式可分为不重复抽样和重复抽样,进行重复抽样所得的随机样本,称为简单随机样本.

14.2 统计量及其分布

数理统计要解决的基本问题是:借助于样本 $X_1, X_2, \cdots, X_n$ 对总体 X 的未知分布进行推断. 这类问题称为统计推断问题. 为此,我们需要对样本进行提炼和加工,即构造样本的适当函数——称为统计量,利用统计量所提供的信息来对总体 X 分布的类型或分布中的未知参数进行推断.

14.2.1 统计量

样本 $X_1, X_2, \cdots, X_n$ 的不含未知参数的函数,称为统计量. 因为样本是随机变量,所以作为样本函数的统计量,也是随机变量.

常用的统计量有:

样本均值 $\quad \bar{X} = \dfrac{1}{n} \sum\limits_{i=1}^{n} X_i.$

样本方差 $\quad S_*^2 = \dfrac{1}{n} \sum\limits_{i=1}^{n} (X_i - \bar{X})^2.$

样本修正方差(n 较小时)$S^2 = \dfrac{1}{n-1} \sum\limits_{i=1}^{n} (X_i - \bar{X})^2.$

样本标准差 $\quad S_* = \sqrt{\dfrac{1}{n} \sum\limits_{i=1}^{n} (X_i - \bar{X})^2}.$

样本修正标准差(n 较小时)$S = \sqrt{\dfrac{1}{n-1} \sum\limits_{i=1}^{n} (X_i - \bar{X})^2}.$

样本 k 阶原点矩 $\quad A_k = \dfrac{1}{n} \sum\limits_{i=1}^{n} X_i^k.$

样本 k 阶中心矩 $\quad B_k = \dfrac{1}{n} \sum\limits_{i=1}^{n} (X_i - \bar{X})^k.$

样本修正方差和样本方差有所不同,其中样本修正是对总体方差的无偏估计,所以样本修正方差比样本方差更常用. 同理,样本修正标准差也是如此.

例 1 假设一组样本观测数据为 $(3, 4, 5, 6, 7)$,那么 $\bar{X} = \dfrac{(3+4+5+6+7)}{5} = 5,$

$$S^2 = \frac{1}{4}[(3-5)^2 + (4-5)^2 + (5-5)^2 + (6-5)^2 + (7-5)^2] = 2.5,$$

$$S = \sqrt{2.5} \approx 1.581,$$

$$A_1 = \frac{1}{n}\sum_{i=1}^{n}X_i = \bar{X} = 5, \quad A_2 = \frac{1}{n}\sum_{i=1}^{n}X_i^2$$

$$= \frac{1}{5}(3^2 + 4^2 + 5^2 + 6^2 + 7^2) = 27,$$

$$A_3 = \frac{1}{n}\sum_{i=1}^{n}X_i^3 = \frac{1}{5}(3^3 + 4^3 + 5^3 + 6^3 + 7^3) = 155, \quad \cdots$$

$$B_1 = \frac{1}{n}\sum_{i=1}^{n}(X_i - \bar{X})$$

$$= \frac{1}{5}[(3-5) + (4-5) + (5-5) + (6-5) + (7-5)] = 0,$$

$$B_2 = \frac{1}{n}\sum_{i=1}^{n}(X_i - \bar{X})^2 = S^2 = 2,$$

$$B_3 = \frac{1}{n}\sum_{i=1}^{n}(X_i - \bar{X})^3$$

$$= \frac{1}{5}[(3-5)^3 + (4-5)^3 + (5-5)^3 + (6-5)^3 + (7-5)^3] = 0, \quad \cdots$$

14.2.2 几种常用统计量的分布

1. 正态分布

设 $X_1, X_2, \cdots, X_n$ 相互独立，X_i 服从正态分布 $N(\mu_i, \sigma_i^2)$，则它们的线性函数 $Y = \sum_{i=1}^{n}a_iX_i$（a_i 不全为零）也服从正态分布，且 $Y \sim N(\sum_{i=1}^{n}a_i\mu_i, \sum_{i=1}^{n}a_i^2\sigma_i^2)$.

正态分布的性质：

(1) 正态分布的概率密度函数图像关于 $x = \mu$ 对称；

(2) 函数图像在 $x = \mu$ 处取到最大值.

2. χ^2 分布

设 $X_1, X_2, \cdots, X_n$ 独立，且均服从标准正态分布 $N(0,1)$，则

$$\chi^2 = X_1^2 + X_2^2 + \cdots + X_n^2 = \sum_{i=1}^{n}X_i^2$$

的分布称为自由度为 n 的 χ^2 分布，记为 $\chi^2 \sim \chi^2(n)$.

χ^2 分布的性质：

(1) 若 $X \sim \chi^2(n)$，$Y \sim \chi^2(m)$，且 X 与 Y 独立，则 $X + Y \sim \chi^2(m+n)$；

(2) 若 $X \sim \chi^2(n)$，则 $E(X) = n$，$D(X) = 2n$.

3. F 分布

设 $X \sim \chi^2(m)$, $Y \sim \chi^2(n)$, 且 X 与 Y 独立, 则称 $F = \dfrac{X/m}{Y/n}$ 的分布为自由度为 (m,n) 的 F 分布, 记为 $F \sim F(m,n)$, 其中 m、n 分别为分子和分母的自由度.

F 分布的性质:

(1) 若 $F \sim F(m,n)$, 则 $\dfrac{1}{F} \sim F(n,m)$;

(2) $F_{1-\alpha}(m,n) = \dfrac{1}{F_\alpha(n,m)}$, 其中 F_α 满足 $P\{F > F_\alpha(n,m)\} = \alpha$.

4. t 分布

设随机变量 X 服从 $N(0,1)$, $Y \sim \chi^2(n)$, 且 X 与 Y 独立, 则称 $T = \dfrac{X}{\sqrt{Y/n}}$ 的分布为自由度为 n 的 t 分布, 记为 $t \sim t(n)$.

t 分布的性质:

(1) t 分布的密度函数的图形关于 y 轴对称;

(2) 当 n 充分大时, t 分布近似于标准正态分布.

14.2.3 几个重要的抽样分布定理

当总体为正态分布时, 给出几个重要的抽样分布定理.

定理 14.1 设 $X_1, X_2, \cdots, X_n$ 是来自某个正态分布 $N(\mu, \sigma^2)$ 的样本, $\overline{X}$ 为样本均值, 则有 $\overline{X} \sim N\left(\mu, \dfrac{1}{n}\sigma^2\right)$, 即 $\dfrac{\overline{X} - \mu}{\sigma/\sqrt{n}} \sim N(0,1)$.

定理 14.2 设 $X_1, X_2, \cdots, X_n$ 是来自某个正态分布 $N(\mu, \sigma^2)$ 的样本, $\overline{X}$ 和 S^2 分别是样本均值与修正样本方差, 则有

(1) $\dfrac{(n-1)S^2}{\sigma^2} \sim \chi^2(n-1)$;

(2) $\overline{X}$ 与 S^2 独立.

定理 14.3 设 $X_1, X_2, \cdots, X_n$ 是来自某个正态分布 $N(\mu, \sigma^2)$ 的样本, $\overline{X}$ 为样本均值, 则有 $\dfrac{(\overline{X} - \mu)}{S/\sqrt{n}} \sim t(n-1)$.

14.3 统计推断

数理统计的主要任务之一就是要用样本来估计总体的分布.

估计方法可分为非参数估计和参数估计. 当我们对总体的分布一无所知时, 用来估计总体分布的一种方法就是非参数估计. 在很多情况下, 我们对总体的分布并非一无所知, 总体分布的形式往往是已知的, 只是需要对其中一些未知参数做出估计. 这种估计称为参数估计. 参数估计又可以分为两种, 一种是点估计, 另一种是区间估计. 本书中主要介绍参数估计.

数学文化扩展阅读 22
数学即音乐, 统计即文学

14.3.1 点估计方法

所谓点估计, 就是当总体分布的形式已知, 但其中含有 m (m 大于或等于 1) 个未知的参数时, 从样本 $X_1, X_2, \cdots, X_n$ 出发, 求出 m 个统计量, 并将其作为未知参数的估计. 通常用 $\hat{\theta}$ 来表示参数 θ 的估计. 下面介绍两种点估计方法.

1. 矩估计法

前面我们介绍了如何求解样本的 k 阶原点矩和 k 阶中心阶矩, 矩估计法的思想是用样本矩去估计总体矩, 用样本均值去估计总体的一阶原点矩, 用样本方差去估计总体的二阶中心矩. 因此, 当总体均值和总体方差未知时, 我们用样本均值的观测值 $\bar{x}$ 作为总体均值 μ 的估计值, 用样本方差的观测值 S^2 作为总体方差 σ^2 的估计值. 这就是总体均值和总体方差的点估计.

例 2 加工某种型号的零件, 从某日的产品中随机抽取 10 件, 测得长度数据 (单位: mm) 如下:

9.8, 9.9, 10.3, 10, 10.1, 9.7, 10.4, 9.6, 10.2, 10.1.

估计该日生产的这些螺母内径的均值和标准差.

解 $\bar{X} = \dfrac{1}{10}(9.8 + 9.9 + 10.3 + 10 + 10.1 + 9.7$
$+ 10.4 + 9.6 + 10.2 + 10.1) = 10.01 \text{(mm)}$,

$S^2 = \dfrac{1}{9}[(9.8 - 10.01)^2 + (9.9 - 10.01)^2 +$
$(10.3 - 10.01)^2 + (10 - 10.01)^2 + (10.1 - 10.01)^2 +$
$(9.7 - 10.01)^2 + (10.4 - 10.01)^2 + (9.6 - 10.01)^2 +$
$(10.2 - 10.01)^2 + (10.1 - 10.01)^2] = 0.068$,

$S = \sqrt{0.068} = 0.26 \text{(mm)}.$

螺母内径均值估计值为 10.01mm, 标准差估计值为 0.26mm.

2. 极大似然估计法

极大似然估计是一种经典的估计方法, 它的思想是选择这样的 $\hat{\theta}$, 用它作为参数 θ 的估计时, 使观察结果出现的可能性最大.

我们把样本联合概率密度或样本联合概率分布称为似然函数, 记为 $L(x_1, x_2, \cdots, x_n; \theta)$ 或简记为 L. 连续随机变量的似然函数

数学文化扩展阅读 23
极大似然估计——兰波特与丹尼尔·伯努利

为样本的联合概率密度，即 $L(x_1,x_2,\cdots,x_n;\theta)=\prod\limits_{i=1}^{n}\varphi(x_i;\theta)$，其中 $\varphi(x_i;\theta)$ 为连续随机变量的概率密度函数．离散随机变量的似然函数为样本的概率分布，即 $L(x_1,x_2,\cdots,x_n;\theta)=\prod\limits_{i=1}^{n}p(x_i;\theta)$，其中 $p(x_i;\theta)$ 为离散随机变量的概率函数．

求解步骤如下：

（1）写出似然函数 $L(x_1,x_2,\cdots,x_n;\theta)=\prod\limits_{i=1}^{n}\varphi(x_i;\theta)$ 或 $L(x_1,x_2,\cdots,x_n;\theta)=\prod\limits_{i=1}^{n}p(x_i;\theta)$；

（2）取似然函数的自然对数 $\ln L$，称为对数似然函数；

（3）对数似然函数关于未知参数 θ 求一阶导数，并令一阶导数为零：

$$\frac{\mathrm{d}\ln L}{\mathrm{d}\theta}=0.$$

当然，极大似然估计法也适用分布中含多个未知参数 $\theta_1,\theta_2,\cdots,\theta_m$ 的情况，这时对数似然函数 $\ln L$ 关于这些参数求一阶偏导数，并令一阶偏导数为零：

$$\begin{cases}\dfrac{\partial\ln L}{\partial\theta_1}=0,\\[4pt]\dfrac{\partial\ln L}{\partial\theta_2}=0,\\[2pt]\quad\vdots\\[2pt]\dfrac{\partial\ln L}{\partial\theta_m}=0.\end{cases}$$

（4）求方程组的解．通常情况下，$\ln L$ 的最大值就在一阶导数（或偏导数）等于零的点处取得．

例3 假设总体 X 服从的概率密度函数为

$$\varphi(x)=\begin{cases}\lambda x^{\lambda-1}, & 0<x<1,\\ 0, & \text{其他}\end{cases}\quad(\lambda>0),$$

为估计概率密度函数中的未知参数，现从总体中抽取一组观察值 $(x_1,x_2,\cdots,x_n)$，试用极大似然法估计出概率密度函数 $\varphi(x)$ 中的未知参数 λ．

解 似然函数为

$$L(x_1,x_2,\cdots,x_n;\lambda)=\prod_{i=1}^{n}\varphi(x_i;\lambda)=\prod_{i=1}^{n}\lambda x_i^{\lambda-1}=\lambda^n\left(\prod_{i=1}^{n}x_i\right)^{\lambda-1},$$

对似然函数取自然对数，有

$$\ln L(x_1,x_2,\cdots,x_n;\lambda)=n\ln\lambda+(\lambda-1)\sum_{i=1}^{n}\ln x_i,$$

令 $\dfrac{\mathrm{d}\ln L}{\mathrm{d}\lambda} = \dfrac{n}{\lambda} + \sum_{i=1}^{n} \ln x_i = 0$，得

$$\hat{\lambda} = -\dfrac{n}{\sum\limits_{i=1}^{n} \ln x_i},$$

这就是参数 λ 的最大似然估计.

例 4 假设例 3 中的样本观察值为如下数据：

100， 102， 101， 107， 105，
103， 100， 110， 98， 104.

试求解 λ 的最大似然估计值.

解 由例 3 知

$$\hat{\lambda} = -\dfrac{n}{\sum\limits_{i=1}^{n} \ln x_i},$$

将具体的样本观察数值代入上式，得 $\hat{\lambda} = -0.2158$.

14.3.2 区间估计

前面，我们讨论了参数的点估计，它是利用由样本算得的一个值去估计未知参数. 但是，点估计值仅仅是未知参数的一个近似值，它并没有反映出这个近似值的误差范围，所以使用起来把握不大. 区间估计正好弥补了点估计的这个缺陷. 也就是说，我们希望确定一个置信区间，使我们能以比较高的可靠程度相信它包含真参数值.

这里所说的"可靠程度"是用概率来度量的，称为置信度或置信水平. 习惯上把置信水平记作 $1-\alpha$，其中 α 是一个很小的正数. 置信水平的大小是根据实际需要选定的.

设 θ 是总体分布的未知参数，若由样本确定的两个统计量为 $\hat{\theta}_1$ 和 $\hat{\theta}_2$，它们对给定的概率 $\alpha(0<\alpha<1)$ 满足 $P\{\hat{\theta}_1 < \theta < \hat{\theta}_2\} = 1-\alpha$，则称随机区间 $(\hat{\theta}_1, \hat{\theta}_2)$ 为 θ 的置信度为 $1-\alpha$ 的置信区间.

(1) 总体服从正态分布，已知方差 σ^2，求均值 μ 的区间估计.

① 构造统计量 U，并确定其分布：

$$U = \dfrac{\bar{X} - \mu}{\sigma/\sqrt{n}} \sim N(0,1);$$

② 对给定的置信水平 $1-\alpha$，查正态分布表得临界值 w，使

$$P\left\{ \left| \dfrac{\bar{X} - \mu}{\sigma/\sqrt{n}} \right| \leqslant w \right\} = 1-\alpha,$$ 即

$$P\left\{ \bar{X} - w\dfrac{\sigma}{\sqrt{n}} \leqslant \mu \leqslant \bar{X} + w\dfrac{\sigma}{\sqrt{n}} \right\} = 1-\alpha,$$

从而所求 μ 的置信区间为 $\left[\bar{X}-w\dfrac{\sigma}{\sqrt{n}}, \bar{X}+w\dfrac{\sigma}{\sqrt{n}}\right]$，也可以简记为 $\left[\bar{X}\pm w\dfrac{\sigma}{\sqrt{n}}\right]$；

③ 代入给定的样本值，计算即可.

例 5 设某种清漆的 9 个样品，其干燥时间（以小时计）分别为 6.0,5.7,5.8,6.5,7.0,6.3,5.6,6.1,5.0.

假定干燥时间总体服从正态分布 $N(\mu, \sigma^2)$，若由以往经验知 $\sigma=0.6$（小时），求这种清漆平均干燥时间 μ 的置信度为 0.95 的置信区间.

解 构造统计量：$U=\dfrac{\bar{X}-\mu}{\sigma/\sqrt{n}}\sim N(0,1)$.

查正态分布表可知，$P\{|u|\leqslant 1.96\}=0.95$，其中，$1-\alpha=0.95$ 是根据需要选定的；1.96 是在 $1-\alpha$ 选定后，由标准正态分布表查得的.

所以 $P\left\{\left|\dfrac{\bar{X}-\mu}{\sigma/\sqrt{n}}\right|\leqslant 1.96\right\}=0.95$，

即

$$P\left\{\bar{X}-1.96\dfrac{\sigma}{\sqrt{n}}\leqslant\mu\leqslant\bar{X}+1.96\dfrac{\sigma}{\sqrt{n}}\right\}=0.95,$$

故 μ 的置信度为 0.95 的置信区间为

$$\left[\bar{X}-1.96\dfrac{\sigma}{\sqrt{n}}, \bar{X}+1.96\dfrac{\sigma}{\sqrt{n}}\right].$$

代入具体数据，$n=9, \sigma=0.6, \bar{X}=\dfrac{6.0+5.7+\cdots+5.0}{9}=6$，则

$$\bar{X}-1.96\dfrac{\sigma}{\sqrt{n}}=6-1.96\times\dfrac{0.6}{\sqrt{9}}=5.608,$$

$$\bar{X}+1.96\dfrac{\sigma}{\sqrt{n}}=6+1.96\times\dfrac{0.6}{\sqrt{9}}=6.392,$$

故所求置信区间为 (5.608, 6.392).

(2) 总体服从正态分布，方差 σ^2 未知，求均值 μ 的区间估计.

① 构造统计量 t，并确定其分布：

$$T=\dfrac{\bar{X}-\mu}{S/\sqrt{n}}\sim t(n-1);$$

② 对给定的置信水平 $1-\alpha$，查自由度为 $n-1$ 的 t 分布表得临界值 w，使 $P\{|t|\leqslant w\}=1-\alpha$，即

$$P\left\{\bar{X}-w\frac{S}{\sqrt{n}}\leqslant\mu\leqslant\bar{X}+w\frac{S}{\sqrt{n}}\right\}=1-\alpha,$$

从而求得 μ 的置信区间为 $\left[\bar{X}-w\frac{S}{\sqrt{n}},\bar{X}+w\frac{S}{\sqrt{n}}\right]$，也可以简记为 $\left[\bar{X}\pm w\frac{S}{\sqrt{n}}\right]$；

③ 代入给定的样本值，计算即可.

例 6 在例 5 中，若 σ 为未知，求这种清漆平均干燥时间 μ 的置信度为 0.95 的置信区间.

解 由给定的样本值计算得 $\bar{X}=6.0$，$S^2=\frac{1}{8}\sum_{i=1}^{9}(X_i-\bar{X})^2=\frac{1}{8}\times 2.64=0.33$.

由给定的置信水平 $1-\alpha=0.95$，查自由度为 8 的 t 分布表使 $P\{|t|\leqslant w\}=1-\alpha$，得临界值 $w=2.306$，$w\frac{S}{\sqrt{n}}=2.306\times\frac{\sqrt{0.33}}{\sqrt{9}}=0.442$.

故 μ 的置信度为 0.95 的置信区间为 $\left(6.0\pm\frac{\sqrt{0.33}}{3}\times 2.3060\right)=(5.558,6.442)$.

(3) 总体服从正态分布，均值 μ 未知，求方差 σ^2 的区间估计.

① 构造统计量 χ^2，并确定其分布：

$$\chi^2=\frac{(n-1)S^2}{\sigma^2}\sim\chi^2(n-1);$$

② 对给定的置信水平 $1-\alpha$，使 $P\{\chi^2<w_1\}=P\{\chi^2>w_2\}=\frac{\alpha}{2}$，得

$$P\{\chi^2>w_1\}=1-\frac{\alpha}{2},P\{\chi^2>w_2\}=\frac{\alpha}{2},$$

查自由度为 $n-1$ 的 χ^2 分布表得临界值 w_1 和 w_2，由 $P\{\chi^2<w_1\}=P\{\chi^2>w_2\}=\frac{\alpha}{2}$. 得 $P\{w_1<\chi^2<w_2\}=1-\alpha$，即

$$P\left\{w_1<\frac{(n-1)S^2}{\sigma^2}<w_2\right\}=1-\alpha,$$

从而求得 σ^2 的置信区间为 $\left[\frac{(n-1)S^2}{w_2}<\sigma^2<\frac{(n-1)S^2}{w_1}\right]$，也可以简记为 $\left[\frac{(n-1)S^2}{w_2},\frac{(n-1)S^2}{w_1}\right]$；

③ 代入给定的样本值，计算即可.

显然，标准差 σ 的置信区间为 $\left[\sqrt{\dfrac{(n-1)S^2}{w_2}}, \sqrt{\dfrac{(n-1)S^2}{w_1}}\right]$.

例7 随机地取某种炮弹 9 发做试验，得炮弹口速度的样本标准差为 $S=11(\mathrm{m/s})$. 设炮口速度服从正态分布. 求这种炮弹的炮口速度的标准差 σ 的置信度为 0.95 的置信区间.

解 σ 的置信度为 0.95 的置信区间为

$$\left(\sqrt{\dfrac{(n-1)S^2}{w_2}}, \sqrt{\dfrac{(n-1)S^2}{w_1}}\right),$$

其中 $1-\alpha=0.95, n=9.$

由 $P\{\chi^2>w_1\}=1-\dfrac{\alpha}{2}, P\{\chi^2>w_2\}=\dfrac{\alpha}{2}$，查自由度为 8 的 χ^2 表知 $w_2=17.535, w_1=2.180$. 代入数值，得

$$\left(\sqrt{\dfrac{(n-1)S^2}{w_2}}, \sqrt{\dfrac{(n-1)S^2}{w_1}}\right)=\left(\dfrac{\sqrt{8}\times 11}{\sqrt{17.535}}, \dfrac{\sqrt{8}\times 11}{\sqrt{2.18}}\right)=(7.4, 21.1).$$

最后需要指出：以上讨论的各种区间估计的方法都是针对正态总体而言的，当 X 不是正态总体时，只要 μ 和 σ^2 都存在，并且 n 足够大，即所谓大样本的情形，我们仍然可以用本章所讲的方法，对 μ 和 σ^2 近似地进行区间估计.

例8 某种果汁饮料，含维生素 C，现随机地取 6 瓶这种果汁，含维 C 的方差为 $\sigma^2=2.5$（单位：mg/100mL），设果汁中含有的维生素 C 服从正态分布. 求这种果汁含有维生素 C 的方差 σ^2 在 0.95 的置信度下的置信区间.

解 σ^2 的置信度为 0.95 的置信区间为

$$\left(\dfrac{(n-1)S^2}{w_2}, \dfrac{(n-1)S^2}{w_1}\right),$$

其中 $1-\alpha=0.95$，$n=6$.

由 $P\{\chi^2>w_1\}=1-\dfrac{\alpha}{2}, P\{\chi^2>w_2\}=\dfrac{\alpha}{2}$，查自由度为 5 的 χ^2 表知 $w_1=0.831$，$w_2=12.8$. 代入数值，得

$$\left(\dfrac{(n-1)S^2}{w_2}, \dfrac{(n-1)S^2}{w_1}\right)=\left(\dfrac{5\times 2.5}{12.8}, \dfrac{5\times 2.5}{0.831}\right)=(0.98, 15.04).$$

14.4 假设检验

数学文化扩展阅读 24
聊聊假设检验

1. 假设检验的基本思想

我们将讨论不同于参数估计的另一类重要的统计推断问题即假设检验，假设检验是数理统计的重要内容，是先对总体的未知数量特征做出某种假设，然后抽取样本，利用样本信息对假设的正确性进行判断的过程. 在统计学上，把小概率事件在一次试验

中看成是实际不可能发生的事件称为小概率事件实际不可能性原理,亦称为小概率原理. 小概率事件实际不可能性原理是统计学上进行假设检验(显著性检验)的基本依据.

自然界中有许多随机现象都是服从或近似服从正态分布的,所以我们主要研究与正态分布有关的几种检验方法. 正态分布有两个参数,一个是均值 μ,另一个是方差 σ^2,这两个参数确定以后,一个正态分布 $X \sim N(\mu, \sigma^2)$ 就完全确定了. 因此,关于正态分布的检验问题,也就是这两个参数的检验问题.

让我们先看几个例子.

例如,有研究预计,采用新技术生产后将会使某产品的使用寿命明显延长到 1500h 以上. 那么如果我们要检验新技术是否有效,则需建立如下假设:

$$H_0: \mu > 1500, H_1: \mu \leqslant 1500.$$

例如,有研究预计,改进生产工艺后会使某产品的废品率降低到 2% 以下. 那么如果我们要检验新工艺是否有效,则需建立如下假设:

$$H_0: \mu < 2\%, H_1: \mu \geqslant 2\%.$$

例如,有数据统计 1980 年我国新生婴儿的平均体重是 3.68kg,现有 2015 年出生的 200 名新生婴儿体重的统计数据 $X_1, X_2, \cdots, X_{200}$,要检验 2015 年新生婴儿的体重与 1980 年新生婴儿的体重是否有差异,就需建立如下假设:

$$H_0: \mu = 3.68, H_1: \mu \neq 3.68.$$

称 H_0 为原假设,通常将不应轻易加以否定的假设作为原假设,记作 H_0.

原假设的对立假设 H_1 称为备择假设或备选假设,当 H_0 被拒绝时而接受的假设称为备择假设,用 H_1 表示. 总体分布类型已知,对分布中的未知参数的假设,称为参数假设.

根据小概率事件原理"小概率事件在一次试验中不会发生". 如果在一次试验中小概率事件居然发生了,我们认为假设和实际有矛盾,从而否定假设.

在假设检验中,我们称这个小概率为显著性水平. 显著性水平 α 是当原假设为正确时被拒绝的概率,是由研究者事先确定的,通常取 $\alpha = 0.05, 0.01, 0.1$.

假设检验的两类错误:

第一类错误是原假设 H_0 为真时,检验结果把它当成不真而拒绝了. 犯这种错误的概率用 α 表示,也称作 α 错误(α error)或弃真错误.

第二类错误是原假设 H_0 不为真时,检验结果把它当成真而接受了. 犯这种错误的概率用 β 表示,也称作 β 错误(β error)或取伪错误.

假设检验中各种可能结果的概率如表 14-1 所示.

表 14-1 假设检验中各种可能结果的概率

检验结果 原假设	接受 H_0	拒绝 H_0,接受 H_1
H_0 为真	$1-\alpha$(正确决策)	α(弃真错误)
H_0 为伪	β(取伪错误)	$1-\beta$(正确决策)

在提出原假设 H_0 后,如何做出接受和拒绝 H_0 的结论呢?

例如:罐装牛奶的容量按标准应在 350mL 和 360mL 之间. 一批牛奶出厂前应进行抽样检查,现抽查了 n 罐,测得容量为 $X_1, X_2, \cdots, X_n$,问这一批牛奶的容量是否合格?($\alpha=0.05$)

提出统计假设

$$H_0: \mu=355, \quad H_1: \mu\neq 355.$$

由于 σ^2 已知,所以选取统计量

$$U=\frac{\bar{X}-\mu_0}{\sigma/\sqrt{n}} \sim N(0,1).$$

根据给定的显著性水平 $\alpha=0.05$ 可以在标准正态分布表中查到对应的临界值 1.96,使 $P\{|U|>1.96\}=0.05$. 也就是说,$|U|>1.96$ 是一个小概率事件. 根据样本值,计算 $U=\frac{\bar{X}-\mu_0}{\sigma/\sqrt{n}}$.

如果 $|U|>1.96$,表示在原假设成立的条件下,小概率事件居然在一次抽样中发生了. 这就不得不使我们怀疑原假设的正确性,从而否定原假设.

如果 $|U|\leq 1.96$,则不能否定原假设,即认为原假设是可接受的. 罐装牛奶的容量在 350mL 和 360mL 之间.

不否定 H_0 并不是肯定 H_0 一定对,而只是说差异还不够显著,还没有达到足以否定 H_0 的程度. 所以假设检验又叫"显著性检验".

否定或接受原假设,是以数 1.96 为标准的,而 1.96 和显著性水平 0.05 有关,称 1.96 是显著性水平为 0.05 的临界值,$|U|>1.96$ 称为否定域.

2. 假设检验的方法

(1) U 检验法.

总体服从正态分布,已知方差,关于均值的检验.

① 提出统计假设

$$H_0: \mu=\mu_0, \quad H_1: \mu\neq \mu_0;$$

② 确定显著性水平 α,并依据 α 查标准正态分布表确定临界值 W;

③ 计算统计量 $U = \dfrac{\bar{X} - \mu_0}{\sigma/\sqrt{n}}$；

④ 比较 $|U|$ 与 W 的大小：若 $|U| > W$，则否定原假设 H_0；若 $|U| \leq W$，则接受原假设 H_0.

表 14-2 给出了几种常用的显著性水平 α 以及它们所对应的临界值 W，最好能够记住.

表 14-2

显著性水平 α	临界值 W
0.10	1.64
0.05	1.96
0.01	2.58

例 9 某车间生产螺钉，标准要求的长度为 12cm，从长期实践中知道，螺钉长度 X 服从正态分布，根据长期的经验知其标准差 $\sigma = 0.2$cm，从某天生产的产品中随机抽取 6 个，量得长度如下（单位:cm）：

11.7, 12.0, 11.9, 11.8, 12.2, 12.1.

在显著性水平 $\alpha = 0.01$ 下，问这天生产出来的产品是否合格？

解 提出统计假设

$$H_0: \mu = 12, \quad H_1: \mu \neq 12.$$

由表 14-2 可知，显著性水平 $\alpha = 0.01$ 下的临界值 $W = 2.58$.

计算统计量 $U = \dfrac{\bar{X} - \mu_0}{\sigma/\sqrt{n}}$，由于

$$\bar{X} = \frac{1}{6}(11.7 + 12.0 + 11.9 + 11.8 + 12.2 + 12.1) = 11.95,$$

所以 $U = \left| \dfrac{\bar{X} - 12}{0.2/\sqrt{6}} \right| = \left| \dfrac{11.95 - 12}{0.2/\sqrt{6}} \right| = \dfrac{0.05 \times \sqrt{6}}{0.2} = 0.61$.

显然，$0.61 < 2.58$，即 $|U| < 2.58$，故接受 H_0，因此可以认为这天生产出来的产品是合格的.

例 10 一批瓶装矿泉水，标准要求含矿物成分 0.5g，这批矿泉水所含矿物成分服从正态分布，标准差 $\sigma = 0.03$g，从某天生产的产品中随机抽取 6 个，含矿物质如下（单位:g）：

0.45, 0.53, 0.48, 0.47, 0.51, 0.52.

在显著性水平 $\alpha = 0.05$ 下，问这批产品是否合格？

解 提出统计假设

$$H_0: \mu = 0.5, \quad H_1: \mu \neq 0.5.$$

由表 14-2 可知，显著性水平 $\alpha = 0.05$ 下的临界值 $w = 1.96$.

计算统计量 $U = \dfrac{\bar{X} - \mu_0}{\sigma/\sqrt{n}}$，由于

$$\bar{X} = \frac{1}{6}(0.45+0.53+0.48+0.47+0.51+0.52) = 0.493,$$

所以 $U = \left|\dfrac{\bar{X}-0.5}{0.03/\sqrt{6}}\right| = \left|\dfrac{0.493-0.5}{0.03/\sqrt{6}}\right| = \dfrac{0.07\times\sqrt{6}}{0.03} = 5.715.$

显然，$5.715 > 1.96$，即 $|U| > 2.58$，故否定 H_0，因此可以认为这批矿泉水不合格.

(2) T 检验法.

总体服从正态分布，方差 σ^2 未知，关于均值 μ 的检验.

思路：用修正样本方差 S^2 来代替总体方差 σ^2，用统计量 T 代替统计量 U，这就是 T 检验法.

① 提出统计假设

$$H_0: \mu = \mu_0, \quad H_1: \mu \neq \mu_0;$$

② 对给定的显著性水平 α，由 $P\{|T|>W\} = \alpha$，查 t 分布表，确定临界值 W；

③ 由给定的样本值，计算统计量 $T = \dfrac{\bar{X}-\mu_0}{S/\sqrt{n}}$；

④ 比较 $|T|$ 与 W 的大小：若 $|T|>W$，则否定原假设 H_0；若 $|T| \leqslant W$，则接受原假设 H_0.

例 11 某工厂分装一种产品，标准要求重量是 $20\,\text{kg}$. 实际分装的产品，其重量 X 假定服从正态分布 $N(\mu,\sigma^2)$，σ^2 未知，现从该厂分装的一批产品中抽取 6 件，得重量数据如下（单位：kg）：

20.16，19.24，21.05，19.83，20.81，19.91.

问这批产品是否合格？（$\alpha = 0.01$）

解 提出统计假设

$$H_0: \mu = 20, \quad H_1: \mu \neq 20.$$

选择检验统计量，在 H_0 成立的条件下确定它的分布为 $T = \dfrac{\bar{X}-20}{S/\sqrt{n}} \sim t(5).$

给定显著性水平 $\alpha = 0.01$，由 $P\{|T|>W\} = 0.01$，查 t 分布表确定临界值 $W = 4.0322$，即 $|T| > 4.0322$ 是一个小概率事件.

将样本值代入，算出统计量 T 的实测值：

$$\bar{X} = \frac{1}{6}(20.16+19.24+21.05+19.83+20.81+19.91) = 20.17,$$

$$S^2 = \frac{1}{n-1}\sum_{i=1}^{n}(X_i - \bar{X})^2$$

$$= \frac{1}{5}[(20.16-20.17)^2 + (19.24-20.17)^2 + \cdots +$$

$$(19.19-20.17)^2] = 2.1742,$$

$$S = \sqrt{S^2} = 1.4745,$$

$$T = \frac{\bar{X} - \mu_0}{S/\sqrt{n}} = \frac{20.17 - 20}{1.4745/\sqrt{6}} = 0.2824,$$

由于 $0.2824 < 4.0322$，故接受 H_0，因此可以认为这批产品是合格的.

例 12 某批矿产的含铜量服从正态分布，现抽取并检测其中 6 个样本中铜的含量，检测结果为

$$4.2, 4.4, 4.6, 5.2, 4.0, 4.8.$$

在 $\alpha = 0.05$ 下能否接受铜含量的均值为 4.4 的假设.

解 提出统计假设

$$H_0: \mu = 4.4, \quad H_1: \mu \neq 4.4.$$

选择检验统计量，在 H_0 成立的条件下确定它的分布为

$$T = \frac{\bar{X} - 4.4}{S/\sqrt{n}} \sim t(5)$$

给定显著性水平 $\alpha = 0.05$，由 $P\{|T| > w\} = 0.05$，查 t 分布表确定临界值 $W = 2.571$，即 $|T| > 2.571$ 是一个小概率事件.

将样本值代入，算出统计量 T 的实测值：

$$\bar{X} = \frac{1}{6}(4.2 + 4.4 + 4.6 + 5.2 + 4.0 + 4.8) = 4.53,$$

$$S^2 = \frac{1}{n-1} \sum_{i=1}^{n} (X_i - \bar{X})^2$$
$$= \frac{1}{5}[(4.2 - 4.53)^2 + (4.4 - 4.53)^2 + \cdots + (4.8 - 4.53)^2] = 0.187,$$

$$S = \sqrt{S^2} = 0.43,$$

$$T = \frac{\bar{X} - \mu_0}{S/\sqrt{n}} = \frac{4.53 - 4.4}{0.43/\sqrt{6}} = 0.74,$$

由于 $0.74 < 2.571$，故接受 H_0，因此可以认为这批产品含铜量的平均值是 4.4.

(3) χ^2 检验法.

总体服从正态分布，均值 μ 未知，检验方差 σ^2.

思路：用统计量 χ^2 来检验正态总体的方差 σ^2.

① 提出统计假设

$$H_0: \sigma^2 = \sigma_0^2, \quad H_1: \sigma^2 \neq \sigma_0^2;$$

② 当 H_0 为真时，构造统计量 χ^2，并确定其分布为 $\chi^2 = \frac{(n-1)S^2}{\sigma_0^2} \sim \chi^2(n-1)$；

③ 对给定的显著性水平 α，由 $P\{\chi^2 < W_1\} = \frac{\alpha}{2}$，$P\{\chi^2 > W_2\} = \frac{\alpha}{2}$，查 χ^2 分布表，确定临界值 W_1 和 W_2；

④ 由给定的样本值，计算统计量 χ^2 的值，并做出判断：若 $\chi^2 < W_1$ 或 $\chi^2 > W_2$，则否定原假设 H_0；若 $W_1 \leqslant \chi^2 \leqslant W_2$，则接受原假设 H_0.

例 13 某厂生产的节能电灯，其寿命（单位：h）长期以来服从方差为 $\sigma^2 = 6800$ 的正态分布，现有一批这种电灯，从它的生产情况来看，寿命的波动性有所改变，现随机取 26 只电灯，测出其寿命的修正样本方差 $S^2 = 8600$. 问根据这一数据能否推断出这批电灯寿命的波动性较以往是否有显著的变化？（取 $\alpha = 0.05$）

解 提出统计假设

$$H_0: \sigma^2 = 6800, \quad H_1: \sigma^2 \neq 6800.$$

当 H_0 为真时，选取统计量

$$\chi^2 = \frac{(n-1)S^2}{\sigma_0^2} \sim \chi^2(n-1).$$

给定显著性水平 $\alpha = 0.05$，由 $P\{\chi^2 < W_1\} = 0.025$，$P\{\chi^2 > W_2\} = 0.025$，得临界值 $W_1 = 13.1$ 和 $W_2 = 40.6$.

由观察值 $S^2 = 8600$，得

$$\chi^2 = \frac{(n-1)S^2}{\sigma_0^2} = \frac{25 \times 8600}{6800} = 31.62,$$

由于 $13.1 < 31.62 < 40.6$，所以接受 H_0，认为这批电灯寿命的波动性较以往没有显著的变化.

例 14 某位基金经理，其年化投资收益率长期以来服从方差为 $\sigma^2 = 8$ 的正态分布，现有 2012～2016 年 5 年的投资收益率如下（单位：%）：

12.4，11.8，42，-3.6，6.4.

问根据这一数据能否推断这批电灯的寿命的波动性较以往的有显著的变化（取 $\alpha = 0.05$）？

解 提出统计假设

$$H_0: \sigma^2 = 8, \quad H_1: \sigma^2 \neq 8.$$

当 H_0 为真时，选取统计量

$$\chi^2 = \frac{(n-1)S^2}{\sigma_0^2} \sim \chi^2(n-1).$$

给定显著性水平 $\alpha = 0.05$，由 $P\{\chi^2 < W_1\} = 0.025$，$P\{\chi^2 > W_2\} = 0.025$，得临界值 $W_1 = 0.484, W_2 = 11.1$

由观察值 $S^2 = \frac{1}{n-1} \sum_i (X_i - \bar{X})^2 = 289.68$，得

$$\chi^2 = \frac{(n-1)S^2}{\sigma_0^2} = \frac{4 \times 289.68}{8} = 144.84,$$

由于 $144.84 > 11.1$，所以否定 H_0，认为近 5 年里该基金经理的投资收益率的波动性较以往发生了显著性的变化.

第 14 章 习题

1. 多项选择题：

(1) 某车间 5 个工人每周加工某种零件的个数如下表所示，则以下说法中正确的是（　　）.

工人编号	1	2	3	4	5
零件数（个）	106	110	84	99	101

A. 这组数的均值为 101

B. 这组数据的均值为 102

C. 这组数据的均值为 103

D. 这组数据的均值为 100

(2) 样本 $(X_1, X_2, \cdots, X_n)$ 取自标准正态分布 $N(0,1)$，$\bar{X}$ 和 S 分别为样本平均数及样本标准差，则（　　）.

A. $\bar{X} \sim N(0,1)$　　B. $n\bar{X} \sim N(0,1)$

C. $\sum_{i=1}^{n} X_i^2 \sim \chi^2(n)$　　D. $\bar{X}/S \sim t(n-1)$

(3) 进行假设检验时，选取的统计量（　　）.

A. 是样本的函数

B. 不能包含总体分布中的任何参数

C. 可以包含总体分布中的已知参数

D. 其值可以由取定的样本值计算出来

(4) 在假设检验问题中，检验水平 α 的意义是（　　）.

A. 原假设 H_0 成立，经检验被拒绝的概率

B. 原假设 H_0 成立，经检验不能拒绝的概率

C. 原假设 H_0 不成立，经检验被拒绝的概率

D. 原假设 H_0 不成立，经检验不能拒绝的概率

(5) 标准差指标的数值越小，则反映变量值（　　）.

A. 越分散，平均数代表性越低

B. 越集中，平均数代表性越高

C. 越分散，平均数代表性越高

D. 越集中，平均数代表性越低

2. 填空题：

(1) 假设检验是利用样本信息来推断总体，所以不可避免地会发生错误，假设检验会犯的两类错误，第一类错误也叫 _____ 错误，第二类错也叫 _____ 错误.

(2) 设 $X_1, X_2, \cdots, X_n$ 是来自某个正态分布 $N(\mu, \sigma^2)$ 的样本，$\bar{X}$ 为样本均值，则 $\bar{X} \sim N$（____，____）.

(3) 利用极大似然估计法估计总体位置参数的步骤为 ① _____，② _____，③ _____，④ _____.

(4) 假设检验的基本原理是 _____.

(5) 样本统计量是 _____，因为不同的样本数据会导致样本统计量取不同的值.

3. 计算题：

(1) 在某城市中随机抽取 9 个家庭，调查得到每个家庭的人均月收入数据如下所示（单位：元）：

1080, 750, 1080, 1080, 850, 960, 2000, 1250, 1630.

计算这组数据的样本均值及样本方差.

(2) 某批发商欲从厂家购进一批灯泡，根据合同规定灯泡的使用寿命平均不能低于 1000h. 已知灯泡寿命服从正态分布，标准差为 200h. 在总体中随机抽取了 100 个灯泡，得知样本均值为 960h，批发商是否应该购买这批灯泡？

(3) 一个车间生产滚珠，从某天生产出来的产品里随机抽取 5 个，量得直径如下（单位:mm）：

14.6, 15.1, 14.9, 15.2, 15.1.

已知滚珠直径服从正态分布，如果知道该天生产出来的产品直径的方差是 0.05，试找出平均直径的置信区间（取 $\alpha=0.05$，$z_{\alpha/2}=\pm 1.96$）.

(4) 设 $(x_1, \cdots, x_n)$ 是从总体 ξ 中取出的一组样本观察值，若

$$\varphi(x) = \begin{cases} \theta x^{\theta-1}, & 0 < x < 1, \\ 0, & \text{其他} \end{cases} \quad (\theta > 0),$$

试用最大似然法估计 ξ 的概率密度 $\varphi(x)$ 中的未知参数 θ.

(5) 设总体 ξ 的分布密度 $\varphi(x;\theta)$ 为

$$\varphi(x,\theta) = \begin{cases} \theta e^{-\theta x}, & x \geq 0, \\ 0, & x < 0 \end{cases} \quad (\theta > 0),$$

今从 ξ 中抽取 10 个个体，得数据如下：

1050, 1100, 1080, 1200, 1300,
1250, 1340, 1060, 1150, 1150.

试用最大似然估计法估计 θ.

习题参考答案

第一篇 微积分

第 1 章习题

1. (1) D (2) D (3) A (4) A (5) C (6) C
   (7) B (8) B (9) D (10) C (11) C (12) A

2. (1) $(0,1]$ (2) x^2-2 (3) $\dfrac{1}{1-x}$ (4) 2 (5) 奇

   (6) $y=\dfrac{x}{4}+\dfrac{3}{4}$, $x\in\mathbf{R}$ (7) $y=e^u$, $u=v^2$, $v=\sin x$

   (8) $y=u^2$, $u=\lg v$, $v=\arccos t$, $t=x^3$

3. (1) $[-2,-1)\cup(-1,1)\cup(1,+\infty)$ (2) $(-\infty,+\infty)$

   (3) $[-1,3]$ (4) $(-\infty,+\infty)$ (5) $[1,4]$

   (6) $[-3,-2)\cup(3,4)$

4. (1) $(-\infty,+\infty)$ (2) $(-2,2)$（图略）

5. $y=\begin{cases} 6-2x, & x\geqslant \dfrac{1}{2}, \\ 4+2x, & x<\dfrac{1}{2}. \end{cases}$（图略）

6. $\varphi\left(\dfrac{\pi}{6}\right)=\dfrac{1}{2}$, $\varphi\left(\dfrac{\pi}{4}\right)=\dfrac{\sqrt{2}}{2}$, $\varphi\left(-\dfrac{\pi}{4}\right)=\dfrac{\sqrt{2}}{2}$, $\varphi(-2)=0$

7. $f(0)=2$, $f(1)=0$, $f(2)=0$, $f(-x)=x^2+3x+2$,
   $f\left(\dfrac{1}{x}\right)=\dfrac{1}{x^2}-\dfrac{3}{x}+2$, $f(x+1)=x^2-x$

8. (1) 偶函数 (2) 奇函数 (3) 奇函数 (4) 奇函数
   (5) 奇函数 (6) 非奇非偶函数

9~12 证明略

13. (1) $y=\dfrac{x-1}{2}$, $x\in(-\infty,+\infty)$

    (2) $y=\dfrac{x+1}{x-1}$, $x\in(-\infty,1)\cup(1,+\infty)$

    (3) $y=\sqrt[3]{x-3}$, $x\in(-\infty,+\infty)$

(4) $y = e^{x-1} - 2$, $x \in (-\infty, +\infty)$

14. (1) $y = \log_a^2 x$ (2) $y = \sqrt{2 + \cos^2 x}$

    (3) $y = \ln^2 \dfrac{x}{3}$ (4) $y = \ln(\tan^2 x + 1)$

15. (1) $y = u^5$, $u = 1 + \ln x$ (2) $y = \sqrt{u}$, $u = \ln v$, $v = \sqrt{x}$

    (3) $y = \arccos u$, $u = \dfrac{x}{1+x^2}$ (4) $y = \ln u$, $u = v^2$, $v = \sin x$

16. (1) 不能   (2) 能

*17. 设收益函数为 $R(x) = ax^2 + bx + c$, 则 $R = -\dfrac{1}{2}x^2 + 4x$.

*18. $Q(p) = 10 + 5 \cdot 2^p$

*19. $y = \begin{cases} 130x, & 0 \leqslant x \leqslant 700, \\ 130 \times 700 + 130 \times 0.9 \times (x - 700), & 700 < x \leqslant 1000 \end{cases}$

*20. 至少生产 400 套

*21. $R(x) = \begin{cases} ax, & 0 < x \leqslant 50 \\ 50a + 0.8a(x-50), & x > 50 \end{cases}$

*22. $y = 4000000 + \dfrac{2000000}{x} + 80x$

第 2 章习题

1. (1) C   (2) D   (3) C   (4) A   (5) B   (6) D
   (7) D   (8) C   (9) C   (10) B   (11) D   (12) B
   (13) A   (14) B   (15) C

2. (1) $\dfrac{3}{5}$ (2) 3   (3) 1/2   (4) 0   (5) 0   (6) 1

   (7) $\dfrac{1}{2\sqrt{x}}$ (8) e^4 (9) -3 (10) $-7, 6$ (11) $x \to 1$, $x \to \infty$

   (12) 高   (13) 低   (14) 1   (15) 2

3. $\lim\limits_{x \to 1^-} f(x) = 3$, $\lim\limits_{x \to 1^+} f(x) = 8$

4. 略

5. (1) 1, 1   (2) $f(g(x)) = \begin{cases} 0, & x \neq 0, \\ 1, & x = 0, \end{cases}$ $\lim\limits_{x \to 0} f(g(x)) = 0$

6. (1) 24   (2) 0   (3) $\dfrac{5}{3}$ (4) ∞ (5) 0   (6) $\dfrac{1}{2}$

   (7) $\dfrac{1}{2}$ (8) 0   (9) $\dfrac{2}{3}$ (10) $\dfrac{1}{5}$ (11) 2

   (12) 1   (13) $\dfrac{p+q}{2}$ (14) $\dfrac{2\sqrt{2}}{3}$ (15) 0   (16) 0

7. (1) ω (2) 3   (3) 1   (4) 0   (5) $\dfrac{2}{3}$ (6) 0

8. (1) $\dfrac{1}{e}$ (2) e^2 (3) e^2 (4) e^{-k} (5) e^{-4}

9. (1) $\begin{cases} 0, & n>m, \\ 1, & n=m, \\ \infty, & n<m \end{cases}$ (2) $\dfrac{3}{2}$ (3) $\dfrac{1}{2}$ (4) $\dfrac{2}{5}$

   (5) 1 (6) -1 (7) 0 (8) $\dfrac{2}{3}$

10. 不连续，图略

11. 连续，图略

12. (1) $k=1$，(2) $k=1$.

*13～*15. 略

第3章习题

1. (1) C (2) B (3) C (4) D (5) D (6) D
   (7) B (8) C

2. (1) $kf'(a)$ (2) 1 (3) $\dfrac{f'(x)}{f(x)}$ (4) $2x-y+1=0$
   (5) $y''=e^{f(x)}\{[f'(x)]^2+f''(x)\}$ (6) -20

3. (1) $-f'(x_0)$ (2) $2f'(x_0)$

4. 切线方程为 $y=x+1$，法线方程为 $y=-x+3$.

5. (1) $y'=6x-1$ (2) $y'=10x-3^x \ln 3+3e^x$

   (3) $y'=\dfrac{1}{x}+\cos x-x\sin x$

   (4) $y'=2\sec^2 x+\sec x \cdot \tan x$

   (5) $y'=2x-(a+b)$ (6) $y'=-\dfrac{2}{(x-1)^2}$

   (7) $y'=e^x(\cos x-\sin x)$ (8) $y'=-\dfrac{\cos x}{\sin^2 x}$

6. (1) $y'=4(x^3+2x)^3(3x^2+2)$
   (2) $y'=(2x^3+3x)^2(1-2x)^3(9-42x+18x^2-52x^3)$

   (3) $y'=\dfrac{-x}{\sqrt{a^2-x^2}}$

   (4) $y'=n\sin^{n-1}x\cos x+nx^{n-1}\cos x^n+n\cos nx$

   (5) $y'=\dfrac{1}{x\ln x}$ (6) $y'=e^{x\ln x}(\ln x+1)$

   (7) $y'=\dfrac{1}{1+x^2}$ (8) $y'=\dfrac{1}{\sqrt{x^2-a^2}}$

7. (1) $\dfrac{dy}{dx}=\dfrac{y-2x}{2y-x}$ (2) $\dfrac{dy}{dx}=\dfrac{y}{y-1}$ (3) $\dfrac{dy}{dx}=\dfrac{1-ye^{xy}}{xe^{xy}-1}$

   (4) $\dfrac{dy}{dx}=\dfrac{e^y}{1-xe^y}$

8. (1) $y' = (\ln x)^x \left(\ln\ln x + \dfrac{1}{\ln x}\right)$

(2) $y' = x\sqrt{\dfrac{1-x}{1+x}}\left(\dfrac{1}{x} - \dfrac{1}{1-x^2}\right)$

(3) $\dfrac{dy}{dx} = \dfrac{x^2}{1-x}\sqrt[3]{\dfrac{3-x}{(3+x)^2}}\left[\dfrac{2}{x} + \dfrac{1}{1-x} + \dfrac{x-9}{3(9-x^2)}\right]$

(4) $y' = \dfrac{\sqrt[5]{x-3}\cdot\sqrt[3]{3x-2}}{\sqrt{x+2}}\left[\dfrac{1}{5(x-3)} + \dfrac{1}{3x-2} - \dfrac{1}{2(x+2)}\right]$

9. (1) $\dfrac{dy}{dx} = e^{f(x)}[e^x f'(e^x) + f(e^x)f'(x)]$

(2) $\dfrac{dy}{dx} = \dfrac{-1}{1+x^2} f'\left(\arctan\dfrac{1}{x}\right)$

(3) $\dfrac{dy}{dx} = (e^x + ex^{e-1}) f'(e^x + x^e)$

10. (1) $y'' = e^{ax}\cdot a^2$ (2) $y'' = \dfrac{2(1-x^2)}{(1+x^2)^2}$

11. (1) $\Delta y = 0$, $dy = -1$, $|\Delta y - dy| = 1$

(2) $\Delta y = -0.09$, $dy = -0.1$, $|\Delta y - dy| = 0.01$

(3) $\Delta y = -0.0099$, $dy = -0.01$, $|\Delta y - dy| = 0.0001$,

Δx 越小，二者的差异也越小.

12. (1) $\dfrac{5}{2}x^2 + C$ (2) $-\dfrac{1}{\omega}\cos\omega x + C$

(3) $\ln(2+x) + C$ (4) $-\dfrac{1}{2}e^{-2x} + C$

(5) $2\sqrt{x} + C$ (6) $\dfrac{1}{2}\tan 2x + C$

13. (1) $dy = \left(\dfrac{1}{x} + \dfrac{1}{\sqrt{x}}\right)dx$ (2) $dy = (\sin 2x + 2x\cos 2x)dx$

(3) $dy = \dfrac{-x}{\sqrt{1-x^2}}dx$ (4) $dy = \dfrac{1}{2\sqrt{x(1-x)}}dx$

(5) $dy = \dfrac{1}{2}\sec^2\dfrac{x}{2}dx$ (6) $dy = 2(e^{2x} - e^{-2x})dx$

14. (1) $\sqrt[3]{8.02} \approx 2.0017$ (2) $\arctan 1.02 \approx 0.7954$

(3) $\ln 1.01 \approx 0.01$ (4) $e^{0.05} \approx 1.05$

第 4 章习题

1. (1) 1   (2) $\dfrac{1}{6}$ (3) $\dfrac{5}{3}$ (4) 3   (5) -1 (6) 0

(7) $+\infty$ (8) 0   (9) $+\infty$ (10) 1

2. (1) 递增区间 $(-\infty,-1) \cup (3,+\infty)$，递减区间 $(-1,3)$

  (2) 递增区间 $(-1,+\infty)$，递减区间 $(-\infty,-1)$

  (3) 递增区间 $(2,+\infty)$，递减区间 $(0,2)$

  (4) 递增区间 $(-\infty,-2) \cup (0,+\infty)$，递减区间 $(-2,-1) \cup (-1,0)$

  (5) 递增区间 $\left(\dfrac{1}{2},+\infty\right)$，递减区间 $\left(0,\dfrac{1}{2}\right)$

  (6) 递增区间 $(-\infty,0)$，递减区间 $(0,+\infty)$

3. (1) 极大值 $y|_{x=0}=7$，极小值 $y|_{x=2}=3$

  (2) 极大值 $y|_{x=1}=1$，极小值 $y|_{x=-1}=-1$

  (3) 极小值 $y|_{x=0}=0$，极大值 $y|_{x=2}=4e^{-2}$

  (4) 极小值 $y|_{x=1}=2-4\ln 2$

4. (1) 最小值 $y|_{x=-3}=-16$，最大值 $y|_{x=-1}=4$，$y|_{x=2}=4$

  (2) 最大值 $y|_{x=2}=\ln 5$，最小值 $y|_{x=0}=0$

5. (1) $(-\infty,0)$ 凹，$(0,+\infty)$ 凸，拐点 $(0,0)$

  (2) $(0,+\infty)$ 凹，无拐点

  (3) $(-\infty,2)$ 凸，$(2,+\infty)$ 凹，拐点 $(2,2e^{-2})$

  (4) $(-\infty,+\infty)$ 凹，无拐点

  (5) $(-\infty,1)$ 凸，$(1,+\infty)$ 凹，拐点 $(1,0)$

  (6) $(-\infty,+\infty)$ 凸，无拐点

6. (1) $f''\left(\dfrac{7}{3}\right)<0$，$f\left(\dfrac{7}{3}\right)$ 为极大值；$f''(3)>0$，$f(3)$ 为极小值

  (2) $f''(0)>0$，$f(0)$ 为极小值

7. 注射药物在区间 $(0,20)$ 之内时，病人血压上升，然后下降，注射药物为 20 时，病人血压最高为 100.

8. 池塘里的氧气含量在区间 $(0,1)$ 内下降，之后上升，并且越来越接近标准水平，含氧量最低为 $f(1)=0.5$.

9. $x=250$

10. $Q=15$

11. (1) 1000   (2) 6000

12. 每亩种植 25 棵梨树时产量最高

13. b/a

14. 当日产量为 10t 时，每吨成本最低

15. (1) 设批量为 x，则总成本 $C=100x+\dfrac{40000}{x}+80000$；

(2) 每次进 20 张台球桌，一年共分 5 次进货，总成本最低.

16. (1) 设批量为 x，则总成本 $C=40x+\dfrac{36000}{x}+28800$；

(2) 每次进 30 台计算器，一年共分 12 次进货，总成本最低．

17. (1) $R(x)=280x-0.4x^2$；(2) $P(x)=-x^2+280x-5000$；(3) 当 $x=140$（台）时有最大利润；(4) 最大利润为 14600（元）；(5) 这时定价为 224（元）．

18. (1) $R(q)=150q-0.5q^2$；(2) $P(q)=-0.75q^2+150q-4000$；(3) 当 $q=100$（件）时有最大利润；(4) 最大利润为 3500（元）；(5) 这时定价为 100（元）．

19. (1) 边际收益 $R'(p)=100-4p$，需求价格弹性 $E_p=\dfrac{-2p}{100-2p}$，边际收益为零的价格 $p=25$，需求弹性为 -1 的价格 $p=25$；

(2) 边际收益 $R'(p)=2e^{-0.02p}(50-p)$，需求价格弹性 $E_p=\dfrac{-p}{50}$，边际收益为零的价格 $p=50$，需求弹性为 -1 的价格 $p=50$；

(3) $Q=30000-p^2$．边际收益 $R'(p)=30000-3p^2$，需求价格弹性 $E_p=\dfrac{-2p^2}{30000-p^2}$，边际收益为零的价格 $p=100$，需求弹性为 -1 的价格 $p=100$．

20. 边际利润 $L'(Q)=620-6.48Q$．

21. (1) 边际成本为 9.25 元，当产量达到 100t 时，再生产 1t 需要付出 9.25 元的成本；(2) 平均成本为 22 元，生产 100t 产品时，每吨成本为 22 元；(3) 因为边际成本小于平均成本，所以还应提高产量

22. 略

23. (1) 0.4，2　　(2) 略

24. 1.25，3.5

25. (1) $E(p)=\dfrac{p^2}{200-p^2}$，　　(2) $E(3)=\dfrac{9}{191}$

26. (1) $E(p)=\dfrac{-2p^2}{80-p^2}$，　　(2) $E(4)=-\dfrac{1}{2}$

*27. $a=0.0925$，$b=18.4673$

*28. 略

第 5 章习题

1. (1) A　(2) B　(3) B　(4) A　(5) D

2. (1) $f(x)\mathrm{d}x$，$f(x)+C$，$f(x)$，$f(x)+C$　(2) C

(3) $y=kx+C$　(4) $y=x^2-3$　(5) $s=\dfrac{3}{2}t^2-2t+5$

(6) $P(t)=\dfrac{1}{2}at^2+bt$　(7) -3　(8) $-\dfrac{1}{4}e^{-2x^2}+C$

(9) $\dfrac{1}{3}$ (10) -1 (11) $\dfrac{a^x}{\ln a}+C$

(12) $\dfrac{x^\alpha}{\alpha}+C$ (13) $\ln x+C$ (14) $\dfrac{6x}{\sqrt{1-(3x^2)^2}}$

(15) $\sin e^x+C$ (16) $-2\cos\sqrt{x}+C$

3. (1) $\dfrac{2}{5}x^{\frac{5}{2}}-\dfrac{1}{2}x^2+x-2\sqrt{x}+C$

(2) $\dfrac{1}{\ln 4}4^x+\dfrac{2}{\ln 6}6^x+\dfrac{1}{\ln 9}9^x+C$

(3) $\dfrac{1}{2}x-\dfrac{1}{2}\sin x+C$ (4) $-\cot x-x+C$

(5) $\tan x-\sec x+C$ (6) $-\cot x-\dfrac{1}{x}+C$

(7) $-\dfrac{1}{x}-\arctan x+C$

4. (1) $\dfrac{1}{3}e^{3x}+C$ (2) $-\dfrac{2}{7}(2-x)^{\frac{7}{2}}+C$ (3) $\ln(1+x^2)+C$

(4) $\dfrac{1}{3}(x^2-5)^{\frac{3}{2}}+C$ (5) $-e^{\frac{1}{x}}+C$ (6) $\ln(x^2-x+3)+C$

(7) $\ln|\ln x|+C$ (8) $-2\cos\sqrt{x}+C$ (9) $\dfrac{1}{6}\arctan\dfrac{3}{2}x+C$

(10) $\dfrac{1}{5}\ln\left|\dfrac{x-3}{x+2}\right|+C$ (11) $\arctan e^x+C$

(12) $-\dfrac{1}{10}\cos 5x+\dfrac{1}{2}\cos x+C$

5. (1) $\dfrac{3}{4}(x+a)^{\frac{4}{3}}+C$ (2) $\dfrac{2}{5}(x+1)^{\frac{5}{2}}-\dfrac{2}{3}(x+1)^{\frac{3}{2}}+C$

(3) $\sqrt{2x-3}-\ln(\sqrt{2x-3}+1)+C$ (4) $\dfrac{x}{\sqrt{1-x^2}}+C$

(5) $\dfrac{1}{a^2}\dfrac{x}{\sqrt{a^2+x^2}}+C$ (6) $\sqrt{x^2-a^2}-a\arccos\dfrac{a}{x}+C$

(7) $\dfrac{1}{2}\arcsin x-\dfrac{1}{2}x\sqrt{1-x^2}+C$

(8) $\sqrt{2x}-\ln(\sqrt{2x}+1)+C$

(9) ① $\arccos\dfrac{1}{x}+C$ ② $\arccos\dfrac{1}{x}+C$

6. (1) $\dfrac{x^2}{2}\ln x-\dfrac{1}{4}x^2+C$ (2) $\dfrac{1}{3}x^3\ln x-\dfrac{1}{9}x^3+C$

(3) $-\dfrac{1+\ln|x|}{x}+C$ (4) $\dfrac{1}{2}e^x(\sin x+\cos x)+C$

第6章习题

1. (1) A   (2) A   (3) B   (4) A   (5) C   (6) C

(7) D (8) B (9) A (10) C (11) A
(12) C (13) D (14) D (15) C

2. (1) $\int_a^b f(x)\,dx$ (2) 2 (3) $\dfrac{1}{\sqrt{1+x^4}}$ (4) $\cot t$

(5) 1 (6) 48 (7) $\dfrac{1}{2}(e^2-1)+\ln 2$ (8) 2

(9) $\dfrac{1}{2}(1-\ln 2)$ (10) $-e^{-1}$ (11) $\dfrac{\pi}{8}$ (12) 2

(13) 0 (14) $\dfrac{2}{3}\left(\dfrac{\pi}{6}\right)^3$ (15) $k\leqslant 1,\ k>1$

(16) 1 (17) ∞ (18) $\dfrac{8}{3}$

3. (1) $6\leqslant\int_1^4(x^2+1)\,dx\leqslant 51$ (2) $1\leqslant\int_0^1 e^{x^2}\,dx\leqslant e$

4. (1) $\int_0^1 x^2\,dx>\int_0^1 x^3\,dx$ (2) $\int_0^1 e^x\,dx>\int_0^1 e^{x^2}\,dx$

5. (1) $\dfrac{21}{8}$ (2) $45\dfrac{1}{6}$ (3) $\dfrac{\pi}{3a}$ (4) $\dfrac{\pi}{3}$ (5) $1-\dfrac{\pi}{4}$

(6) 0 (7) $\dfrac{51}{512}$ (8) $\dfrac{1}{4}$ (9) $\dfrac{\pi}{6}-\dfrac{\sqrt{3}}{8}$

(10) $\dfrac{25}{2}-\dfrac{1}{2}\ln 26$ (11) $10+12\ln 2-4\ln 3$ (12) 0

(13) $e-e^{\frac{1}{2}}$ (14) $1-e^{-\frac{1}{2}}$ (15) $2(\sqrt{3}-1)$ (16) 0

(17) $(\sqrt{3}-1)a$ (18) $\dfrac{\pi}{2}$ (19) $\sqrt{2}-\dfrac{2\sqrt{3}}{3}$ (20) $\dfrac{\sqrt{2}}{2}$

(21) $\dfrac{1}{6}$ (22) $1-2\ln 2$ (23) $-\dfrac{4}{3}$ (24) $1-\dfrac{2}{e}$

(25) $\dfrac{1}{4}(e^2+1)$ (26) $\dfrac{\pi}{4}-\dfrac{1}{2}$ (27) $\dfrac{\pi}{4}$ (28) π^2

6. (1) $\dfrac{1}{2}$ (2) 发散 (3) $\dfrac{1}{a}$ (4) π (5) 发散

(6) $\dfrac{1}{2}\ln 2$ (7) 1 (8) 发散 (9) $\dfrac{8}{3}$

7. $Q(p)=1000\left(\dfrac{1}{3}\right)^p$

8. $C(x)=7x+50\sqrt{x}+1000$

9. $s(t)=\dfrac{3}{2}t^2-2t+5$

*10. $y(t)=\dfrac{1000\times 3^{\frac{t}{3}}}{9+3^{\frac{t}{3}}}$，6个月后养鱼池里鱼的数目变为500条.

11. (1) $\dfrac{10}{3}$ (2) $\dfrac{3}{4}$ (3) $\dfrac{3}{2}-\ln 2$ (4) $\dfrac{28}{3}$ (5) $\dfrac{4}{3}$

   (6) 1

12. (1) $V_x=\dfrac{15\pi}{2}$, $V_y=24.8\pi$ (2) $V_x=\dfrac{128}{7}\pi$, $V_y=\dfrac{64}{5}\pi$

   (3) $V_x=\dfrac{19}{48}\pi$, $V_y=\dfrac{7\sqrt{3}}{10}\pi$

13. 50, 100
14. (1) 9987.5   (2) 19850
15. (1) 27m,   (2) $\sqrt[3]{360}$ s
16. 280
17. (1) 75000, 75   (2) 115000, 115
18. (1) 生产量 250 台   (2) 6.25 万元   (3) 0.25 万元
19. $p(3)\approx 3528$ 元, $p(8)\approx 12384$ 元, $p(20)\approx 64966$ 元
20. 12314 元
21. 7302.6 百万吨
22. (1) $k=1.56\%$ (2) 373 亿桶   (3) 6126 亿桶

   (4) 约为 29 年后 (2029 年)

23. 19.994kg

第7章习题

1. (1) B (2) B (3) C (4) D (5) D (6) C

   (7) B

2. (1) 是 (2) 不是 (3) 是 (4) 是 (5) $x^2+y^2=25$

   (6) $x^2+y^2=C$ (7) $y=Cx^{-3}e^{-\frac{1}{x}}$

   (8) $y=-\sin x+C_1 x+C_2$

3. (1) 是   (2) 是   (3) 是

4. (1) $y'=xy$ (2) $y'=-\dfrac{x}{y}$

5. (1) $y=e^{Cx}$ (2) $y^2=1+\dfrac{C}{x^2+1}$

   (3) $y^2=2\ln|x|-x^2+C$ (4) $\sin y=C\csc x$

   (5) $\dfrac{y-2}{y-1}=Cx$ (6) $\arcsin y=\arcsin x+C$

   (7) $-10^{-y}=10^x+C$

6. (1) $y^{-1}=\ln(1+x)+1$ (2) $y=\dfrac{4}{x^2}$

7. (1) $y=x^2(\sin x+C)$ (2) $y=e^{-x}\left(\dfrac{1}{2}e^{2x}+C\right)$

   (3) $y=(x+1)^2\left[\dfrac{1}{2}(x+1)^2+C\right]$

(4) $y = \sec x \left(\dfrac{x}{2} + \dfrac{\cos 2x}{4} + C\right)$ (5) $y = C e^{-\frac{x^2}{2}} - e^{-x^2}$

(6) $y = \dfrac{C}{1+x^2} - \dfrac{\cos x}{1+x^2}$ (7) $y = C e^{-3x} + \dfrac{1}{3}x - \dfrac{1}{9}$

(8) $y = \dfrac{C}{x+1} + \dfrac{1}{x+1}(-x\cos x + \sin x - \cos x)$

(9) $y = \dfrac{C}{x} + \dfrac{1}{x}(-\cos x)$

8. (1) $y = \dfrac{2}{x^3} - \dfrac{1}{x}$ (2) $y = \dfrac{1}{\sin x} - \dfrac{5}{\sin x} e^{\cos x}$

(3) $y = \dfrac{e^x}{2} + \dfrac{\sin x - \cos x}{2}$

*9. (1) $y = \dfrac{1}{3}x^3 - \sin x + C_1 x + C_2$

(2) $y = \dfrac{1}{9}x e^{3x} - \dfrac{2}{27} e^{3x} + C_1 x + C_2$

(3) $y = -\dfrac{1}{2}x^2 - x + C_1 e^x + C_2$

*10. (1) $y = e^x - x + 1$ (2) $y = -\dfrac{1}{2}x^2 - x + \dfrac{2}{e}e^x + \dfrac{1}{2}$

11. $Q(p) = e^{-p^4}$

12. $y = \dfrac{3}{10} e^{\frac{t}{3}} + 5t - \dfrac{3}{10}$

13. $f(x) = e^{\frac{x^2}{2}} (2 e^{-\frac{x^2}{2}} - 2)$

14. $Y(t) = 18 e^{\frac{t}{3}}$

第二篇 线 性 代 数

第8章习题

1. (1) C   (2) C   (3) B   (4) D   (5) D

2. (1) $x \neq 0$ 且 $x \neq 2$ (2) $-2 < a < 2$ (3) $a = 0$ 且 $b = 0$

(4) -1 (5) 0;

3. (1) ①7 ②1 ③$ab^2 - a^2 b$ ④$x^3 - x^2 - 1$

(2) ①18 ②5 ③-7 ④ $(b-a)(c-a)(c-b)$

⑤$-2x^3 - 2y^3$ ⑥$3abc - c^3 - a^3 - b^3$

(3) ①8 ②160 ③189 ④-1080

(4) ① $(-1)^{n-1}(n-1)$ ② $x^n + (-1)^{n+1} y^n$

③ $(-1)^{n-1} n a_1 a_2 \cdots a_{n-1}$

(5) ①$x = 3$ 或 $x = 1$ ②$x = -1, 1, -2, 2$

第9章习题

1. (1) D (2) D (3) C (4) D

2. (1) $\begin{pmatrix} -1 & 6 \\ 17 & -3 \end{pmatrix}$ (2) $\begin{pmatrix} 17 & -1 & -10 & -6 & -33 \\ -11 & 0 & 3 & -2 & -5 \end{pmatrix}$

   (3) $\begin{pmatrix} 1 & n \\ 0 & 1 \end{pmatrix}$ (4) $|A|$

3. (1) $AB-2A = \begin{pmatrix} 2 & 4 & 2 \\ 4 & 0 & 0 \\ 0 & 2 & 4 \end{pmatrix}$

   (2) $AB-BA = \begin{pmatrix} 4 & 4 & 0 \\ 5 & -3 & -1 \\ -3 & 1 & -1 \end{pmatrix}$,

   (3) 由于 $AB \neq BA$，故 $(A+B)(A-B) \neq A^2 - B^2$.

4. (1) $\begin{pmatrix} 3 & 2 & -1 & 0 \\ -3 & -2 & 1 & 0 \\ 6 & 4 & -2 & 0 \\ 9 & 6 & -3 & 0 \end{pmatrix}$ (2) $\begin{pmatrix} 5 \\ -3 \\ -1 \end{pmatrix}$ (3) 10;

   (4) $a_{11}x_1^2 + a_{22}x_2^2 + a_{33}x_3^2 + (a_{12}+a_{21})x_1x_2 + (a_{13}+a_{31})x_1x_3 + (a_{23}+a_{32})x_2x_3 = \sum_{i=1}^{3}\sum_{j=1}^{3} a_{ij}x_ix_j$

   (5) $\begin{pmatrix} a_{11} & a_{12} & a_{12}+a_{13} \\ a_{21} & a_{22} & a_{22}+a_{23} \\ a_{31} & a_{32} & a_{32}+a_{33} \end{pmatrix}$ (6) $\begin{pmatrix} 1 & 2 & 5 & 2 \\ 0 & 1 & 2 & -4 \\ 0 & 0 & -4 & 3 \\ 0 & 0 & 0 & -9 \end{pmatrix}$

5. $A^2 = \begin{pmatrix} 1 & 2\lambda \\ 0 & 1 \end{pmatrix}$ $A^3 = \begin{pmatrix} 1 & 3\lambda \\ 0 & 1 \end{pmatrix}$

6. (1) $\begin{pmatrix} -\frac{1}{5} & \frac{2}{5} \\ \frac{3}{5} & -\frac{1}{5} \end{pmatrix}$ (2) $\begin{pmatrix} 1 & -2 & 1 \\ 0 & 1 & -2 \\ 0 & 0 & 1 \end{pmatrix}$

   (3) $\begin{pmatrix} -2 & 1 & 0 \\ \frac{7}{6} & \frac{2}{3} & -\frac{1}{6} \\ -\frac{16}{3} & \frac{7}{3} & -\frac{1}{3} \end{pmatrix}$ (4) $\begin{pmatrix} 1 & 0 & 0 & 0 \\ -\frac{1}{2} & \frac{1}{2} & 0 & 0 \\ \frac{1}{2} & -\frac{1}{6} & \frac{1}{3} & 0 \\ \frac{1}{8} & -\frac{5}{24} & -\frac{1}{12} & \frac{1}{4} \end{pmatrix}$

(5) $\begin{pmatrix} 1 & -2 & 0 & 0 \\ -2 & 5 & 0 & 0 \\ 0 & 0 & 2 & -3 \\ 0 & 0 & -5 & 8 \end{pmatrix}$ (6) $\begin{pmatrix} \frac{1}{a_1} & & & \\ & \frac{1}{a_2} & & \\ & & \ddots & \\ & & & \frac{1}{a_n} \end{pmatrix}$

7. (1) $X = \begin{pmatrix} 1 & 2 \\ 1 & 3 \end{pmatrix}^{-1} \begin{pmatrix} 4 & -6 \\ 2 & 1 \end{pmatrix} = \begin{pmatrix} 8 & -20 \\ -2 & 7 \end{pmatrix}$

(2) $X = \begin{pmatrix} 2 & 1 & -1 \\ 2 & 1 & 0 \\ 1 & -1 & 1 \end{pmatrix} \begin{pmatrix} 2 & 1 & -1 \\ 2 & 1 & 0 \\ 1 & -1 & 1 \end{pmatrix}^{-1} = \begin{pmatrix} 1 & 0 & 0 \\ 0 & 1 & 0 \\ 0 & 0 & 1 \end{pmatrix}$

(3) $X = \begin{pmatrix} 1 & 4 \\ -1 & 2 \end{pmatrix}^{-1} \begin{pmatrix} 3 & 1 \\ 0 & -1 \end{pmatrix} \begin{pmatrix} 2 & 0 \\ -1 & 1 \end{pmatrix}^{-1} = \begin{pmatrix} 1 & 1 \\ \frac{1}{4} & 0 \end{pmatrix}$

(4) $X = \begin{pmatrix} 0 & 1 & 0 \\ 1 & 0 & 0 \\ 0 & 0 & 1 \end{pmatrix}^{-1} \begin{pmatrix} 0 & -4 & 3 \\ 2 & 0 & -1 \\ 1 & -2 & 0 \end{pmatrix} \begin{pmatrix} 1 & 0 & 0 \\ 0 & 0 & 1 \\ 0 & 1 & 0 \end{pmatrix}^{-1}$

$= \begin{pmatrix} 2 & -1 & 0 \\ 0 & 3 & -4 \\ 1 & 0 & -2 \end{pmatrix}$

8. $B = (A - 2E)^{-1} A = \begin{pmatrix} 3 & -8 & -6 \\ 2 & -9 & -6 \\ -2 & 12 & 9 \end{pmatrix}$

第 10 章习题

1. (1) ① $x_1 = \frac{D_1}{D} = 1$, $x_2 = \frac{D_2}{D} = 2$, $x_3 = \frac{D_3}{D} = 3$, $x_4 = \frac{D_4}{D} = -1$

② $x_2 = \frac{D_1}{D} = \frac{511}{211}$, $x_2 = \frac{D_2}{D} = \frac{461}{211}$, $x_3 = \frac{D_3}{D} = \frac{299}{211}$, $x_4 = \frac{D_4}{D} = \frac{102}{211}$

(2) $\mu = 0$ 或 $\lambda = 1$ (3) $\lambda = 0$ 或 $\lambda = 2$ 或 $\lambda = 3$

2. (1) ① $\begin{cases} x_1 = -2c_1 + c_2, \\ x_2 = c_1 - c_2, \\ x_3 = c_1, \\ x_4 = c_2 \end{cases}$ ② $\begin{cases} x_1 = -2c_1 + c_2, \\ x_2 = c_1, \\ x_3 = 0, \\ x_4 = c_2 \end{cases}$ ③ $\begin{cases} x_1 = 0, \\ x_2 = 0, \\ x_3 = 0, \\ x_4 = 0 \end{cases}$

④ $\begin{cases} x_1 = -2c_1 - 2c_2 - 2c_3, \\ x_2 = c_1, \\ x_3 = c_2 + c_3, \\ x_4 = c_2, \\ x_5 = c_3 \end{cases}$

(2) ① 方程组无解　② $\begin{cases} x = -2c-1, \\ y = c+2, \\ z = c \end{cases}$

③ $\begin{cases} x = -\dfrac{1}{2}c_1 + \dfrac{1}{2}c_2 + \dfrac{1}{2}, \\ y = c_1, \\ z = c_2, \\ w = 0 \end{cases}$

④ $\begin{cases} x_1 = 27c_1 + 22c_2 + 2, \\ x_2 = 4c_1 + 4c_2 - 1, \\ x_3 = 41c_1 + 33c_2 + 3, \\ x_4 = c_1, \\ x_5 = c_2 \end{cases}$

第三篇　概率论与数理统计

第11章习题

1. (1) BCD　(2) CD　(3) D　(4) ABC　(5) BD

2. (1) 至少命中一次　(2) 独立、对立　(3) 0、1

(4) 0.684　(5) $P(A_1|B) = \dfrac{1}{18}$ 或 0.056

3. (1) $P(A_0) = \dfrac{m_0}{n} = \dfrac{C_{97}^5}{C_{100}^5} \approx 0.856$，$P(A_1) = \dfrac{C_3^1 C_{97}^4}{C_{100}^5}$

≈ 0.138，

$P(A_2) = \dfrac{C_3^2 C_{97}^2}{C_{100}^5} \approx 0.006$，$P(A_3) = \dfrac{C_3^3 C_{97}^2}{C_{100}^5} \approx 0.00006$

(2) 0.25

(3) 前两个邮筒内没有信的概率为

$$P(A) = \dfrac{m_1}{n} = \dfrac{4}{16} = 0.25,$$

第一个邮筒内只有一封信的概率为

$$P(B) = \dfrac{m_2}{n} = \dfrac{6}{16} = 0.375.$$

(4) 0.93

(5) 0.367

第12章习题

1. (1) AB　(2) BC　(3) AC　(4) AD　(5) BD

2. (1) $F(x)=\begin{cases} 0, & x<0, \\ \dfrac{1}{3}, & 0\leqslant x<1, \\ 1, & x\geqslant 1 \end{cases}$ (2) 2.3125 (3) 0.25

(4) $\dfrac{8}{27}$ (5) 0.578125

3. (1) $c=\mathrm{e}^{\lambda a}$, $P\{a-1<X\leqslant a+1\}=1-\mathrm{e}^{-\lambda}$

(2) 随机变量 X 的概率函数为

$$P(X=k)=\dfrac{1}{2} \quad (k=0,1)$$

或

X	0	1
P	$\dfrac{1}{2}$	$\dfrac{1}{2}$

分布函数为

$$F(x)=\begin{cases} 0, & x<0, \\ \dfrac{1}{2}, & 0\leqslant x<1, \\ 1, & x\geqslant 1. \end{cases}$$

(3) X 的分布律为

X	0	1	2	$\cdots$	n	$\cdots$
P	p	$p(1-p)$	$p(1-p)^2$	$\cdots$	$p(1-p)^n$	$\cdots$

或 $P(X=k)=p(1-p)^k \quad (k=0,1,2,\cdots)$.

(4) $F(x)=\begin{cases} 0, & x\leqslant 0, \\ \sqrt{x}, & 0<x<1, \\ 1, & x\geqslant 1, \end{cases}$ 图略.

第 13 章习题

1. (1) D   (2) B   (3) ABC   (4) D   (5) AD

2. (1) 3, 2   (2) $\dfrac{1}{\lambda}$, $\dfrac{1}{\lambda^2}$ (3) $\dfrac{3}{4}$ (4) 1000g, 10g

(5) $\dfrac{2}{3}$

3. (1) $E(X)=\dfrac{1}{2}$

(2) $E(X)=0$, $D(X)=\dfrac{1}{2}$

(3) ① 以 X 表示事件 A 在 5 次独立试验中出现的次数,
则 $X\sim B(5, 0.2)$, 所以 $E(X)=np=5\times 0.2=1$,

$$D(X) = np(1-p) = 5 \times 0.2 \times (1-0.2) = 0.8,$$
$$\sqrt{D(X)} = \sqrt{0.8}$$

② 因为 $np+p=1.2$ 非整数，所以最可能值为 $[np+p]=1$.

(4) ① $\varphi(x) = \begin{cases} \dfrac{1}{100} e^{-\frac{1}{100}x}, & x>0, \\ 0, & \text{其他} \end{cases}$

② $P(X \geq 1000) = e^{-10}$

(5) $E(X) = 0 \times \dfrac{3}{4} + 1 \times \dfrac{9}{44} + 2 \times \dfrac{9}{220} + 3 \times \dfrac{1}{220} = \dfrac{33}{110} = 0.3$

$D(X) = E(X^2) - [E(X)^2] = \dfrac{9}{22} - (0.3)^2 = 0.319$

第14章习题

1. (1) D　(2) C　(3) ACD　(4) A　(5) B

2. (1) 弃真，取伪（顺序可颠倒）　(2) $\mu, \dfrac{1}{n}\sigma^2$

　(3) 写出似然函数、似然函数取对数、对数似然函数求一阶导数（或一阶偏导数），求似然方程（组）的解

　(4) 小概率事件原理　(5) 随机变量

3. (1) 样本均值为 1186.667，样本方差为 156450

(2) 批发商不应该购买这批灯泡

(3) 平均直径的置信区间为 (14.784, 15.176)

(4) $\hat{\theta} = -\dfrac{n}{\sum\limits_{i=1}^{n} \ln x_i}$

(5) $\hat{\theta} = \dfrac{10}{\sum\limits_{i=1}^{10} x_i} = \dfrac{1}{\bar{x}} = \dfrac{1}{1168} \approx 0.000856$